LIGHTING UP THE SKY OF PHYSICS

点亮物理学天空

CAO ZHONGYIN

曹中寅 著

AMERICAN ACADEMIC PRESS

AMERICAN ACADEMIC PRESS

By AMERICAN ACADEMIC PRESS

201 Main Street

Salt Lake City

UT 84111 USA

Email manu@AcademicPress.us

Visit us at http://www.AcademicPress.us

ISBN: 979-8-3370-8921-8

Distributed to the trade by National Book Network Suite 200, 4501 Forbes Boulevard, Lanham, MD 20706

10 9 8 7 6 5 4 3 2 1

内容简介

————————————

作者秉持朴素唯物主义科学观，认为现代物理学两大前沿基础理论——相对论和量子力学都有许多违反常理和逻辑的地方，根本不可能是正确理论。作者采用唯物辩证法的思维模式，经过多年潜心研究，在经典物理学的基础上融汇了现代实验观测知识，推陈出新，去伪存真，建立了一套新的物理理论体系。

相对论能解释的，本理论也能解释，并且解释得更合理，且不存在悖论；相对论能计算的，本理论也能计算，并且计算更准确，计算方法更简单，例如，作者采用光速可变的方法计算出了 GPS 卫星处的钟慢效应值为每天 38.6 微秒。在量子力学方面，作者没有采用量子化假设方法，而采用可观测的光谱数据，运用经典物理学知识，准确地计算出了氢原子各轨道的速度、半径和能量，并能合理解释和计算氢原子谱线分裂精细结构。

本书对现代物理学许多原初性的前沿重大问题，特别是疑难问题进行了深入探讨，在许多问题上作出了与主流理论观点不同的解答。本书一个鲜明的特色是进行了大篇幅的数学计算，并且计算结果与实验观测结果基本相吻合，使得物理思想与数学计算相映成辉、相得益彰。

作者认为，本书最大价值不在于已取得的成绩，而在于研究的思想路线和方法，以及独立的思考精神，对读者或多或少有些启迪作用。科学永无止境，作者只是在某些方面做了些工作，开了个头，所谓的理论新体系，实际上目前还是一个框架，有待于进一步的完善与拓展。

本书虽然探讨的是现代尖端的科学理论问题，然而基本采用的是中学物理和数学知识，所以适合各层次科学爱好者阅读。

作者：曹中寅(1960、7～)手机：13339913646，Email：caozhangyin@163.com

作者简介

曹中寅（1960.7～），湖北大冶人，大学毕业。智力平平，然不畏权威，具有独立思考精神和科学质疑精神，长于思考，勇于理论创新。秉持朴素唯物主义辩证法思想和方法论，在科学研究中，常能与别人不同的视角看待问题。在相对论和量子力学方面潜心研究近二十年，在许多疑难性问题上有突破性思路，在经典物理学的基础上建立起了一套不同于相对论和量子力学的基础前沿物理学理论新体系。

前言

相对论和量子力学是现代物理学两大基础理论，笔者认为这两大基础理论都是错的，甚至是荒谬的。作出这样的结论不需要什么高深的知识，只要有独立思考精神和尚未完全泯灭的简单逻辑就行了。相对论给人最深的观点是光速不变，我在网上质问维相者：在地面上光速为 299792458 米/秒，假如人在地面上行走的速度为 1米/秒，问人向着光走、背着光走，人与光的相对速度是多少？结果没有一个人能回答出来。泛泛说光速不变好说，若一旦把光速数值具体化，其荒谬性就原形毕露了。因为不管怎样变换，也得不出那个不变的光速值来，即使每秒有 1 微米、1 飞米的差异，就证实了光速不变是错的。

宇宙是由比针尖还小的一点爆炸成的，宇宙所有的物质都是在那次大爆炸中形成，时间也是从那次大爆炸后才有的，这样的鬼话鬼都不信，可偏偏登上了高雅神圣的科学殿堂，真叫人无语！

量子力学同样荒谬，或者说更加荒谬，从 A 点到 B 点可以不经过中间的 C 点，电子绕核运动神出鬼没，没有轨迹，什么平行宇宙、多世界理论、量子纠缠等五花八门、荒谬绝伦的东西你方唱罢我登场，荒谬性难于言表，羞于言表。主流却说这些理论是经过了实验验证的，是迄今为止最为正确的理论。本人没有高深的知识，却有基本的逻辑判断力和独立思考能力，认定这些所谓的科学理论是绝对错误和荒谬的。不承认它是一回事，要揭露和证实其错误却是另一回事，于是我开始了探索真理之路。我发现有些实验是有问题的，例如说，迈克尔孙-莫雷实验，该实验在设想中是考虑了臂的摆放方向的，其中的水平臂与地球的公转方向一致，而做实验时却完全不考虑摆放方向了，设想的与所做的完全是两码事，二者风马牛不相及，实验岂能得到预设的结果？有些实验解释有问题，如双缝干涉实验。不可否认，实验确实出现了明暗相间的条纹，问题是如何解释实验现象？用波的叠加干涉说解释似乎很圆满，但解释真的就是正确的吗？光的粒子性也是经过实验证实了的，粒子叠加不能相消，所以从这方面看，光的叠加不应该造成相消，因而目前主流对双缝实验的解释并不一定正确。我从粒子性着眼，用光子是作波形（余弦波）运动的微粒子的假设重新解释了双缝"干涉"实验，似乎也说得通。我不能肯定我的解释是正确的，但起码说明现在主流的解释并不是唯一的，更并不一定是正确的，因而在此基础上建立发展起来的理论可能都是错的，或许要推倒重来。

我用经典物理学知识和理念、唯物主义辩证法和决定论的思想对现代物理学知识体系进行了全面梳理，去伪存真，在经典物理学的基础上完善了经典物理学理论，构建了新的物理学体系。令我欣慰的是，我的理论计算值与实验观测值吻合得很好。譬如，我用光速可变的方法计算出原子钟在 GPS 卫星处的钟慢效应值为每日 38.6 微秒，与资料上公布的数值完全一致；我不用玻尔量子化假设，而单纯用经典物理学的方法，同样计算出了氢原子相关数据，如计算出氢原子的基态半径为 5.29×10^{-11} 米。我还根据唯物辩证法的思维方法提出了"常数不常"的观点，认为万有引力常数、静电力常数等实际上都是变量，并根据自己在计算钟慢效计算新方法上所取得的成果成功推导出各"常数"变化关系式：$G_x = \dfrac{c_0^2}{c_x^2} G_0$，$K_x = \dfrac{c_0^2}{c_x^2} K_0$。万有引力常数 G 的可变性恰好能够计算和说明"先驱者号异常"，也能合理解释星系团外围星系运行速度与内围星系运行速度差不多、力学质量远超光度质量的现象，从而可以废弃暗物质假说。

经典物理学的理念基本上是对的，但在具体知识上不见得都是对的，甚至有些可以说是错的。譬如说伽利略的相对性原理，这是一个古老的物理学原理，虽然从未被证明，而我们先天性接受了它，认可了它，但它确实是一个不正确的理论，因为它违反了能量守恒原理，我用实验证实了它的错误。在相对性原理基础上孪生出的所谓相对论相对性原理更是错上加错。在经典物理学的范畴中，在有些地方人类的认识发生了偏差，例如对多普勒效应的解释，经典物理学的观念是频率不变，可在多普勒效应产生原因的解释中却没有把频率不变的理念贯彻到底，而是变相改为了频率可变，并作了牵强的辩解：频率本身没变，只是观测者接收到的频率变了。这个解释产生了非常严重后果，可以说宇宙膨胀、宇宙大爆炸等荒谬理论都是由此产生的。我用频率不变的观点对多普勒效应重新进行了解释：多普勒效应是波源与观测者相互间的距离因二者相对运动而发生变化，继而使波的传播时间发生改变而产生的现象。我认为我的论证无懈可击，说理非常充分，我相信我的解释是正确的，对此我很有信心。主流对斐索流水实验的解释也是思想认知发生了偏差，我否定了菲涅耳部分拖曳理论，论证了流动的透明介质完全拖曳了以太，我的完全拖曳理论计算值比菲涅耳部分拖曳理论计算值更加接近实验结果。

经典物理学是有缺陷的，并不完善，有许多有待于改进的地方，特别是对光的认识更是一片混沌。光速、光频率和光波长三者虽有总的关系式 $c = f\lambda$，但各量之间的变化关系并没有弄清楚，在什么情形下哪个变？怎么变？在另一种情形下又会怎么样？这都是基本问题，可现代科学却忽视了这些问题，没有进行深入的研究，之所以出现这种局面，很大原因要归咎于相对论光速不变。对光谱线表达的是什么也没有一个明确的概念，是频率还是波长含糊不清，这看似不打紧的问题，实际上造成了非常大的问题。我凭一己之力，充分利用已有的实验观测成果，深入剖析其中纷繁复杂的变化关系，认为光谱线表达的是频率，与波长没有直接关系，并基本理清了各量在各情形下的变化关系。明确光谱线表达的是光频率具有重大意义，说明所谓的波长变长实际上是频率变大，所谓的红移实际上是蓝移，结合笔者对多普勒效应新解释，可以作出明确的判断：宇宙膨胀、宇宙大爆炸和暗能量都是乌龙，不存在暗能量，宇宙没有膨胀，宇宙大爆炸是人为制造的爆炸！

我对量子力学进行了初步研究，在这方面我与爱因斯坦的观点是基本一致的，上帝不掷骰子，一切的结果都是有原因的。我对普朗克常数进行了粗浅探讨，结论是普朗克常数是 1 Hz 频率所包含的能量，电磁波任何频率、无论高低，每 Hz 的频率所具有的能量都是一样多的。结合能量，我从哲学的角度对间断与连续进行了思考，认为交换自然要以一定量进行，但交换在量上的间断性并不表示该物理量本身就是间断的，主流对能量交换上表现出的间断性作了形而上学的解读，导致了许多谬论的产生，对科学的进步和发展起了阻碍作用。鄙人用经典物理理论尝试进行微观粒子的计算，首先用于氢原子光谱这个试金石的计算，把玻尔理论中相互分离的圆轨道改为相互连接的椭圆轨道，成功而精确计算出了各轨道相关数据，如轨道能量、电子在近核点的速度及其与原子核的距离，电子在远核点的速度及其与原子核的距离，同时自然而然地合理地解释了氢原子的光谱精细结构。

我智力平常，天赋一般，没有什么突出之处，也没有高深的知识，费了九牛二虎之力搞出的这些东西朴实无华，只要有中学知识的人都能理解，都能看懂，不像相对论和量子力学那样炫目耀眼！我与别人不同，我认为知识越简单越可靠。现代物理学理论太复杂了，太高深了，悖论层出不穷，难保是一个正确的理论。我写的东西不知能否称作理论，拔高一点，尚且称作理论吧！我的理论简单粗糙，但是建立在经典理论基础之上的，根基是坚固而扎实的，即使不正确，也不会像相对论和量子力学那样违反常理而不可思义。

我渴望我的理论是对的，以使我的人生价值得到升华，也为我灰暗的人生增添一丝亮丽的色彩！

曹中寅

2022 年 3 月

目录

第一篇　物理学思想火花

对科学上的一些问题，笔者有自己的独立思考，提出了与教科书不同的看法与思路，正确与否、有无价值？读者自己作出判断。

1、光的波粒二象性

光的波粒二象性是说：光既有粒子性，也有波动性。光的干涉和衍射现象是光波动性的证明，光电效应是光粒子性的证明。单一的粒子性和单一的波动性都不能全面反映光的性质，单一的观点都是片面的观点，都无法单独解释光的全部现象，光的粒子性并不能否认光的波动性，光的波动性也不能否认光的粒子性。两种看似矛盾的现象其实是可以揉合在一起的：光是作波形或螺旋形运动的微粒子。波形运动与螺旋形运动具有异曲同工的效果，至于到底是哪种形式尚不能确定，有待进一步研究。粒子性是本质，波动性是运动特征。从微观上看，光作曲线运动；从宏观上看，光作直线运动。从宇观上看，光作曲线运动，光线偏折就是光在宇观上作曲线运动的例子。

换一个角度来看光的粒子性和波动性，光子是个体概念，什么时候都只能是微粒子，电磁波是群体概念，是无数光子群体作用表现。无数离散光子共同形成电磁波，从另一个角度表现出"波"特征。单个光子不可能形成电磁波，在作用上只能表现出粒子性。波所谓的坍塌是无稽之谈。具体来说，麦克斯韦电磁理论着眼于群体作用表现，光电效应着眼于单个粒子（光子）的作用表现，所以二者其实并不矛盾。

光既然是粒子，当然有质量，质量可以通过质能关系式计算出来。

2、光速变与不变

所谓光速，顾名思义，是指光的传播速度。然而，现在的光速概念非常混乱，不单是指光自身的传播速度，与光相对的其它物体的运动速度也包含在内，二者的相对速度也叫光速。譬如，光与行驶的汽车的相对速度也叫光速，按相对论的说法，光速不变是原理，是亘古不变的铁律，所以光与行驶的汽车的相对速度是不变的，不管汽车的速度是 $10m/s$，还是 $20m/s$，因为它们之间的相对速度是光速，而光速绝对是不变的，所以两种情况下的相对速度都是同一个光速值，这个光速值是固定的，为 $299792458\ m/s$。

如果光速是指光自身的传播速度，光速不变或许有可能，若光速是指光与其它运动物体的相对速度，这样的光速不变怎么可能？完全不符合逻辑嘛！光在地面上的传播速度为 $299792458\ m/s$，假如人在地面的行走速度为 $1m/s$，则这个人顺着光走，他与光的相对速度为 $299792457\ m/s$，逆着光走，他与光的相对速度为 $299792459\ m/s$，根本不存在相对"光速"不变的问题，这是三岁小孩都懂的道理。如果"光速"为与其它物体的相对速度，那这样的光速一定是可变的，不变不符合逻辑。

光与其它物体的相对速度从道理上讲就不应该称为光速，名不符实。我们对比一下，先看看速度的定义：物体运动的位移跟发生这段位移所用时间的比值，具体到光速，简截地说，光速就是光传播的距离与传播这段距离所用时间的比值，很明显，光速是光自身的速度，并不包含与它作相对运动物体的运动速度，现在把别的物体的运动速度和距离混杂进来了，这样的相对光速还能不变吗？即使光自身的速度不变，它与别的运动物体的相对速度也不可能不变，因而"相对光速"一定是可变的，不管光是粒子还是波，它与别的运动物体的相对速度都是可变的。

考查完"相对光速"的可变性，我们再来考查分析光自身的传播速度是否可变？这自身传播速度，也可看着是绝对速度，也就是速度定义上的速度。光速不变，意味着光在发射和传播过程中不受外界任何条件的影响而保持速度不变。世界是物质的，光是物质的一种表现形式，光本质是一种微粒，现代物理学也承认其具有粒子性，因而光是有质量的。以相对论的观点看，若光子有质量，则质量和能量都是无穷大，这是相对论的问题，只能说明相对论不正确。

能量转化与守恒定律是最基本的自然法则，光自然也要遵守此法则。光是宇宙中万事万物的信使，它通过某种形式把发光体的有关信息告诉受光体，并将自身携带的能量和物质一起并入受光体。光速是光最重要最基本的参数指标，宇宙所有光速都是相关联的，这种相关性主要体现在机械能转化与守恒定律上。只要知道相关情况，就能由此及彼地计算出宇宙中任何地方任何运动状态下的光速值。为叙述方便起见，我们把按机械能转化与守恒定律计算出来的光速称为内在光速，显然，内在光速是可变的。既然内在光速是变化的和相互联系着的，那首先就要确定在某一特定背景条件下的光速值，这个光速值是在确定时间标准和长度标准后测量出来的。其他地方和运动状态条件下的光速值可以根据这个标准和物理规律（机械能转化与守恒定律）计算出来。譬如说，人类把在上海东方明珠塔台基地面上测量静止物体发射的光速值作为标准。在精确测量此光速值作标准的时候，应尽量地考虑对光速值有影响的外部因子，特别是几个影响相对较大的因子，如太阳、月亮的位置，并作为特定条件予以确定，如地球位于近日点，月亮位于近地点。光速在界定的条件下是这个值，不在界定的条件下就不是这个值。光速的不确定性进而影响到与它相关的物理量，如万有引力"常数"。万有引力"常数"实际是变化的，企图得到统一不变所谓精确的万有引力"常数"是不可能的。由于光速值太大，一般因子对光速造成的变化都非常微小，在相当的精度内都不会表现出来，但从道理上说，测量确定标准时应该这么做。

不少人在解读光速不变时认为光速与光源的运动状态无关，如果这个光速指的是内在光速，则这种认识显然是错误的，因为内在光速明显是可变的，不但与光源的运动速度有关，同时也与光源所在引力场位置有关。例如，山脚下发射光速应比山顶上发射的光速大些，运行火车车灯发出的光速要比铁路边上的路灯发出的光速大些。这些结论都是从机械能转化与守恒定律得到的。

现在流行的"光速不变"中的"光速"或许是指光传播速度，传播光速变不变目前没有定论，或许变或许不变，都有可能。光速（传播光速）不变原理并没有百之百的把握正确，光速不变原理涵盖所有类型的光速（相对光速、内在光速）肯定是不对的。如果传播光速可变，那一定是如同内在光速变化，两种光速合二为一，内在光速也就是传播光速，传播光速也就是内在光速。

如果传播光速不变为真实，传播光速也不大可能是独立王国，应该与内在光速具有某种关联，传播光速的频率很可能来自于内在光速的频率。

举例说明地面、日面两处光速、频率及波长的变化关系：地面上的光源发射的光速为 $c_0 = 299792458\, m/s$，某光线的频率为 f_0，波长为 λ_0，在这里，内在光速与传播光速、内在频率与传播频率、内在波长与传播波长是统一的、一致的，是一样的。根据机械能转化与守恒定律可以计算出日面的内在光速为 $c_r = 299793089 = 29992458 + 631 = c_0 + 631(m/s)$，任何地方发射的同种光线的内在波长是一样的，即与地面同种光线内在波长一样，都为 λ_0。内在光速的变化是由内在频率的变化引起的，即日面发射的该光线的内在频率为 $f_r = \dfrac{c_0 + 631}{c_0} f_0$。

如果传播光速不变，在日面上，内在光速就要转换为传播光速，因为传播光速不变，故而在内部转换上，光发出后，光速值立马由内在光速 $c_0 + 631(m/s)$ 转换为传播光速 c_0，在转换过程中频率保持不变，即该光线的传播频率为 $f_r = \dfrac{c_0 + 631}{c_0} f_0$，该种光线日面的传播波长根据公式 $\lambda_r = \dfrac{c_0}{f_r} = \dfrac{c_0}{\dfrac{c_0 + 631}{c_0} f_0} = \dfrac{c_0}{c_0 + 631} \lambda_0$ 计算。该光线转换后的传播光线从日面传播到地面，在传播过程中，传播光速、传播频率、传播波长不再发生变化，传到地面后分别为 c_0、$\dfrac{c_0 + 631}{c_0} f_0$、$\dfrac{c_0}{c_0 + 631} \lambda_0$，可以看出，两处的传播光速不变，两处的频率与波长反比例变化。

证明相对光速可变的实验和观察很多，如 Sagnac 实验、中日双向时间传递实验等，而证明绝对传播光速可变的实验很少，因为光速太快了，一般情况下很少有因子能对光速的变化产生显著的影响，即使有变化，一般情况下变化也不会大，故而甄别传播光速变不变的实验和办法不多且非常困难，但也并不是完全没有，夏皮罗雷达回波实验就是甄别传播光速变不变的例子。按机械能转化与守恒定律计算，太阳处的光速比地球和金星两处的光速都快，自然法则崇尚简约，如果传播光速是变的，那传播光速的变化将应该完全依据内在光速的变化，在这种情况下，两者完全可以合二为一。可以推之，金星-地球雷达回波旁经太阳的传播时间要比不变的光速（299792458 m/s）传播同样距离花费的时间要短，短多少可以计算出来。实验做出来后进行时间比较，两值一样，则说明传播光速不变。若两值不一样，则说明传播光速可变。当然两值不一样也可以用时空弯曲理论来解释，但那是污七八糟的东西，不符合简约的自然法则，不可能正确。

还有一种光速不变---测量光速不变。现在准确的时间都用原子钟计时，原子钟的工作原理是利用原子发射电磁波的振荡周期来计时，现在认为电磁波的振荡周期是不受外界环境条件影响的，是固定的，因而原子钟是准确的。这种认识是错误的，实际上内在光速是可变的，光线的振荡周期也是可变的。同种原子放射出的同种电磁波的振荡周期并不是固定的，而是变化的，它与光速快慢相关联，光速快，每个周期的时间就短；光速慢，每个周期的时间就长。若某种电磁波以某一若干固定的振荡周期所持续的时间为标准单位时间，则标准单位时间标准不一致不统一。光速快慢与单位时间长短是相关联的同源性问题，可以推之，光速快对应特定的"单位时间"就短，光速慢对应特定的"单位时间"就长，如此一来，无论什么情况，表观光速值总是一样的。表观光速就是实地测量光速。实测光速值虽然表面上是一样的，实际上是不一样的，因为它们的单位时间长短不一样，道理如同两个分数，虽然这两个分数的分子一样大，但如果这两个分数的分母不同，这两个分数的大小就不是一样的。举例说明：地面的光速是 299792458 m/s，我们把铯原子放射的那个特定的电磁波（微波）振荡 9192631770 个周期持续的时间作为 1 秒的时间标准，也可以说，用此时间标准测量光速，光速为 299792458 m/s。以此光速值为基础，再根据机械能转化与守恒定律，可以计算出 GPS 卫星处的光速为 299792457.866 m/s，由于发射光速的变化是由发射频率导致的，故而该电磁波在 GPS 卫星处的发射频率为 $\frac{299792457.866}{299792458} \times 9192631770 = 9192631765.9 Hz$，比地面发射的频率少了 4.1 Hz，此时算出的 GPS 卫星处的发射频率是以地面的时间标准为标准的，若 GPS 卫星处以铯原子发射的那种特定电磁波在本处仍以 9192631770 个周期为本处的 1 秒时间标准，则显然 GPS 卫星处的 1 秒时间标准比地面的 1 秒时间标准要长些。真实的光速减小了 $\frac{299792457.866}{299792458}$ 倍，而单位时间却反比例延长了 $\frac{299792458}{299792457.866}$ 倍，故而两处的表观光速值是一样的。可以看出，实测光速一样大，并不是光速真的一样大，之所以数值一样大是因为单位时间标准不一致造成的表面现象，两处的光速实际是不一样的。

按机械能转化与守恒定律计算出来的速度（包括光速）单位时间标准是统一的，实地测量的速度（包括光速）单位时间标准是不统一的。以此观点来解析传播光速，如果传播光速真实是变的，也就是说在统一单位时间标准下传播光速是变的，则实测传播光速不变。如果传播光速不变，则实测光速可变。可以进行光速测量实验，根据实测光速的变与不变，判断出传播光速真实的变与不变？变为不变，不变为变。

3、光速、频率、波长三者之间的变化关系

$c = \lambda f$，这个公式总是对的，但这是它们之间总的关系，并没有具体表达出它们之间的变化关系。更明白地说，在什么情形下哪个量保持不变，另两个量再根据该公式确立变化关系。现在物理学在此问题上含糊不清，甚至存在错误。

公式中三个因子都是可变的，也都是不变的，关键是看什么情形场合。

在同一位置同一运动状态下发射的各种光的速度是一样大的，如煤油灯发出的氢红线与钠黄线的速度一样大，都是 $c = 299792458\, m/s$，它们的频率 f 与各自的波长 λ 成反比。不同种类的光线的速度一样大，频率与波长成反比。

在任何位置任何运动状态下发射的同种光线的波长是一样长的，如太阳上发射的氢红线波长与在地面上发射的氢红线波长一样长，光速与频率同比例变化，光速增大，频率增大；光速减小，频率减小。总个宇宙同种光线的波长发射时是一样长的。

光线发射后，频率永远保持不变，无论光线传播到什么地方、穿越什么介质、经历什么样的过程，频率始终保持不变，这时，光速与波长同比例变化，光速变小波长变短，光速变大波长变长。以此论推之，多普勒效应频率变化的说法是不正确的。

4、光谱线表达的是什么？

光谱线表达的是频率，不是波长，与波长没有直接的关系。光线的频率不同，其光谱线在光谱图中的位置就不同，不同的光谱线是按光频率大小顺序的排列。一般来说，同种元素的原子由跃迁造成的不同光谱线间的频率相差是比较大的。光谱线并不是单一的线，是有一定的宽度和结构的，这说明光谱线表示的频率不是单一的，涵盖了一定幅度的频率范围。当然，每条光线只有一个确定的频率，这说明每条光谱线包含了很多很多条不同频率的光线。同条光谱线的结构叫超精细结构，超精细结构表示有很多条频率不同而又相差不多的光线。光谱线之所以有超精细结构，说明光源体同种原子发射了不同光线的频率。之所以发射不同光线的频率，说明即使同一个光源体，发射的环境条件也并不是单一的，或多或少总存在一些差异，不同温度、不同运动状态和所处引力场位置不同，都影响到发射光线频率的大小变化。平衡是相对的，不平衡是绝对的，即使宏观环境条件相同，但微观环境条件总是有差别的。如从宏观上看，光源体的运动速度是一样的，但从微观上看，光源体中的电子的运动速度和方向总会有差别。发射条件差异性小的，发射的频率相差就小点，在光谱线位置就靠近点；发射条件差异性大的，发射的频率相差就大点，在光谱线位置就相隔远点。

光谱线位移直接反映了两个天体光源发射同种光线的频率不同，频率不同是由两个相比较的天体光源环境条件差异造成的，一般来说，光源天体的质量大小、质量密度大小、温度高低、运动速度快慢等都对光谱线的位移产生影响。从宇宙实际情况看，由引力造成的频率变化比由运动速度造成的频率变化更大。现在所谓的红移实际上是蓝移，可以想象，巨大的蓝移是由高致密巨大质量的天体发出的光线的频率相较于地面同种光线的频率高得多。

现在把光速看做不变，光谱线移动既可看做是波长变动，又可看做是频率变动，这是不对的。按相对论的说法，光速不变，波长变长，频率必变小。如果光谱线兼而表示波长和频率，则光谱线必须具有这样特殊的本能：既变大又同时变小，既左移又同时右移，既红移又同时蓝移，这怎么可能呢？不管是红移还是蓝移，光谱线一次只能向一个方向移动，绝无可能同时向两个方向移动。笔者深入研究后认为，光谱线只与频率相关联，与波长没有直接关系。现在所谓的谱线"红移"，波长变长，实际上是光谱线蓝移，频率变大。

光线不同的颜色是由光频率不同造成的，与光波长没有直接关系。现在把红移说成是波长变长、蓝移说成是波长变短的说法是不准确的，准确的说法是：红移是频率变小、蓝移是频率变大。光线从空气射入水中，光在水中的传播速度比在空气中的传播速度小，光速减小的原因是光在水中的波长减小。若颜色与波长相关，则光从空气中进入水中，光的颜色就应该改变，红光应变为绿光，绿光应变为紫光，然而红光依然是红光，绿光依然是绿光，光的颜色并未改变，这充分说明光的颜色与波长没有关系。

光谱线从表示光波长改为表示光频率后，里德伯公式基本上仍然可用，只是要作适当的修正，修正后的形式为：$f = cR \left(\dfrac{1}{m^2} - \dfrac{1}{n^2} \right)$，公式中各字母表示的意义如修改前基本一样，唯光速 c 是变量，是根据机械能转化与守恒定律计算出来的物理量，是可变的。当然，修正后的公式仍是一个经验公式，并不十分准确。

5、多普勒效应

频率不变，把多普勒效应说成是频变的解释是错的，任何形式的频变一律都是错的。一般来说，多普勒效应完全可以用波速不变、频率不变、波长不变来解释。简截地说，多普勒效应是观测者与波源存在相对运动的情况下跟两二者相对静止的情况下，因二者相对距离改变继而导致波传播时间改变而产生的现象。举例说明：一段笔直的火车路，人站在火车路上，火车停在火车路上，人与火车相距 $3400\,m$，假如声音在空气的传播速度为 $340\,m/s$，则火车发出的汽笛声要传播 $3400\,m$ 的距离才到达人所在的位置被人听到，从汽笛声发出至人听到用时 $10\,s$（$3400\,m/(340\,m/s)$）；假如火车仍静止不动，人向着火车跑去，速度为 $5\,m/s$，则从汽笛声发出至被人听到，用时 $3400/(340\,m/s + 5\,m/s) = 9.855\,s$，这种情况下，实际上是人与汽笛声波相对运动，共走 $3400\,m$ 的距离，汽笛声波走了 $3350.7m$，人走了 $49.3m$。随着观测实验继续进行，人与火车间的距离越来越近，火车发出的汽笛声至被人听到所用时间也将会越来越短，这就产生了所谓的多普勒现象。可以看出，在整个过程中，波速、频率及波长都没有发生变化。其它情形同理可以得到解释，可见现在的多普勒效应频变的解释是错误的。宇宙大爆炸是在错误的多普勒效应解释下人为造就的爆炸！

更全面详细的解释请参阅书后"论文汇编"——《多普勒效应新思考》。

6、钟慢效应

钟慢效应、时间变慢是神乎其神、玄之又玄，对此没有人有清晰的概念，这都是似是而非的相对论带来的思想混乱。钟慢效应是有的，就是钟（原子钟）变慢或变快，原子钟之所以变慢或变快，简单地说，是因为在不同环境条件下发射的光线的振荡周期有所不同的缘故。扩展地说，经典物理学也有钟慢效应，单摆周期公式 $T = 2\pi\sqrt{\dfrac{L}{g}}$ 本质上也是一种钟慢效应公式。

我们现在通常的理解，钟慢效应特指原子钟的钟慢效应。举例说明：在地面上，光的传播速度为 $299792458\ m/s$，铯-133 原子基态的两个超精细能级之间跃迁所对应辐射的光线振荡 9192631770 个周期持续的时间为标准的 1 秒时间。光速是可变的，根据机械能转化与守恒定律，可计算出 GPS 卫星处的光速为 $299792457.866 m/s$，同种光线的发射波长总是一样的，发射光速的变化是由发射频率的变化引起的，故而 GPS 卫星处，铯-133 辐射的该光线在地面标准的 1 秒时间内只能振荡 9192631765.9 个周期，也就是说，对于铯-133 原子基态的两个超精细能级之间跃迁所对应辐射出的这个特定的光线来说，GPS 卫星处振荡 9192631765.9 个周期所持续的时间与地面该光线振荡 9192631770 个周期所持续的时间是一样长的，都是标准的 1 秒。显然，GPS 卫星处的周期比地面的周期要长些，相当于地面周期的 $\dfrac{299792458}{299792457.866}$ 倍，或者说是 $\dfrac{9192631770}{9192631765.9}$ 倍，这就是钟慢效应的根源。若 GPS 卫星处跟地面一样以振荡 9192631770 个周期持续的时间作为其标准 1 秒时间，显然两处的标准 1 秒时间不是一样长的，GPS 卫星处的秒长比地面的秒长要长些，在相同的时间内，两处的钟（原子钟）显示的钟点数不一样，GPS 卫星处的钟显示的钟点数小些，地面钟显示的钟点数大些，钟慢效应就是这样产生的。

世界是统一的，万事万物是相互联系着的，电磁波振荡快慢是有内在统一机制的，既然一种光线在两处都振荡同样多的次数，其中必有内禀性原因使然。

可以推理出两处的秒长（s）变化关系为：$cs' = c_0 s_0$

继而可推理出两处时间（显示的钟点数 t ）关系式为：$c_0 t' = c t_0$

同一速度在不同单位时间标准衡量下的速度值关系式为 $c_x v'_x = c_0 v_d$。

7、万有引力常数 G 是可变的

万物皆变，常数不常，万有引力常数 G 也是可变的。

根据物理规律相对性原理，在地球上总结出的万有引力公式 $F = \dfrac{GMm}{r^2}$、离心力公式 $F = \dfrac{mv^2}{r}$ 同样适用于火星，也就是说火星上的万有引力公式、离心力公式与地球上的万有引力公式、离心力公式的形式是一样的。地球、火星围绕太阳作公转运动，假如它们的公转轨道是正圆，那么二者受到太阳的引力与它们各自因公转运动速度产生的离心力是相等的，即：$\dfrac{GMm}{r^2} = \dfrac{mv^2}{r}$。

公式的形式一样，反映了世界的统一性，物理规律的普遍性意义。但统一性和普遍性并不能代替和抹杀事物间的特殊性和差异性，公式的形式一样，但具体内容应该有所不同，以反映出各个事物特殊性的一面。合理的分析推测，万有引力常数 G 是可变的，在地球上应该使用地球上的 G_d 值，在火星上应该使用火星上的 G_h 值。

从速度方面来考察，由于存在钟慢效应的缘故，火星的单位时间标准秒长（s'）与地球的单位时间标准秒长（s）是不一样的，计算火星公转运动速度产生的离心力应该使用火星单位时间计量下的速度值 v'_h。

从上节中我们知道：$v'_h c_h = v_d c_0$。

注：v'_h：火星单位时间标准计量下的（火星公转）速度值。

v_d：地面上单位时间标准计量下的（火星公转）速度值。

c_0：地面的光速值（ 299792458 m/s ）

c_h：根据机械能转化与守恒定律计算出的火星的光速值（地面的时间标准）。

在火星上应该使用带有火星特征的万有引力公式：$F = \dfrac{G_h Mm}{r^2}$，离心力公式：$F = \dfrac{m v_h^2}{r}$。只有都使用带有火星特征参数，两公式才是配套的，当火星的公转轨道为正圆时，火星受到太阳的引力与火星因公转运动速度产生的离心力才是相等的：$\dfrac{G_h Mm}{r^2} = \dfrac{m v_h^2}{r}$。

设 $G_h = kG_d$，又因为 $v_h' = \dfrac{c_0}{c_k} v_d$，

将 $G_h = kG_d$、$v_h' = \dfrac{c_0}{c_h} v_d$ 代入 $\dfrac{G_h Mm}{r^2} = \dfrac{m v_h^2}{r}$ 中解之得：

$k = \dfrac{c_0^2}{c_h^2}$，即 $G_h = \dfrac{c_0^2}{c_h^2} G_d$。

根据机械能转化与守恒定律可知，地球的光速 c_0 大于火星的光速 c_h，故火星的 G_h 大于地球的 G_d；同理，因地球的光速 c_0 小于金星的光速 c_j，故金星的 G_j 小于地球的 G_d。值得注意的是，G 的变化也不是绝对的，它的变化是从单位时间的变化延伸和推理得到的，如在火星上测量，若一切相关物理量数据（如单位时间标准）都采用火星的标准，则火星上的 G 一定要用火星的 G_h，这时的 G_h 相对地球的 G_d 是变化的，$G_h = \dfrac{c_0^2}{c_h^2} G_d$；若要用 G_d 进行相关计算时，采用的相关数据，如速度，使用的是地球上的单位时间标准，则火星上的 G 仍可使用地球上的 G_d。简单地说是：使用哪里的单位时间标准的速度值，就使用哪里的 G 值。

得出万有引力常数可变的结论，进而可推导出万有引力常数变化公式：$G_x = \dfrac{c_0^2}{c_x^2} G_d$，这是具有重大和深远的现实意义和历史意义科学进步。修正后的万有引力公式将是一个准确而普适的公式，它能够计算和说明"先驱者号异常"，也能合理解释星系团外围星系运行速度与内围星系运行速度差不多、力学质量远超光度质量的现象。外围星系较之内围星系，万有引力常数增大了，以引力常数增大导致引力增大的方式代换了假设暗物质来增大引力的方式，不需要暗物质假设。

根据世界的统一性原理，可以推知遥远星系团内围星系的万有引力常数为 $G_n = \dfrac{c_0^2}{c_n^2} G_d$，外围星系的万有引力常数为 $G_w = \dfrac{c_0^2}{c_w^2} G_d$，根据这两个公式继而可以推导出外围星系较之内围星系万有引力常数关系式：

$G_w = \dfrac{c_n^{\,2}}{c_w^{\,2}} G_n$。注：$G_w$：外围星系处的万有引力常数值；$c_n$：内围星系处光速值；$c_w$：外围星系处光速值；

G_n：内围星系处万有引力常数值，G_d：地面万有引力常数值。

同理，静电力常数 K 也是可变的，由类比推知，静电力常数 K 变化关系式应该为：$K_x = \dfrac{c_0^{\,2}}{c_x^{\,2}} K_0$。

笔者感觉，量子力学中电子自旋是不存在的，它的作用应该可以通过修正静电力常数等相关参数来代替，通过修正静电力常数 K 等相关参数，不用电子自旋这个假设，应该能更合理地说明塞曼效应。

8、迈克尔孙-莫雷实验

迈克尔孙-莫雷实验是几个最著名和影响最深远的实验之一，直至目前为止，对该实验尚没有一个一致认可的合理解释，也可以这样说，实验的 0 结果的乌云并未完全散去。

实验的 0 结果之所以使人感到困惑，不是科学上的深奥，而是对人类正常思维逻辑的冲击。逻辑是不能违反的，违反逻辑一定是错误的，一定是哪里出现了问题。任何在违反逻辑后进行的补救也都是徒劳的，相对论光速不变的解释是违反正常逻辑的，注定不可能是一个正确的理论。其它解释都或多或少存在这样或那样的问题，也得不到实验支持，所以都不是正确的解释。

在走投无路的情况下，我们何不跳出旧的思维窠臼，回过头来重新审视这个实验，反思一下该实验本身是否有问题？设计思想是否存在漏洞？我们这样做了，就会发现整个设计思想完全是纸上谈兵，不切实际，设计思想与具体操作过程完全是脱节的。

在该实验的设计思想中，以太相对太阳静止，由于地球以 $30km/s$ 的速度围绕太阳作公转运动，对于地球来说，等于迎面吹来 $30km/s$ 以太风。迈克尔孙仪有两个相互垂直的臂，在实验设计中，其中的一个臂与地球公转方向平行，另一个臂与地球公转方向垂直。当光线沿着与地球公转方向平行的那个臂传播时，若光线传播方向与地球公转方向相同，即光逆着以太风方向传播，相对地面来说，光的传播速度为 $c_0 - v$，在一个臂长的传播时间为 $L/(c_0 - v)$。若光线传播方向与地球公转方向相反，即光顺着以太风方向传播，相对地面来说，光的传播速度为 $c_0 + v$，在一个臂长的传播时间为 $L/(c_0 + v)$。干涉仪转动 90^0，水平臂变为了垂直臂，垂直臂变为了水平臂，不管怎样，总有一个臂与地球的公转方向平行。总而言之，地球的公转方向是实验必须考虑的因素，不考虑地球公转方向，也就等于没有考虑以太风方向，本干涉实验无从谈起。干涉条纹移动数目的计算也

是以一个臂与地球公转方向平行、另一个臂与地球公转方向垂直为前提条件的，否则何来的 $c_0 + 30km/s$、

$c_0 - 30km/s$？

然而，做实验时考虑了地球的公转方向了吗？没有，完全没有！好象做实验时，仪器一放，一个臂自然与地球公转方向平行，另一个臂与地球公转方向垂直，天下真有这么好的天遂人愿的事情？

仔细思考一下，只要有点空间想象力和基本的立体几何知识，就不难想象，地球某点地面与地球公转方向是很难做到平行的，特别是在地球有自转的情况下。试想一下，谁能在地面上知道（指出）地球的公转方向？连地球的公转方向都不知道，又怎么能做到一个臂与地球公转方向平行、另一个臂与地球公转方向垂直？地球公转方向关乎以太风方向，而以太风方向是实验和计算干涉条纹移动数目必需的参数。不知道地球的公转方向，也就不知道以太风方向，也就是说实验没有按照实验设计的来做，实验与实验设计不相干，完全脱节，如此实验怎么可能得到不相干的设计和计算的结果呢？所以说迈克尔孙-莫雷实验是一个空中楼阁似的无效的实验。

我们可以想象这样一种特殊情景，地球的公转方向与所做实验的地面垂直。根据立体几何知识可知，在这种情形下，实验中两个在水平面上相互垂直的臂与地球公转速度方向也都是分别相互垂直的。根据物理学知识可知，在该情形下，地球的公转速度对在两个臂上传播的光速不会造成任何不同的影响。

9、双缝干涉实验

双缝干涉实验似乎很诡异，其实那是因为没有得到正确的解释，如果得到了正确的解释，那是一点也不诡异的。

所有的微观粒子都具有波粒二象性，不过这里的波粒二象性的概念与传统的波粒二象性的概念有所不同，特别是波动性，传统的波的概念是充满空间的，这里的波没有空间性质，是指微粒作波形或螺旋形运动，任何时候都只有点的概念。粒子性是本质，波动性是运动形态。

双缝干涉实验明暗条纹是怎样形成的呢？现在教科书的解释，什么波动性与粒子性叠加，什么塌缩，什么互补原理，什么相互干涉，全都是不着边际的无稽之谈。我想明暗"干涉"条纹是这样形成的：以光为例，光子作波形（或螺旋形）运动，在通过狭缝时，由于相位和偏振方向的不同，有的光子被狭缝边缘阻挡而不能通过狭缝到达屏幕，有的光子没有被狭缝边缘阻挡而能通过狭缝到达屏幕，狭缝两边未被阻挡的光子按"直线"传播落在亮区形成明条纹，被阻挡的光子按"直线"传播应落在暗区形成暗条纹。分别通过两条狭缝的两条光线总能机缘巧合在屏幕上以余弦值的几率叠加。

若在狭缝后面安装了探测器，由于探测器在狭缝边缘位置阻挡了传播的光线，故而不能形成"干涉"条纹，

"干涉"图样消失。

可想而知，明暗条纹不是干涉形成的，而是光子在屏幕上落点数量的多少造成的。明条纹中间部分最亮，说明光子落点数最多，暗条纹中间部分最暗，说明光子落点数最少。条纹的明暗度是逐渐过度的，明暗度的变化对应着余弦值的变化。最亮区对应的余弦值为 1，对应的光线相位为 0^0，最暗区对应的余弦值为 0，对应的光线相位为 90^0。

结合相关物理学知识，深入思考后可以推测：明条纹或暗条纹的宽度是光波的振幅，或者说是螺旋线到中心轴的距离，不是现在通常认为的半波长，两相邻螺旋线间的距离才是波长，波长在明暗条纹的宽度上得不到体现。

若用电子做两缝干涉实验，同样也能形成"干涉"条纹，说明电子与光子一样作波形或螺旋形运动。

无论是用光子或电子做双缝干涉实验形成所谓的"干涉"条纹，其实根本没有什么干涉，而是光子或电子在屏幕上的落点数的余弦值分布。

以上对双缝实验如何形成"干涉""条纹的解释实际上同时解释了所谓的"量子纠缠"，量子纠缠实际上是根本不存在的，一切都是错觉，所谓幽灵般的超距作用是根本不存在的，所有的实验结果都可以用经典物理学和决定论进行解释。对于某光子来说，光从点光源的某一微点A发射，经过缝隙边缘B到达光屏C，A、B、C三点成一线，只要知道光从A点发射时的波动方程及其相位角，再知道AB的长度，就能算出该光子是否被狭缝边缘阻挡，没有被阻挡而通过了狭缝的，只要知道了BC的长度，就能算出该光子在屏幕上的落点，根本不存在什么随机性概率性，一切都是确定的。

量子纠缠更是诡异，都是没有的事，问题的根源是，两个粒子的关联度是它们相位角对应余弦值"亲近关系"，一般来说，通过同一狭缝同一边缘的粒子的相位角对应的余弦值越接近，粒子的关联性就越高，通俗地说，我和你差不多，你么样，我基本么样，你能通过偏振器，我也基本能通过偏振器。两个粒子表现出的关联性大小由它们各自通过狭缝时的相位角差异大小已基本确定下来，并不是在被观测后才确定下来的。由于相位的缘故，一部分光子在通过狭缝时被狭缝边缘阻挡而不能通过，这预示着在通过了的光子之间已经建立了无形的相关性，这也构成了所谓纠缠的基础。好比说，军队召开团级以上（含团级）干部会议，没有达到规定级别的没资格参会，这样在参会者中就有了一种关联性，相邻而坐的两个军官同是师长的概率比无级别军官会议两个相邻而坐同是师长的概率要高。

值得注意的是，相位角度与其余弦值之间的关系不是比例关系，而是余弦函数关系。角度 0^0，余弦值为 1，

角度 90^0，余弦值为 0，如果是比例关系，那角度 45^0，余弦值应该是 0.5，可 45^0 的余弦值不是 0.5，而是 $\frac{\sqrt{2}}{2}$。贝尔不等式是按比例关系推导出来的，若角度与其余弦值为正比例关系，贝尔不等式必然成立，不可能突破。正是因为角度与其余弦值为非正比例关系，而是余弦函数关系，贝尔不等式才可以被突破。相关实验突破贝尔不等式是自然而然的事，根本不存在幽灵和诡异。

10、宇宙没有膨胀

宇宙膨胀源自于光谱线"红移"，科学家发现，来自遥远天体的光线，其谱线相较地球同种光线的谱线有较大的位移，又因为科学界认定光谱线表示的是波长，故认为光谱线位置移动是波长变化（变长或变短）。光谱线向红端移动，表示波长变长---红移；光谱线向蓝端移动，表示波长变短---蓝移。进一步推断，波长变长的原因是多普勒效应导致的结果，---遥远发光天体在快速地远离地球。后来又进一步观测发现，光谱线红移是宇宙普遍现象，说明几乎所有的天体在远离地球。进一步的推演，科学家作出了宇宙膨胀和宇宙大爆炸的推论。

宇宙膨胀和宇宙大爆炸的推论看似环环相扣、推论严谨、无懈可击，实则是一个错误复错误、假设迭假设空中楼阁似的推论，概念混淆不清，可以说没有一个推演环节是建立在确定无疑的基础之上的。

初步分析，推演过程有两个错误：1，光谱线表示的是光的频率，不是光的波长，和波长没有直接关系。所谓的波长变长（红移）实际上是频率变大（蓝移），如此一来，建立在此基础之上的多普勒效应---遥远天体远离地球的推论还能成立吗？2，多普勒效应现在流行的解释原本就是错误的，教科书把多普勒效应说成频率变化，或者说成波长变化，这都是不对的。多普勒效应既不是频率变化，更不是波长变化，而是观察者与波源相对运动使二者的距离发生变化，继而使波在变化的距离上传播的时间发生变化而产生的一种现象，与波本身的频率及波长都没有关系。经典物理观念告诉我们，波（包括声波、电磁波等一切波）一经产生，频率永远不变。这里还需澄清的是，这里所说的频率不变，是指波产生之后、在传播过程中，无论遇到什么情况、传播多远的距离，波频率始终保持不变。但在发出之前频率是可以发生变化的，随发射的相关条件不同而不同，如太阳发射的氢红线就比地球发射的氢红线的频率大。

经检测，遥远天体发出的光线的谱线位置与地球同种光线的谱线位置对比，位置确实发生了移动，这确实说明频率发生了变化，通常是增大了。但这种频率增大现象不是多普勒效应带来的结果，也不是在传播过程中产生的，而是在波发射之时就产生了。频率增大不是后天成长，而是胎生就大。

为什么遥远天体发出的光线比地面上发出的同种光线的频率能高出那么多呢？这不是根本性的问题，回答这个问题也并不困难。光速是可变的，世界是统一的，根据机械能转化与守恒定律，我们以地面的光速为基数，根据机械能转化与守恒定律，在知晓相关数据的情况下，可以计算出宇宙中任何天体发出的光速值。只要该天体（包括星系、星系团等）质量足够大、密度足够大、运动速度相当快，就有可能发射出比地面的光速快几倍、甚至十几倍的光速。发射光速的变化来自于发射频率的变化，所以遥远天体能够发出比地面上同种光线高出几倍、十几倍的频率。

这里所谓"同种光线"是从吸收谱线组合结构比较分析中识别出来的，单从频率上看，根本不能归之为"同种光线"，红光可能变成绿光，黄光可能变成了蓝光，还能算是同种光线吗？同则不同，不同则同，世界如此奇妙！好比中国人移民美国，应该不算中国人了，最多只能算做华裔美国人。这是题外话。

波产生后的频率不变，产生时是多少，传播到地球上仍是多少，只要产生时频率有这么高，传播到地球后频率一定有这么高。光谱线的位置是光频率高低的标志，同种光谱线的位置有多大变化，标志着对应的同种光线的频率发生了多大变化。可以看出，所谓的红移蓝移，实质上是同种光线的频率变化引起的，与波长的变化没有关系，与多普勒效应没有关系。宇宙没有膨胀，膨胀之说没有根据。宇宙大爆炸理论更是荒谬，所谓的宇宙微波背影辐射证实宇宙大爆炸的说法根本就是牵强附会。我推测，宇宙微波背影辐射来源于分散于广袤空旷宇宙空间的微粒物质在对应的宇宙背景极端低温下（约3k）辐射的电磁波。再者，根据普朗克定律，任何温度下或多或少都会有一定量的宇宙背景电磁波的辐出，怎么肯定宇宙背景辐射一定是大爆炸的余辉呢？！

我们的宇宙仍是稳恒态宇宙，让我们尽情安心地享受稳恒态宇宙美好时光！

11、光度佯谬（奥伯斯佯谬）

宇宙是无边无际、无始无终的，然而，稳恒态宇宙模型似乎有个难以解决的问题---光度佯谬。按照稳恒态宇宙模型，黑夜应该基本上与白天一样光亮，可事实上夜空却是黑的。

现在解决这个问题用的是有限、膨胀的宇宙模型，笔者经过认真思考，认为光线偏折或许能够更合理解释光度佯谬。

光子是有质量的，在空间传播必然要受到引力作用，再加上受到传播媒介---以太密度折射作用的影响，便向大质量天体及星系偏折。如遥远的星光受到太阳的引力作用和以太密度变化产生折射的影响，星光向太阳偏折1.75″，可想而知，星光向银河系将偏折更多些。无限的宇宙有无限多的恒星和星系，星光总是向恒星和星系偏折，虽然每次偏折不大，但经过若干次偏折，乃至无穷多次偏折，并且总是向相对小范围偏折集中。再者，恒星及星系的空间分布并不是绝对均匀的，是大范围均匀，小范围不均匀，也就是说，在恒星及星系的周围是范围比恒星及星系大得多的无发光体的空间。宇宙是无限的，但是从观察的角度来说，在一定观察范围外的星光，由于经过了无穷多次偏折，总会落到另一个发光体上去，于是，在观察下无限宇宙变成了有限宇宙。可以说，正是光线小小的偏折，造就了夜空黑暗。打个比方，社会财富在增长，但由于财富向多层次的少数富人集中，故而社会上广泛存在大量的穷人。

12、相对性原理

相对性原理是物理学最基本原理，它包含两个方面的内容，一是速度方面的相对性原理，一是物理规律方面的相对性原理。笔者经过深入分析研究后认为，前者是基本错误的，后者是基本正确的。

物理规律方面的相对性原理是说，在地球上总结出的物理规律在其它星球上也同样适用，如在地球上总结出的万有引力公式 $F = \dfrac{GMm}{r^2}$、离心力公式 $F = \dfrac{mv^2}{r}$，同样适用于火星、月亮，甚至可以说，如果宇宙中存在外星人，他们如果总结出了万有引力公式、离心力公式，那这些公式也一定与地球的相应公式的形式是一样的。这给我们带来了极大的方便，我们不必跑到火星上、月亮上或其它天体上去重新研究总结物理规律。

世界的物质的统一性决定了物理规律的普遍性意义，但普遍性并不能抹杀特殊性，公式中某些因子是带有各自特殊性的。如万有引力公式 $F = \dfrac{GMm}{r^2}$，公式中的 G 是带有特殊性的，不同条件和运动状态下的 G 值是不同的，地面的 G 值与火星表面的 G 值就不同。再如离心力公式 $F = \dfrac{mv^2}{r}$，由于单位时间标准带有特殊性，譬如火星的单位时间标准与地面的单位时间标准就不一致，因而对同一个速度，两个不同的单位时间标准所表示的速度值也就不同，在火星上运用离心力公式 $F = \dfrac{mv^2}{r}$ 计算时，就应该使用火星单位时间标准衡量下的速度值 v_h。

速度方面的相对性原理是说，枪在地面上射击，子弹相对地面的速度为 300 米/秒，把该枪拿到均速直线运动的火车上射击，子弹相对火车的速度仍为 300 米/秒，这是不对的，因为它违反了能量守恒原理。对此笔者作了专题论述，并作了验证性实验（详情请参阅本书第三篇《论文汇编》之<用实验证伪相对性原理>），证实速度相对性原理错误。

13、速度与速度变换

现在许多物理学概念是混乱的，速度就是其中的一个。速度有两种，一种是指物体自身的运动速度，自身速度也可叫绝对速度，是物体通过的路程与通过该路程所用时间的比值，速度原本应该是这个意思。另一种是相对速度，相对其它物体的速度。这相对速度不仅包含了物体自身的速度，也包含了与它相对的另一个物体的速度。现在把相对速度这个概念的地位抬得很高，说速度总是相对什么参考系参照物而言的，否则是没有意义的。这简直是胡扯，我们通常所说的速度一般都是指物体自身的速度，如汽车的速度 10 米/秒，是说汽车的行驶速度每秒行驶了 10 米的路程，清楚明白，毫不含糊，连解释都是多余的、没有必要的。相对速度是建立在绝对速度之上的，没有绝对速度根本无从计算相对速度，绝对速度是相对速度的基础和前提条件。绝对速度的意义和作用大过相对速度，动量定理、能量转化与守恒定律、及矢量计算法则用于计算的速度都是绝对速度，计算出的速度也都是绝对速度。所谓的光速不变，即使确有其事，也只可能是绝对光速不变，即光自身的传播速度不变，绝不可能是相对光速不变，即光与其它运动物体及人的相对速度不变。车灯灯光的传播速度并不随车速的变化而变化而保持定值，这或许还有可能，要说光与不同运动状态和速度的行人的相对速度不变，这是绝对不可能的。假如地面光速为299792458米/秒，人站着不动，则光与人的相对速度为299792458米/秒，若人行走的速度为1米/秒，向着光走，光与人的相对速度为299792459米/秒，背着光走，光与人的相对速度为299792457米/秒，这是一点问题都没有的。相对论所谓的光速不变：真空中的光速对任何观察者来说都是相同的，一点道理都没有，一点逻辑都不讲，绝对是错误的。

速度变换这个概念应进一步明确，否则容易造成混乱。速度变换的根源是单位时间不统一，单位时间不统一的原因是钟慢效应造成的。速度变换是将以A单位时间标准衡量的速度换算成以B单位时间标准衡量的速度。例如说，地面标准的1秒，而GPS卫星处的标准秒长（s'）却是地面标准秒长的$\dfrac{29992458}{299792457.866}$倍，由于两处的标准秒长不一样，即使同一个速度，两处显示的速度值不一样。

怎样进行速度变换呢？比如说，怎样把地面单位时间标准衡量下的速度v_d变换成GPS卫星处单位时间标准衡量下的速度v'_w呢？首先，以地面的光速（c_0）为基数，根据机械能转化与守恒定律，计算出GPS卫星处的光速（c_w），值得注意的是，这个计算出来的光速所用时间标准是地面的时间标准。求出c_w后，再按下面速度变换方程式$c_w v'_w = c_0 v_d$求算出v'_w，这个v'_w是以GPS卫星处单位时间标准为标准的速度值。

分析推理可知，实地测量的光速是不变的。显然，这种测量光速不变，不是真正的不变，而是单位时间标准不同造成的，如GPS卫星处的光速比地面上的光速实际上要小，计算可知，是地面光速的$\dfrac{299792457.866}{299792458}$倍，又由于GPS卫星处的单位时间标准比地面的单位时间标准延长了$\dfrac{299792458}{299792457.866}$倍，故而两处测量的光速值是一样的，都是299792458米/秒。显然，如此相同的光速是因为单位时间标准不同造成的，这只是表观上相同，真实的速度是不同的。

相对速度用伽利略变换进行计算，严格地说，伽利略变换不能算是速度变换，比较准确的表述是：相对速度计算法则。

值得注意的是，计算相对速度时，两个速度的单位时间标准应是统一的，不统一要化为统一后才能进行计算。在地面上测量火车的速度是以地面的单位时间标准测量的，在火车上测量车厢里的人行走的速度是以车厢的单位时间标准测量的，两处的单位时间标准是不同的，因此求车厢里的人相对地面的速度，是不能把两个速度直接相加减的，一般来说，应先将车厢的单位时间标准化为与地面的单位时间标准统一后才能进行相加减，好比两个异分母分数相加减，要先通分，后才能加减。不过，这是从原理上说的，实际上两个单位时间标准相差微乎其微，通常没有必要多此一举，而把两个速度直接相加减。

洛仑兹变换只是数学游戏，没有实际意义，并且是错误的，最多只能算是对机械能转化与守恒定律的东施效颦，应该把它从神圣的科学殿堂中清理出去。

14、质速关系

世界是物质的，物质是有质量的。光子（电磁波）也是物质，所以光子也是有质量的。光子（电磁波）也是有能量的，从某种意义上说，光（电磁波）是最基础的能量形式，因而可以说，能量也是物质，也是有质量的。能量与物质不可分离，有能量就有质量，有质量就有能量，如同一张纸的两个面，哪一面都不能脱离另一面而单独存在，纸再薄，也不可能薄到只有一面。物质是聚合的能量，能量是分散的物质。有时单独从某一方面进行研究考查，只是为了方面起见，并不表示二者可以作实质上的分离。

无论从哪个方面考查，能量守恒，物质不灭。物质和能量都不能凭空创造或消灭，质能转化的说法是不正确的，不存在转化问题。所谓质能转化，只是物质的表现形式及能量的表现形式都发生了改变，如原子弹爆炸，也就是一部分物质、能量从聚合态变成了分散态，质量并未亏损，能量并未增加，就象密闭罐子里高压液化氧气，打开阀门，氧从液态变成气态，扩散开来。一包炸药，没爆炸，能量贮存在固体炸药中，没有表现出来，爆炸了，变成无形的气体，能量表现出来。爆没爆炸，能量实际都是那么多，只是表现形式不同而已。

质量与能量的关系叫质能关系，关系式为 $E = \frac{1}{2}mc^2$。质能关系式在量上是确定的，有多少质量就对应有多少能量，反过来说，有多少能量就对应有多少质量。物体吸收了一个光子，不仅是接收了这个光子的能量，同时也接收了这个光子的质量。

这里的质量和能量是共性的概念，1 公斤砖头与 1 公斤的黄金在质能关系式上是一样的，从能量的角度看，1 焦尔的光能与 1 焦尔的动能是等价的。对应的质量也是等量的。

一个物体从不动到动，假如动能增加了 1000 焦尔，可以把这增加的 1000 焦尔的能量代入质能关系式 $E = \frac{1}{2}mc^2$ 中计算出该物体增加的质量：$\Delta m = \frac{2\Delta E}{c^2} = \frac{2 \times 1000}{299792458^2}$（kg）。可以看出，这里的质量增加从本质上说是物质的转移，不是什么速度带来的质增效应，如同上米店买米，认为买多了，就减少一点，认为买少了，就增加一点，如此形式的质量的增减并不破坏质量守恒原理。

现代物理学把质量与能量割裂开来，认为二者是各自独立的，能量是能量，质量是质量，有没有能量的质量，也有没有质量的能量，这是不对的，质量与能量不可分割。

质量与速度没有直接的关系，质速关系式是错误的。然而，教科书信誓旦旦地说，质速关系式是得到实验验证了的，这些实验包括带电粒子在电场中加速，随着速度的增加，加速越来越困难。之所以加速越来越困难，科学界采信了爱因斯坦质增说，质量增加了。

要否定质速关系式，必须重新合理解释这些实验现象。其实解释加速越来越困难现象不只可以用质量随速度增加而增加来解释，还可以用电场对带电粒子作用力减小来解释。是什么原因导致了作用力减小呢？根据电场力公式：$F = qE$，（q 为带电粒子的带电量，E 为电场强度），从表观的关联性上说，F 的减小既可看作是源自于 q 的减小，也可是看作是源自于 E 的减小。我们不妨把 F 的减小看作是源自于 q 的减小，可想而知，这种观点是有道理的，带电粒子在电场力的作用下速度越来越快，与电场的速度差（电场的速度为光速）越来越小，可以想见，电场对带电粒子有使不上劲的"感觉"，就象一辆快车通过橡皮绳拖带一辆慢车，慢车越快，与前面的快车速度差越小，快车对慢车的拉力就越小，慢车的加速度就越小，速度增加就越来越慢。电场对带电粒子作用力的减小等价于带电粒子电量的减小导致的电场力的减小，带电粒子电量的减小可看作是表观电量的减小，不是实质性的减小，是随速度的变化而变化的，是可恢复的。

假如带电粒子在电场中静止时的电量 q_0，经过类比和推导，其电量与其在电场中的速度 v 关系式为：

$$q_v = \frac{\sqrt{c_0^2 - v^2}}{c_0} q_0 。$$

带电粒子在电场中加速困难并不能证明是质量增加带来的结果，当然也不能证明是表观电量减小带来的结果。对这个问题作出决定权威性生死判决的是上海东方电磁波研究所季灏先生的《量热学法验证质速关系式实验》。带电粒子在电场中加速，随着速度越来越快，加速将越来越慢，但是另一面，随着速度越来越快，根据质速关系式，质量将越来越快地增加，根据动能公式 $E = \frac{1}{2}mv^2$，由于质量增加，动能将同步快速增加。而季灏先生所做的本实验用量热法证明能量并未增加多少，从而以严谨的实验事实证伪了质速关系式，也间接证明了带电粒子在电场中加速越来越困难是带电粒子表观电量减小造成的。

第二篇　新编自然哲学的数学原理

序

现代前沿物理学正处在一个迷茫与困惑的非常时期，爱因斯坦的相对论将物理学带入了歧途，主观唯心主义大行其道，逻辑混乱，因果关系颠倒，公理遭到恣意践踏，各种悖论层出不穷，人们心目中至圣至伟的科学原理，如能量守恒原理、质量守恒原理遭受无情的摧残，人类千百年来形成的朴素理念，如时空连续性，轰然倒塌，科学惨兮兮沦落为"权威学者"们意念下卑贱的奴婢。现代物理学的天空乌云密布，积聚了太多的问题，已到了不实现重大的理论变革就不能进步的境地。

本书以新的视角对现代物理学前沿的一些重大问题进行了探讨，在批判相对论的同时，提出了与主流理论不同的新观点，也对经典理论的某些内容进行了修正与完善。由于相关实验材料不是很充分，有些观点带有比较浓厚的思辩色彩，正确与否，还有待进一步的理论论证和实验验证。但不管怎样，自信新观点比爱因斯坦的相对论更有逻辑性，更符合客观实际，起码不失为一种有益的理论探索。本书不同于通常所见的完全脱离基础科学理论作天马行空似的幻想，而是基于经典理论之上的理性创新，并根据新观点对现代科学前沿的一些热点、重点的现象和实验作出了新的解析和计算。通篇体现着理性的思维，闪耀着唯物辩证法的思想光辉。也许不能给读者增加多少确证的知识，但能给读者思想启迪和在开拓思路方面以有益的启示。

使笔者特别感到欣慰的是，笔者的理论计算值与资料公布的很多实验观测值高度吻合，这是硬道理。退一万步讲，即使笔者的理论不对，但那么多数据吻合，笔者执着地相信，其中一定蕴藏着某种合理的成分，值得作深入的研究。对读者来说，笔者仅仅是开了个头，理论还很粗糙，还很不全面很不完善，还有很大的拓展空间和完善的余地，如果你有一双慧眼，具有科学的潜质，及早加入开发新宝藏的队伍中来，你也有可能挖掘到价值不菲的宝贝，为神圣的科学事业作出你的贡献。

中国学人与西方学人相比，在掌握知识程度方面毫不逊色，但在思想创新、理论创新方面远远不及人家，而创新正是科学探索的精髓。我们的科研人员奉行中庸之道，温良恭俭让，思想禁锢，墨守成规，缺乏创新精神，这是我国在理论创新方面长期落后症结之所在。

物理学发展到今天，又到了综合整理阶段，处于将有重大理论突破的前夜。中国人的整体观素来强于西方人，现在是我们在理论创新方面大显身手的好时机。但愿我们不再失掉这个可以扬眉吐气的历史性机遇，为基础科学的发展作出我们应有的贡献。

希望本书为中国封闭沉闷的理论物理学界带去一丝清新的空气，也希望能起到一点"鲶鱼效应"的作用。

满纸荒唐言，一把辛酸泪。

都云作者痴，谁解其中味？

曹中寅

二〇〇九年十二月一日

1、世界观

宇宙是无边无际的，其中的物质无穷多，天体无穷多。空间是三维平直的，长度的量度与参照系无关，不存在"尺缩"现象，也不存在宇宙膨胀问题。宇宙光谱红移现象主要是不同天体发射的光速不同，其对应的光波发射频率不同，该发射频率相较地面上同种光波的发射频率为高，在表示频率高低的光谱线图上的位置发生变动的缘故。宇宙大爆炸是痴人说梦似的非常荒谬的理论。

世界是物质的，物质是第一性的，意识是第二性的，物质决定意识。物质世界的运动变化严格遵守有确定因果性的物理规律，有果必有因，没有无因之果，也没有无果之因，因果之间是决定性的链条，不存在什么"自由意志"，在微观领域中所表现出的随机性和不确定性是由于人类知识的有限性和认识局限性造成的。科学不断发展，知识不断丰富，认识在深度和广度上不断深化和扩展，人类现在不认识的东西，将来会认识，世界是可知的，唯物辩证法是认识世界的强大武器。

宇宙是动态平衡的，物质分布大致均衡，万有引力在天体的平衡运动中起主导作用。物体不是孤立存在的，每个物体通过各种渠道与其它物体相互联系相互影响，时刻进行着物质和能量的交换，每个物体都是一个物质与能量的开放系统。质量是物质的基本属性，且具有内在的天然性，不需要外界什么机制的赋予，没有质量的物体是不存在的。光具有波粒二象性，光子也有质量。

时间与空间彼此独立，时间永远在自在均匀地流逝，且具有方向性，永远只能是从过去到现在再到未来，绝不可能逆转。不存在时间膨胀问题，所谓时间膨胀实质上是把电磁波振荡次数与该振荡次数所持续的时间混为一谈而所犯的一个形而上学的错误，振荡次数多并不意味着振荡持续时间长，振荡次数少并不意味着振荡持续时间短，因为其中还要涉及到振荡周期问题。学界在这个问题上所犯的一个严重错误是把同一种光线的发射频率和振荡周期看作是固定不变的，导致了时间膨胀谬误的产生。物理学对多普勒效应的解释是错误的，由此引伸和蘖生出的宇宙膨胀的假说是伪科学。

宇宙中所有物体时刻都处在运动变化中，运动也是物质的基本属性，运动既是绝对的，又是相对的。一切皆变，变是绝对的，不变是相对的，一切变化都是有原因的，有因必有果，有果必有因，不存在所谓"自发"变化，因果律、决定论是不可违背的自然法则。

在描述宇宙的性质时，值得特别提出的是物质和能量的守恒性。物质和能量既不能被创造，也不能被消灭，它只能从一个物体转移到另一个物体，从一种形式转化为另一种形式，在转移和转化中，物质和能量的总量保持不变，各量实质上仍各自守恒。

世界是统一的，它的统一性源于它的物质性。现代科学表明，宇宙具有无穷多的连续系列的层次结构。我们目前所认识的世界可细分为宇观世界、宏观世界和微观世界，不管宇宙中的物质形态是多么的千差万别，表面上的差异是多么的巨大，但蕴藏在物质中的道理是统一的，贯穿于各个层次各个世界，物理学规律因而具有放之四海而皆准的普遍性的意义。在宏观世界中总结出来的物理规律，在微观世界中同样适用和有效。从低速状态中概括出的物理学公式，对高速状态也同样适用和有效。若有问题，一般也只是精度的问题，实际上这个问题在得出规律的世界和运动状态中原本也是存在的，只不过问题有时没有表现得那么突出那么明显罢了。公式的修正也是统一性的，若公式适用性表现出明显的局域性，则说明该公式是不完备的，有待进一步的完善。对同一问题若从两个不同的世界或状态中得到两个形式上不同的公式，而又不能合理的过渡，则说明两个公式中至少有一个是错误的。基于世界的统一性原理，强相互作用、弱相互作用、电磁相互作用和引力相互作用在本质上也是相互统一的，随着科学的发展，终有一天会把这四种相互作用统一起来。

对立统一是宇宙最根本的规律，宇宙可以自我获得新生，宇宙在增熵的退化过程中一定存在减熵的进化过程，光合作用就是一种熵减途径，宇宙中还应该有更基本的熵减途径，这个更基本的熵减途径很可能是氢聚变反应某种形式下的逆反应。总而言之，世界绝对不会无可奈何地走向"热寂"。

绝对和相对是一种辩证关系，二者相互依存，绝对为相对提供了共同的基础和统一的标准，没有绝对就没有相对。现在科学界把相对性抬得过高，割裂与绝对性的关系，把相对性原理用得过滥过泛，忽视和抹杀绝对性作用，造成了科学界许多谬误和思想混乱，相对论把科学带入了歧路，科学界亟须正本清源、拨乱反正。

有人说物理学现在已基本完备，这是不对的，对很多问题我们还是一知半解，有待进一步的研究和完善。

2、$E = \frac{1}{2}mc^2$ 和 $E = mc^2$ 孰是孰非？

物质与能量对立统一，是同一个"东西"的两个方面的属性。能量是分散的物质，它与斥力、运动相关联，有扩充张扬的性质；物质是聚合的能量，它与引力相联系，具有收缩保守的性质。物质与能量不可分离，物质蕴藏着能量，能量依托着物质。说简切点，物质就是能量，能量就是物质。二者在本质上是同一的，只是形态和表现有所不同而已。

质量是物质的基本内在属性，是"先天性"的，不需要外部什么机制的赋予，不存在什么质量产生的希格斯机制，永远也不可能真正找到希格斯粒子，因为那只是一个臆想出来的虚幻的名词。由于质量与物质具有内在的同一性，所以在很多情况下用质量来代表物质，这样就把能量与物质的关系转化为了能量与质量的关系。能量和质量是不可分的，有能量就有质量，有质量也必有能量，不存在只有能量而没有质量的物体，也不存在只有质量而没有能量的物体，能量与质量是你中有我，我中有你的统一体。由于它们在本质上的同一性，不存在自己转化为自己的问题，所以质量与能量的相互转化的说法是欠妥的。但又因它们是从不同性质方面进行的考量，故而质量与能量在量度上有天然的换算关系，它们的关系表达式叫质能关系式。

爱因斯坦发现质能关系是对现代科学的巨大贡献，但是他的质能关系式是不正确的。我们首先来比较两个式子：

$$E = \frac{1}{2}mv^2 \qquad （1）$$

$$E = mc^2 \qquad （2）$$

我们知道（1）是动能公式，（2）是爱因斯坦的质能关系式。v 和 c 都是表示速度的物理量，我们将速度统一用 v 表示，则公式（2）变为 $E = mv^2$，再将其与（1）式比较，很明显，一切都相同，惟前面的系数不同，一个是另一个的一半，这是非常荒谬的。

为什么两个式子的系数不同呢？有人会说，一个计算的是动能，一个计算的是质能。这个理由是不成立的，动能质能都是能量，单位也一样，都是焦耳，只是称呼不同而已，并无本质上的区别。难道说称呼不同就能导致公式的系数不同吗？从公式 $E = mc^2$ 看，根据爱因斯坦的解释，光速 c 是不变的，质量 m 是变的。按照此观点，系数的扩大来自质量 m 的扩大，这就使人纳闷了，如果质量 m 已经表达了自身质量的变化，是变化后的质量，那么前面的系数就不应该变化；如果说质量 m 是原始质量，那这个特定的原始质量应该用特定的符号 m_0 表示。既然质量和光速都是确定的，那质能 E 当然也应该是确定的，也即是说物体的质量并不随速度的变化而

22

变化，也就没有质速关系式。所以无论怎么说，爱因斯坦的质能关系式都是一个自相矛盾的没有道理的式子。

爱因斯坦的质能关系式只能从爱因斯坦神奇的大脑中冒出来，任何人无论通过什么途径和手段都不可能在不违反数理逻辑的前提下推导出爱因斯坦的质能关系式。即使爱因斯坦本人，在大脑冒出质能关系式后，心中也感到不踏实，多次进行推导，但每每也是以失败而告终。简单的形式逻辑和同一律告诉我们，差异总是有由来的，不能无缘无故凭空孤立地产生。在不改变公式中变量因子意义的前提下，是不可能推导出系数不同的两个式子来的。"人不能两次踏进同一条河"，但一次踏进的却只能是同一条河。

很多教科书对爱因斯坦的质能关系式进行了推导，但五花八门，莫衷一是，甚至相互矛盾。不管推导过程是多么深奥，看起来多么严密合理，但在其推导过程中必定隐匿着某种数理逻辑错误。两个公式必有一个是错误的，动能公式具有定义的性质，不应有错，错的只能是爱因斯坦质能关系式。正确的质能关系式应该是 $E = \frac{1}{2}mc^2$，与动能公式形式上一致。

爱因斯坦质能关系式并没有得到精确可靠的实验验证，然而有人宣称他们的实验给予了精确的验证。这些所谓的验证实验有一个共同的特点，实验都是在微观层面上进行的。经验告诉我们，过于精细复杂的实验，虽然表面看来很高级很科学，其实往往并不可靠。任你是多么伟大的实验物理学家，对像从微观的层面上验证质能关系式这样精细实验的过程，也是不能彻底明了和掌控的。既然这样，实验结果的可靠性就值得怀疑。

下面进行两个质能关系式的对比性验算，藉以帮助我们辨别何式为正确。为叙述方便起见，我们不妨把 $E = \frac{1}{2}mc^2$ 称为经典力学质能关系式。

（1），根据相对论质能关系式计算：这里选用的是所谓最早对相对论质能关系式的正确性提供证明的实验例证之一。该实验利用加速器加速质子，并将加速后的质子轰击锂（Li）靶。锂原子核吸收质子形成不稳定的核，并随即蜕变为两个 α 粒子，它们以高速沿相反方向运动，在这一核反应中能量守恒。

列式：

$$E_{kH} + (m_{0H} + m_{0Li})c^2 = 2E_{ka} + 2m_{0a}c^2$$

m_{0H}、m_{0Li} 和 m_{0a} 分别表示质子、锂原子核以及 α 粒子的静质量，E_{kH} 和 E_{ka} 分别表示质子和 α 粒子的动能。上式又可写作：

$$2E_{ka} - E_{kH} = (m_{0H} + m_{0Li} - 2m_{0a})c^2$$

已知 $m_{0H} = 1.6715 \times 10^{-27} kg$，$m_{0Li} = 11.6399 \times 10^{-27} kg$，$m_{0a} = 6.6404 \times 10^{-27} kg$，代入得质量亏损量 $\triangle m$：

$$\triangle m = m_{0H} + m_{0Li} - 2m_{0a} = 0.0306 \times 10^{-27} kg$$

与此对应的能量改变量为：

$$\Delta E = (m_{0H} + m_{0Li} - 2m_{0a})c^2 = 0.275 \times 10^{-11}(J)$$

不计质子的入射动能，α粒子的动能可通过测量它们的射程来确定，可得：

$$2E_{ka} = 0.276 \times 10^{-11}(J)$$

与上面 $\triangle E$ 值相比，在误差允许的范围内吻合。

以上是抄自教科书的计算和说法。仔细思考一下，这样的证明未免太过牵强，令人难以信服！不测量质子的入射速度，不知道质子的入射动能有多大？就武断地不计质子的入射动能，这样计算出来的结果和由此作出的结论还有效吗？试问：加速的目的不是为了提高质子的入射速度和动能使轰击能够产生核反应吗？既然连质子的动能都不算了，即不需要质子的动能也能产生核反应，那还要加速质子干什么？加速岂不是多此一举？如果质子没有相当的入射速度，不具有一定的动能，根本就不会发生核反应。如果质子的速度大到轰击原子核能够发生核反应，则其具有的动能是不能被忽略的。该法计算留给质子的入射能量只有：

$$0.276 \times 10^{-11} - 0.275 \times 10^{-11} = 10^{-14}(J)$$

根据相对论动能公式 $E_k = mc^2 - m_0c^2$ 和质速关系式 $m = \dfrac{m_0}{\sqrt{1 - v^2/c^2}}$，根据题目又知 $m_{0H} = 1.6715 \times 10^{-27} kg, E_k = 10^{-14} J$，解之得：$v \approx 3459 km/s$。应该说具有这个速度的质子对原子核的轰击是不足以引起核反应的，如果这么小的速度也能产生核反应，那真的无需进行质子加速。此实验不但未能证实相对论质能关系式的正确，反而在一定程度上说明了它的不正确。

（2），根据经典力学质能关系式计算，列式：

$$E_{kH} + \frac{1}{2}(m_{0H} + m_{0Li})c^2 = 2E_{ka} + 2 \times \frac{1}{2}m_{0a}c^2，代入数据计算得：$$

$E_{kH}=0.276\times10^{-11}-0.1375\times10^{-11}=0.1385\times10^{-11}(J)$，根据经典动能公式 $E_k=\dfrac{1}{2}mv^2$ 解之，加速后

的质子速度为：$v=40708km/s$。

或许事实并非笔者所想的那样，质子速度的测量是非常成熟的技术，可能没有可什么值得怀疑的。那么问题有可能出在 α 粒子动能的计算上，α 粒子的动能是通过测量它们的射程来确定的，资料介绍该技术准确性比较差，甚至有科学家认为不可能精确测量 α 粒子的动能。如果真是这样，那所谓的验证也就无从谈起了。查阅资料，当年考克罗夫特和瓦尔顿作加速质子轰击锂靶实验时，把质子加速到 $0.4Mev$，按经典理论公式 $E=\dfrac{1}{2}mv^2$ 计算，质子加速到这么大的能量时，其应具有的速度为 $v=8757km/s$。按相对论动能公式 $E=mc^2-m_0c^2$ 计算，质子加速到 $0.4Mev$ 时相应的速度为 $v=8754km/s$。两种方法计算出的速度相差无几，但都是上面按质量亏损反推的质子加速后速度（$v\approx3459km/s$）的 2 倍多。质子加速到 $0.4Mev$ 后轰击锂靶，产生的两个 α 粒子，按相对论质能公式 $E=mc^2$ 计算，每个 α 粒子的动能为 $1.4071\times10^{-12}J$，相应的速度约为 $20550km/s$。若按经典质能公式 $E=\dfrac{1}{2}mc^2$ 计算，每个 α 粒子的动能为 $7.1959\times10^{-13}J$，相应的速度约为 $14721km/s$。考虑能量增加导致的质增效应后，α 粒子的速度也可达到 $14704km/s$。从上面计算结果可以看出，两种不同质能、动能计算公式计算出的质子、α 粒子的运动速度相差还是比较大的，通过测量粒子速度应该能够基本判断出何种质能、动能计算公式才是正确的。

要考证两个质能关系式孰是孰非，首先要精确测量出 α 粒子的动能和速度。若不能十分肯定测量出的 α 粒子的动能和速度是正确的，则无权作出某个质能公式得到验证的结论。

即使质子和 α 粒子的动能测量和计算都不错，也不能完全肯定相对论质能公式 $E=mc^2$ 就必定正确。因为放射性元素能够自发发生衰变，为什么能自发衰变？引发自发衰变的能量来自哪里？自发衰变的机理是什么？诸如此类的问题我们都不甚明了，因此不能排除撞击实验有外界未知能量参与了进来，此话的意思是说发生衰变的靶核外的其它锂原子暗中为其输送了能量。再说，的靶中各个锂原子的能量并非是均一的，或许在质子轰击下能够发生核反应的正是那些能量大大高于平均数的少数高能锂原子，这样不必需要太高能量的质子的轰击就能发生核反应。而我们计算的锂原子的质能往往是静态下锂原子的平均质能，这就把起反应的锂原子高于平均数的能量悄无声息地抹掉了。

有时从大处着眼，低级简单的实验方法更适用更可靠。这种例子不胜枚举：测量很细很细漆包线的直径，可将漆包线一圈紧挨一圈地缠绕在直杆上，缠绕的圈数尽可能多，然后量出缠在直杆上的长度，将长度值除以圈数即为漆包线的直径；苋菜籽很小很轻，要求出其平均粒重，可用天平称取一定重量的苋菜籽，然后一粒粒

数之，重量除以粒数即为苋菜籽的平均单粒重。

以上测量方法虽然简单，但实用可靠，精度并不见得比用高级精密仪器进行单个测量的精度低。道理很简单，误差摊薄了。

两个质能关系式 $E = \frac{1}{2}mc^2$、$E = mc^2$ 哪个正确？哪个错误？当然不能凭感觉和想象，而应由具有充分说服力的可靠的实验作出裁判。对此笔者也想出了一个判定谁对谁错的"土"方法。

方法很简单，到核电厂去查能流帐。先检验铀原料的相关含量，再化验核废料中的残存量，计算出一段时期内有多少质量的铀发生了裂变，计算出质量亏损量 Δm，然后按不同的质能公式（$E = \frac{1}{2}\Delta mc^2$、$E = \Delta mc^2$）分别计算出理论上应该放出的能量。再检查计算实际上放出的能量，实际上放出的能量是所有流出渠道能量的总和。对核电厂来说，其值一般为：电能+冷却水带走的热能+锅炉的辐射热损失+其它能量损失。然后进行比较，看实际放出的能量与哪个公式计算的能量相吻合？理论计算值与实测值相吻合的那个公式就是正确的质能关系式。虽然裂变的产物不是唯一的，给裂变能的计算带来了一定的难度，但两个公式的计算值相差很大，正确定性地判断出两个公式孰是孰非并不难办到。我相信这个方法比什么高级的微观测量方法都要准确得多。此法为铁的验证，任何人对验证结果都不会有丝毫的反驳余地。

3、长度、时间和质量及它们的单位基准

为了揭示自然规律，自然科学选择了在函数上彼此独立的物理量作为基本量。在国际单位制中有七个基本量，其中长度、时间和质量是三个最常用最重要的基本量，所有力学物理量都可以由这三个基本量导出。我们现在来讨论这三个基本量，并深入探讨它们的测量单位基准。

3.1 长度

量度离不开标准，长度单位标准的制定经历了一个从区域性粗糙性到全球统一性精确性的过程，从实物基准到自然基准的过程。"米"是国际单位制中长度的基本单位，先前用实物作基准，长度的实物基准是米原器。1889 年，第一届国际计量大会把米定义为：在 0 摄氏度时，保存在国际计量局中铂铱米尺的中间刻线间的距离。这样的规定很符合人类的思想理念，但是实物基准也有它的弊端和局限性，主要是复现和复现精度的提高存在很大的困难。1983 年，在第十七届国际计量大会上，通过了现行米的定义：米是光在真空中 1/299792458 秒的时间间隔内所行进路程的长度。这个定义只有"真空"一个附加条件，再无其它附加条件，这实际上肯定了真空中光速不变的假说。分析可知，这个定义从逻辑上说是错误的，因为各参考系的实际使用的时间标准是不同的，虽然说都是以秒为单位，但此参考系的 1 秒与彼参考系的 1 秒的实际时间长短是不同的。在这个定义中，

长度是由光速与时间两个因素决定的，即使真空中的光速不变，但只要时间的单位秒长发生变化，则长度单位"米"的实际长度也是不确定的，显然现在的"米"定义并不科学。

标准应是统一的，没有统一的标准就无法进行测量比较。标准也应是固定不变的，具有绝对的性质，不管在什么条件什么参考系中，单位标准长度都是一样的。1 米就是 1 米，不是指表面上的数字，而是数字背后所表示的真实的空间长度。如果单位长度标准不一样，长度的比较将变得毫无意义。选择理想的自然对象来表示单位长度标准有两个困难，一是要求对象很精细，单体长度很小。只有单体长度小，量度的精度才会高；二是要求对象稳定性高，环境因子对其长度的影响少而小，并且影响具有规律性，且规律性被人类所掌握。前一个要求好办，某些光波的波长基本符合要求。后一个要求难办，因为没有一个物体可以不受环境的影响，其属性不可能完全保持不变。一些光波能符合第一个要求，但不一定符合第二个要求，波速变不变？波长变不变？怎样变？对这些问题我们目前尚不甚明了。

单位标准的确定并不困难，困难在于如何在应用中准确地再现和表达这个标准。必须清楚，无论在什么条件下，什么参考系中，单位标准长度所代表的长度是固定不变的，若标准变了，一切将变得毫无意义，至少意义和价值将大打折扣。尽管我们选定的长度标准在不同条件下，不同参考系中自身发生了改变，但在我们大脑意识中的长度标准应是制定标准时的那个长度。当标准在实际中已经发生变化时，我们就应实事求是地承认这种变化，并灵活地根据长度变化规律把实际发生了偏差的标准修正过来，以保持标准的统一性。若机械地僵化地形而上学地理解标准的绝对性，无视甚至曲解标准在不同环境中的变化，结果只能是使表面看来未变的"标准"更加偏离原来真实的标准。举例来说，用米原器来测量物体的长度，我们知道，在 0^0C 时，米原器两刻线间的距离是标准的 1 米，假如用它在 30^0C 的环境中测量物体的长度，由于热胀冷缩，米原器两刻线间的距离不是标准的1米了，而是1米多了，"标准"也变得不标准了。要变回到原来的标准，有两种方法；一种方法是使米原器处于 0^0C 的环境下进行测量，这种方法在很多情况下是不可行的；另一种方法是进行折算。假如制作米原器的铂铱合金的热胀系数为 10^{-5} ，那么米原器在 30^0C 时两刻度线间的距离就变成了：$1.00000 + 30 \times 10^{-5} = 1.00030$ （米）。若米原器在 30^0C 时测得某物体的长度为10.00000米，则该物体实际长度为：$10.00000 \times (1.00000 + 30 \times 10^{-5}) = 10.00300$ （米）。

用光波波长作长度基准，或用一段时间内光波行进的距离作长度基准，道理与上面一样，只要是波长或光速发生了改变，就要对测量的长度进行相应的修正。空间长度是不变的，不存在空间膨胀或收缩的问题，变的往往是在不同环境中进行量度的长度标准。相对论所谓的"尺缩"，实质上就是混淆了谁变谁不变的问题。

笔者后来发现，现行"米"的定义虽然别扭，看起来不是很合理，但实际操作上却又是对的，原因是光速无论如何变化，单位时间长短在背后悄悄地作了反比例变化：光速变小，单位时间标准反比例延长；光速变大，单位时间标准反比例缩短。从而实测光速、单位长度（米）保持不变，在各参考系都一样。笔者反复深入思考又发现，这实测光速不变，说明传播光速是变的，进而说明相对论的光速不变原理是错的。

3.2 时间

时间没有实物基准，一开始就是采用的自然基准，所以它比其它基本量更粗象。也正是由于其粗象性，易使人们把假像当作真像，相对论归根结蒂就是在时间标准问题上混淆是非，犯了根本性错误。对时间的划分和描述一般借助具有周期性规律的自然现象，以 1 个周期或若干周期所持续的时间作为单位时间基准。所谓时间基准，就是在当代被人们确认为最精确的时间尺度。自然界有许多过程可以作为计时的基准。随着科学的发展，对时间的精度的要求越来越高，现在的时间测量技术已达到了令人难以置信的精度。世界上最高时间精度已达到了 10^{-17} 秒，并且精度仍在不断提高。实验室较精密的计时器是大铯钟，世界各国都采用原子钟来确定和保持标准时间。

既然是基准，就应该有普遍的意义，不受环境条件的影响，不因参考系的不同而变化，超然物外，保持自我。理想的基准是绝对的统一的，在任何条件下任何参考系中都是一样的，是不变的。基准的确立是带有条件的，是特殊条件下的基准，如米原器的条件是零摄氏度。而基准的要求却是无条件的绝对的，这就造成了一般性与特殊性的矛盾。怎样调和解决这个矛盾？这里面涉及到两种不同的思想路线。由这两种不同的思想路线导致了两种不同的解决方法，一种是牛顿的，一种是爱因斯坦的。由于这个问题很粗象，下面将用具体的事例进行阐述。

秒是时间的基本单位，国际计量大会给秒规定的标准是：铯-133 原子基态的二超精细能级之间跃迁所对应辐射 9192631770 个周期持续的时间。这个定义是有问题的，定义中没有附加条件，意味着这个定义是无条件的。世界是运动、发展变化的，没有什么东西各方面的性质都能够在相关不同的环境条件下保持不变。如在标准 1 秒时间内，铯原子在地面上辐射出的那条特定光线能振荡 9192631770 个周期，到了离地面 $20200km$ 高空处，在这段时间（地面标准的 1 秒）内，只能振荡 9192631765 .9 个周期。如果以那条特定光线在地面振荡 9192631770 个周期持续的的时间作为 1 秒，那么在离地面 $20200km$ 高空处应以该特定光线振荡 9192631765 .9 个周期持续的时间作为 1 秒。虽然光线在两处的振荡周期数不同，但在不同周期数背后表示的时间却是真正的相同。世界是统一的，运动是有规律可循的，根据规律，可以计算出在地面 1 秒的标准时间内，不同条件下不同参考系中铯原子辐射的那条特定光线振荡周期数，以确保单位时间基准的真正统一，这是牛顿的思想路线和方法。爱因斯坦的思想路线和方法则不同，他把铯原子辐射出的那条特定光线振荡 9192631770 个周期持续的时间作为永恒的 1 秒标准，而不管是处在什么条件、什么状态，什么参考系下，这就是相对论所谓的时间相对性之根源。这种方法实际上偷梁换柱地把振荡周期数作为时间标准，而不是把当初制定标准时振动次数背后所表示的时间长短作为标准，从而暗暗地否定了标准的唯一性和统一性。殊不知，虽然振荡周期数相同，但因每个周期振荡时间不同，故而相同振荡周期数所用时间是不同的。好比说，美国纽约人说他那里的白菜1元钱500g，中国上海人说他那里的白菜也是1元500g，便说两地白菜的价格一样。人家纽约人说的是美元，上海人说的是人民币，这能一样吗？只看现象，不看实质，看似坚持了统一的标准，实质上是破坏了统一标准。

物体在任何位置上发射的光速都是可计算的，发射的光速快，说明光波的振荡频率大，每个周期振荡时间就短，若振荡同样多的次数为1秒，则相对而言，该1秒的时间比较短。反之，若发射的光速慢，则说明光波的振荡频率小，每个周期振荡时间就长，同样，若以振荡同样多的次数为1秒，则相对而言，该1秒的时间比较长。继而，单位时间短则原子钟的读数大，钟快；单位时间长则原子钟的读数小，钟慢。简练说就是：光快钟快，光慢钟慢。影响光速主要有两大因素：所在位置的引力场强度和光源的运动速度，它们分别对应着势能和动能。离中心体越近，受到的引力越大，光速越快，原子钟就走得越快，反之原子钟就走得越慢。在一定范围内（$v \le \sqrt{GM/r}$），光源的运动速度越快，光速也越快，原子钟就走得越快。反之，光源的运动速度越慢，光速也相应越慢，原子钟也相应走得越慢。

在后面的章节中会讲到，光速是分类的，这里所说的光速实际上是内在光速，是根据能量转化与守恒定律计算出来的理论光速，内在光速是可变的。除内在光速外，还有传播光速和实测光速。所谓传播光速，就是光的传播速度，是光传播距离与传播时间的比值。所谓的光速不变，应该指的是传播光速。传播光速到底变不变？目前尚无定论，有待进一步验证确认。如果传播光速可变，则必定等同于内在光速之变，二者合二为一。如果传播光速不变，则不变的机理也能在遵从经典物理理念的基础上得到合理的解释：以太通过其相对密度变化对传播光速进行调节——当光与以太相对速度大时，以太的相对密度大，导致折射率变大，继而使光速下降；当光与以太速度小时，以太的相对密度小，导致折射率变小，继而使光速变大。经过以太密度动态的反馈调节作用，从而使传播光速保持不变。所谓实测光速，就是实地测量出的传播光速。如果传播光速本身是变的，则实地测量出的传播光速值是不变的；如果传播光速本身是不变的，则实地测量出的传播光速值是变的。之所以产生这种现象，是因为不同的参考系具有不同的单位时间标准造成的。以上三种光速既相互联系，又相互区别。变的可以不变，不变的可以变，到底变不变，要透过现象看本质。

运动时钟的"延缓效应"是客观存在的现象，是不可否认的事实，但我们必须清楚，钟慢并不等于时慢，时间的基准可看作是超脱于参考系之外的统一的时间基准。实际上，物体的同一变化过程，在不同的条件下变快或变慢的现象是非常普遍的。如温度升高，化学反应速度加快；高压锅煮饭至熟的时间比普通锅煮熟的时间短；山顶的摆钟比山脚的摆钟走得慢……这样的例子比比皆是，可是谁也没有说时间膨胀或收缩了。由于有运动时钟延缓效应，光源在运动时发射的光线频率比其静止时发射的同种光线的频率大，每个振荡周期相应缩短了，假如以铯原子在静态条件下发射光波振荡9192631770个周期持续的时间为1秒，则铯原子在动态条件下发射的光波由于振荡周期变短了，振荡9192631770个周期持续的时间不需要1秒，也就是在静系标准的1秒时间内，在动系不止振荡9192631770个周期。

标准是某一特定情形下的数值。事物是普遍联系的，在制定标准时不可能囊括所有的影响因子，而只能考虑影响标准的几个主要因子。但是在国际计量大会给秒的定义中，任何限制性的条件都没有，只要振荡9192631770个周期就是1秒，这就是说没有什么因素能影响原子辐射电磁波的振荡频率，这是不对的，实际上，在电磁波发射之时，有很多因素影响电磁波发射频率。既然电磁波振荡频率不同，振荡同样多个周期数所需时间就不会一样。要确定统一的单位时间标准，首先必须界定选作标准的特定条件，如铯原子在地球位于近日点时赤道海平面处静态条件下发射的那条特定射线振荡9192631770个周期所持续的时间为1秒。没有特殊，便没有一般。

速度与原子钟的快慢有不可分割的关系，下面用光速来阐述单位时间标准问题。假若确定近日点赤道海平面上的光速为$299792458m/s$，这里隐性定义了"秒"的条件和标准。定义中界定了几个限定性的条件，实际上还有许多影响光速的因子，如月亮的位置。所以标准在制定时，先天就不是一个十分确定的数值，而只是一个既精确又模糊的范围。另外，标准也不是一旦确定后就亘古不变了。世界上的一切事物都在运动、发展和变化之中，条件变了，标准不可能不变，如太阳时刻在发生聚变反应，释放巨大的能量，质量在不断减小，如此要影响到近日点的距离，地球的绕行速度也会随之发生变化，进而影响到地面发射的光速也要发生变化。话说回来，既然是标准，当然具有一定的稳定性，这样才有作为标准的意义和价值。在标准的定义中，凡未界定的条件是次要的，对标准的影响非常有限。而定义中界定到的条件，一般说来，其变化也是非常缓慢的，如上面光速定义中近日点的日地距离。在一定范围内和一定精度内，标准仍不失为标准，因此经典力学定律和公式在很大范围内和精度内是基本正确的。标准的稳定性是相对的，更科学的做法是，实事求是，找出变化的规律，修正和统一变化了的标准。

在各个基本量中，长度和质量自身是不变的，时间本质上也是不变的，不存在"时间膨胀"问题。但是，单位时间标准毕竟是人为制定的，它在物体的运动中悄然发生着变化，而人们却浑然不知。很多物理量的变化的总根源来自于单位时间变化，弄清楚了单位时间的变化，相对论中许多问题就迎刃而解了。

研究表明，任意两处光速（内在光速）之比等于该两处同种光线振荡周期（T）之反比，关系式为：$c_1T_1=c_2T_2$。

需注意的是：该式中四个量的时间标准是统一的。具体举例来说，若以地面铯原子发射的那条特定射线振荡 9192631770 （T_1）周期持续的时间为地面时间标准的 1 秒，空中某处也以铯原子振荡 9192631770 （T_2）个周期作为该处时间标准的 1 秒，空中的标准时间 1 秒相当于地面标准时间 1 秒是多少呢？这个折算比例（$\frac{s_1}{s_2}$）等于两处对应光速（$\frac{c_2}{c_1}$）之比。

光速 c 的大小与光线振荡频率 f、振荡周期 T、单位秒长 s' 及原子钟走时数 t 关系式表达为：

$$\frac{c_1}{c_2} = \frac{f_1}{f_2} = \frac{T_2}{T_1} = \frac{s_2}{s_1} = \frac{t_1}{t_2}$$

c_1、c_2：不同状态下的光速值；f_1、f_2：射线的振荡频率；T_1、T_2：射线的振荡周期；s_1、s_2 单位秒长；t_1、t_2：原子钟在相应两处的走时数（读数）。此公式在任意两个参考系间、任何情形下都是成立的。

有必要说明的是，此公式中 c_1 和 c_2 不是实测的光速，而是内在光速，是根据机械能转化与守恒定律计算出来的光速，两光速的时间标准是统一的。

3.3 质量

关于质量的定义，至今还没有一个统一的国际标准，它是目前唯一仍在采用实物基准的基本量，其它基本量的实物基准都被自然基准更新了。质量的自然基准正在紧锣密鼓地研究和制定中。

质量是指物体中所含物质的量，这个定义过于笼统和含糊，除了在哲学上有些意义外，在物理学上的意义不大。关于质量如何测量？可谓仁者见仁，智者见智，说法五花八门。有人建议用引力的大小量度；有人主张用惯性大小比较；有人提议用物体所含粒子数来表示；——所有的方法都有缺陷。引力法的理论根据来自于万有引力定律，引力大，质量大，引力小，质量小。用引力量度所得的质量叫引力质量。地球上的引力与重力几乎相等，故在通常情况下质量的大小转而用重量的大小来表示。杆秤是根据杠杆原理制成的重量衡器，它称出的是物体的重量，但大多情况下却是用来表示物体的质量。只有用合格的天平和正规标准的砝码，称出的才可算是物体的质量。根据万有引力公式 $F = \dfrac{GMm}{R^2}$ 可知，引力不仅与被测物体的质量有关，还与相关两物体的重心的距离有关。一个物体只有一个质量，但却有无穷多个重量，它在山脚受到的引力要比在山顶时所受到的引力大。不仅于此，地面上的物体所受的重力还要受到该点绕地轴转动线速度的影响，同一物体在高纬度地区的重量要比在低纬度地区时的重量大，一船货物从上海运到新加坡会出现缺斤少两的现象。另外，根据万有引力公式还可知，同一物体在不同天体中的重量是不同的，$60kg$ 的地球人在月亮上变成了 $10kg$。这些现象都说明，用引力来计算或表示质量是不适合的。

根据牛顿动力学定律计算质量,这样计算出的质量称之为惯性质量。牛顿第二定律公式是普遍的宇宙法则,只要知道物体所受到的力及由此力产生的加速度,就可计算出物体的质量。但此法有两个问题:一是质量是基本量,力是导出量,正常的程序是由基本量到导出量,现在却要由导出量来反推基本量,程序上是倒置的,程序上的倒置会带来一系列的问题。二是物体要受到很多物体的作用,从理论上说,宇宙所有天体都对该天体有引力作用,物体所受合力的计算本身就是一个问题。所以用此法计算质量也存在问题。

用物体所含基本粒子数来表示物体的质量。目前科学还未证明物体最终是由某一种基本粒子组成的。基本粒子有多种,各个物体的基本粒子数又没有固定的比例,这就基本上宣告了该方法的终结。再说,即使同一种基本粒子,由于运动状态不同,其质量也是不同的。总而言之,这种方法不可行。

本人根据质能关系式想到了另一种质量表示法,用能量来表示质量,$m = \dfrac{2E}{c^2}$,(c 取 $299792458m/s$)即物体具有 44937758936840882 焦尔能量所对应的物体为 $1kg$。此定义是优点是能量具有绝对的性质,在任何参考系中计算出来的 1 焦尔都是相等的,精度也非常高。缺点一是 c 是变化的,由于位能的不同,不同位置的光速值不同,这使得根据该公式计算出来的同一物体在不同位置的质量稍微有些变化,不过这个缺点还是可以弥补的;二是通过质量计算能量很容易很顺当,但要根据能量来计算质量却不容易,能量的计算是一个很大的问题。目前我们知道的不通过质量计算能量的途径和方法不多,光子的能量可以通过频率来计算。另外,物体宏观运动形式的能量,如物体的整体运动,是通过什么途径和形式由微观形式的能量传递和转化而来?这都是值得深入研究的课题。

物体的一切性质都源于它的物质性,本质只一个,属性多方面。质量就是质量,实在没有必要把质量分成引力质量和惯性质量。我甚至于认为,连惯性的概念都是多余的,无意义的。不管多大的物体,只要受到的合力不为零,无论力是多么小,物体都要产生加速度。从理论上讲,给月亮套上绳索,一个人就可以拉动它,虽然加速度几乎是 0,但毕竟不是 0,惯性何在?桌子推不动,是因为摩擦力大过推力,若将桌子放在光滑的冰面上,轻轻一推,桌子就动了,与惯性何干?大卡车载重越大,速度越快,刹车后越难停下来,这是动能或动量大的缘故,与惯性何涉?从上面几个例子可以看出,惯性的意思都不同,这说明惯性的概念是模糊的。

4、质量与速度的关系

对立统一是宇宙的基本法则。质量是守恒的,其意是说质量不可能凭空产生,也不能凭空消灭。质量又是可变的,其意是指物体质量的转移。任何物体不能脱离环境而独立存在,物体与环境每时每刻无不进行着物质(能量)的交换。物体吸收能量,质量增加;输出能量,质量减少。物体速度的变化是其能量变化的一种表现,狭义上的质量可变性并不违反广义上的质量守恒原理。爱因斯坦关于质量与速度相关联的思想有其合理性的一面，但其质速公式却是错误的，与质量相关的动量、动能、质能等相对论力学公式都是错的。

从爱因斯坦质速公式 $m = \dfrac{m_0}{\sqrt{1 - v^2/c^2}}$ 本身分析，主要有如下几处错误：

（1）、当 $v = c$ 时，公式分母为 0，违反了分母不能为 0 的数学原理，而世界上却恰有速度为 c 的物体——光子，即使把光子的静质量设定为 0，也弥补不了这个巨大缺陷。我们知道任何数乘 0 等于 0，经过变换则任何数都可写成 $\dfrac{0}{0}$ 的形式，所以分母为 0 是没有意义的。至于高等数学中求两个无穷小量之比的极限时，常用 $\dfrac{0}{0}$ 型未定式表示，表达的是一种分子分母都无穷小化的趋势，并不说明分母可以为 0。

（2）、当物体接受能量、v 无限接近 c 时，公式中的质量 m 只是一味无限地增大，如此这般，原子的核聚变，核裂变现象根本就不可能发生。而实际上，这种现象在宇宙中却是大量发生的。

（3）、爱因斯坦为了使他创立的质速公式不显得那么无理，只好把光子的静质量设定为 0，理由是没有静止的光子，所以把光子的静质量设定为 0 认为是合理的。质量是物质的基本属性，任何物体都应有质量，光子也是物体，当然也有质量，不但有动质量，也应该有静质量。虽然没有静止的光子，但它的质量可以依附在吸收物体上间接地表现出来。把它的静质量粗暴地设为 0 是没有根据的，也缺乏逻辑的统一性和严密性，与许多事实相矛盾。如果光子的质量为 0，则物体吸收光子，接受能量，质量就不应该增加，也不会有什么质速公式了，否则质量可以凭空产生。推而言之，物质和能量守恒原理都是错的了。或许维相者说：光子只是没有静质量，却有动质量。试问这样的解释还有一点科学的味儿吗？！

（4）、该公式自相矛盾，使人容易产生概念混淆，应用不当。当 $v = 0$ 时，$m = m_0$；当 $v = c$ 时，$m = \infty$。光子的速度是 c，可是谁见过质量无穷大的光子呢？假如有一个质量为 $1kg$ 的的物体，当其运动速度达到 $0.9c$ 时，根据爱因斯坦的质能关系式计算可知，质能为 $E = 2.294c^2$（焦尔），现在要问：当物体的运动速度达到光速 c 时（全部质量亏损）的质能又是多少呢？很明显，质速公式在此种情形下无法应用。怎么办呢？由于找不到光速下对应的质量 m，只好被迫无奈地回过头去用静质量 m_0 来代替，按照教科书的计算，此时的质能 $E = m_0 c^2$（焦尔），从而出现了同一物体运动速度大时质能反而小，运动速度小时质量反而大的奇怪现象。更令人费解的是科学界对这一明显错误熟视无睹，在爱因斯坦的质能质速公式中，m 成了令人不可捉摸的飘移不定的幽灵。

（5）、爱因斯坦的动能公式（$E_k = mc^2 - m_0 c^2$）与经典动能公式 $E_k = \frac{1}{2}mv^2$ 明显不一样，爱因斯坦认为当 $v \ll c$ 时，根据二项式定理，两个公式可以合理地过渡。实际上这所谓的过渡非常牵强，其过渡桥梁不是二项式定理，而是用于近似计算的马克劳林公式。经典动能公式与相对论动能公式没有逻辑的统一性，永远也不能合二为一，是两个独立的公式。由于爱因斯坦相对论动能公式是错误的，因此它几乎没有进入实际应用，例如在计算光电效应电子的逸出功时，在计算电子绕核运动的能量时，在进行电子晶体散射以验证德布罗意波的实验中，计算电子的动能时都是用经典动能公式 $E = \frac{1}{2}mv^2$。这倒不是说在计算高速运动微粒的动能时，经典动能公式非常适合，但起码从侧面说明了爱因斯坦相对论动能公式是一个存在很大问题的公式。

（6）、所谓质速关系，顾名思义，就是质量与速度的关系，对于一个物体来说，有多大的速度就应该有多大的确定的对应的质量，与计算方法和过程没有关系。我们现在来看看物体的质量计算方法和过程有没有关系？

假如一个物体（如质子）的质量为 m_0，将其加速到 $0.2c$，根据相对论质速公式 $m = \dfrac{m_0}{\sqrt{1 - \dfrac{v^2}{c^2}}}$，计算出其加速到 $0.2c$ 后的质量为 $m = 1.02062m_0$。

现在我们将计算分两步进行，先计算该物体从速度为 0 加速到速度为 $0.1c$ 后的质量 m_1，再计算出从 $0.1c$ 加速到 $0.2c$（也就是在 $0.1c$ 的基础上再增加 $0.1c$）后的质量 m：

$$m_1 = \frac{m_0}{\sqrt{1 - \dfrac{v^2}{c^2}}} = 1.00504m_0$$

$$m = \frac{m_1}{\sqrt{1 - \dfrac{v^2}{c^2}}} = 1.01010m_0$$

从道理上说，两种计算结果应该严丝合缝的，现在却对不上，同一物体一步到位计算出的质量是 $m = 1.02062m_0$，分两步计算出的质量是 $m = 1.01010m_0$，不知万能的相对论专家们作何解释？要怎样算才能相吻合？

从公式的推导过程看，也说明相对论力学公式是错误的。

据说爱因斯坦不知何故毁掉了质速质能公式推导过程的手稿，现在教科书对推导过程有几个不同的版本，主要依据都是动量守恒定律。有的从两小球发生完全弹性碰撞，有的从两小球发生完全非弹性碰撞等不同角度来推导，殊途同归，最后都声称得到了爱因斯坦的质能、质速公式。笔者认为这是不可能的。非弹性碰撞由于要涉及动能转化内能的问题，从该方面运用动量守恒推导质速公式首先犯了方向性错误。至于完全弹性碰撞，在进入推导程序之前我们不妨作一整体性思考：两个全同的小球发生完全弹性碰撞，一个小球在某一方向上速度的增、减量，必然对应地在另一小球上作等量的减、增，以满足动量守恒定律，这是完全可以想象的。两小球的质量与速度，碰撞前后只是在量上作了对应的交换，怎么可能造成质量的变化呢？由此我想，任何推导过程无论看似多么无懈可击，多么严密，一定存在隐匿于其中的错误。

在这里我举一个非常经典的质速公式推导过程的例子予以佐证：高等教育出版社出版（1982）的高等学校试用教材《力学基础》，漆安慎、杜婵英编，580 页"质量与速率关系"节："令两个质料，形状大小全同且表面光滑的小球发生完全弹性的斜碰撞……，碰撞时两球的连心线与 Y 轴平行……，碰撞时沿 X 轴不受力，每一小球沿 X 轴的动量守恒，又得 $v_{1x} = v_{10x}$，$v_{2x} = v_{20x}$…"。我认为这些条件之间及条件与推论之间都存在矛盾：既然为斜碰撞，则碰撞时两小球的连心线与 Y 轴不可能平行，沿 X 轴不可能不受力，$v_{1x} < v_{10x}$，$v_{2x} > v_{20x}$。由于存在前提错误，因此推导的质量和速度关系式无疑也是错误的。在科学上，在分析问题时，通常采用的是理想化、简单性的方法，而本例却反其道而行之，以致发生这样原本可以避免的错误。蒙住双眼，立地转上若干转，在没有参照物的情况下谁能准确地找到北？即使找准了，那也只能说是蒙对的。实际上，这个问题没有必要搞得如此复杂，适当选择坐标系，让两个小球与 X 轴或 Y 轴平行运动发生正碰，这样既便于分析，又不影响结果。难道斜碰除了容易导致混淆之外，还有什么特殊的必要吗？若本例采用简明正确的方法的话，那错误是完全可以避免的。我们也可以看到两小球的速度在碰撞前后的改变量是严格等值反号的。在反复多次选择坐标系，代入洛仑兹变换计算后，笔者确信单纯地应用动量守恒定律是推导不出质速关系式的。笔者猜想，爱因斯坦一定是先有了质量随速度的增大而增大的思想，然后他试图推导出质速关系式，显然通过正常途径他没有做到这一点，也不可能做到这一点，于是他根据洛仑兹变换公式臆想拼凑了我们目前所看到的质速关系式。

不可否认，质量与速度是有关系的，物体的速度增加，说明它接收了能量，能量与质量具有天然的相关性，接收了能量等于接收了质量，因而存在质速关系式也是合情合理的。但不是爱因斯坦的质速关系式，爱因斯坦的质速关系式是错误的。

要探讨质速关系式必须另辟途径，经过一番探索和思考，我认为利用类比的方法可以建立质速关系式。质量的增长与细菌的繁殖、金属物体受热膨胀造成的体积或长度的增加具有可类比性，除了具体的物理意义不同外，其增长方式应该是相似的：其增长都以现量为基础，剔除其它次要因素影响，随某一主导因子（物体质量中的速度、细菌繁殖的时间、金属物体的温度）的变化而变化。放射性元素的衰变也有类似的性质，不过其方向是相反的。

下面我们利用极限的方法和微积分的方法推导质速公式：

①极限方法：

设物体在 $v=0$ 时的质量为 m_0，质量随速度的增大而增大，设物体运动速度为 v，速度每增加1米/秒，质量的增长率为 k，于是物体的速度达到1米/秒时，物体的质量就变成 $m=m_0+m_0\mathrm{k}=m_0(1+\mathrm{k})$，当物体的速度达到 2 米/秒时，物体的质量将达到 $m=m_0(1+\mathrm{k})+m_0(1+\mathrm{k})r=m_0(1+\mathrm{k})^2$ …如此类推，当物体速度达到 v 米/秒时，物体的质量就变成为 $m=m_0(1+\mathrm{k})^v$。如果物体质量以更小的增长率 $\dfrac{\mathrm{k}}{n}$ 计算，则物体速度达到 v 米/秒时，物体质量将达到：$m=m_0(1+\dfrac{\mathrm{k}}{n})^{nv}$。实际上物体质量的增加是随速度的增加连续不断地进行的，应以瞬时速度计算，即应令 $n\to\infty$ 或 $\dfrac{1}{n}\to0$ 来考虑，于是有：$m=m_0\lim\limits_{n\to\infty}(1+\dfrac{\mathrm{k}}{n})^{nv}$，令 $n=ak$ 则有：

$$m=m_0\lim\limits_{a\to\infty}(1+\dfrac{1}{a})^{akv}=m_0e^{kv}$$

②微积分法：

质量的增长规律是：物体质量的增长率与物体速度的增量成正比：$\dfrac{dm}{m}=kdv$（k 为比例常数），两边积分得 $\displaystyle\int\dfrac{dm}{m}=\int kdv+Inc$，（$c$ 为积分中任意常数），$m=ce^{kv}$，当 $v=0$ 时 $m=m_0$ 即 $c=m_0$，于是：$m=m_0e^{kv}$。我们看到微积分的的方法与极限的方法所得的质速关系式是一样的，即 $m=m_0e^{kv}$。

现在的问题是求出物体质量的增长率常数 k，显然，我们只要能测定一个物体在两个速度（v）下各自对应的质量，代入公式 $m=m_0e^{kv}$ 中，就可求出 k。说起来简单，但实际很难做到精确的测量。于是笔者作了如下思考：我们知道 $v=0$ 时，$m=m_0$，如果我们知道物体 $v=c$ 时的质量，问题就解决了。笔者作进一步思考：c 虽是最高速，却是有限的量，一个物体的能量从观察结果看也是有限的，那么在能量、质量和速度三者的关系中，能量和速度都为有限量，而与他们相关联的质量似不可能是无限的。既然 m 为有限量，只要速度是确切的和具体的（即使为 c），那么质量也应该是确切的和具体的。综合各方面的知识并参照爱因斯坦相对论在 $v=c$ 时计算质能时的实际取值以及其它知识途径，笔者作出了大胆而合理的猜测：物体在 $v=c$ 时质量是其在 $v=0$

时质量的 2 倍。于是求得 $r = \dfrac{\ln 2}{c}$，代入 $m = m_0 e^{kv}$ 得 $m = 2^{\frac{v}{c}} m_0$。

本文推出的新的质速关系式表明质量最多只能增加 1 倍，意即物体接受能量，质量增加。当总质量增加到静质量的两倍时，物体陆续全部分解成一个个光子，所以质量增长超过 1 倍是不可想象的。同理可以推之，静质量为 m_0 的物体，其被加速后总能量最多只可能达到 $m_0 c^2$。按此计算，质子在强力加速器中加速后的能量最多只能达到 $E = m_0 c^2 = 1.6726 \times 10^{-27} \times 299792458^2 \approx 1.5033 \times 10^{-10}$ 焦尔 ≈ 9.4 亿 ev，所以凡说质子在强力加速器中加速后的能量超过 10 亿 ev 的，都是相对论计算下的胡说八道。

现在有一个问题：光的速度本身只有 c，又怎么可能使物体的速度达到 c 呢？好比一升含盐 15‰ 的海水，即使掺入再多的 30‰ 的海水也不可能使其浓度达到 30‰，这不是反而印证了爱因斯坦质速、质能公式的合理性吗？经过一番探索，笔者有了比较清晰的思路：物质的结构是多层次的，最基本粒子（光子）组成次上级基本粒子，次上级基本粒子组成次次上级基本粒子，直至组成现代物理学认识的基本粒子---质子、中子等，质子与中子组成原子核，原子核与核外电子组成原子，原子组成分子，分子组合成分子团……。无论何种组合都需要能量，这种能量我们称之为结合能。一般而言，层次越深，结合越紧密，结合能越大，解除结合能相应需要更大的能量。如此相反，层次越浅（越靠外），结合越松散，结合能越小，解除粒子间的结合能更容易。如冰只需很小的能量就能打断分子间的氢键，使之融化；水需要稍多点的能量克服水分子间的结合能而蒸发。把水分子中的氢原子与氧原子分开（电解等），则需要较多的能量。把氧原子中的质子与中子分开更困难，说明其结合能很大。尽管大，现代技术还是可以把一些原子的核分解。质子和中子也应该有其各自的内部结构，但其内部粒子间的结合太紧密了，结合能太大，以致现代技术尚不能把它们完全分解开来。解除粒子间的结合能需要能量，物体吸收能量是宏观的连续和微观的不连续（能量的量子化）的结合。若吸收的能量不足以解除所在部位的结合能，粒子并不分开，吸收的能量就体现在质量的增加上。当物体某一部位吸收的能量达到该部位的结合能时，结合能解除，粒子分开，同时辐射出比结合能多 1 倍的能量。结合能的解除既是一个渐进的连续过程，也是一个量子化的非连续过程。就物质的微观结构来说，层次越靠外，粒子之间的结合能一般就越小，相应地解除结合能所需的能量也较小，解除结合能后所辐射出来的光线的能量也较小，即光线的频率低波长长。这与在低温时物体辐射以红外线为主的现象是吻合的。物体吸收能量，先用于解除外层（微观上的）相对较低的结合能，先易后难，先外后内逐步深入。吸收的能量从整体上说提高了物体的运动速度或物体的内能（温度），这是物体吸收能量的宏观表现。但就微观而言，物体内部各粒子，即使同一层次不同粒子的运动是不平衡的，在微观世界中，不平衡是绝对的，这与气体分子运动速度曲线分布规律具有很大的相似性。平衡之中蕴育着不平衡，不平衡是变化的动力和源泉。绕核运动的电子能辐射出比其自身速度大得多的光子。在物体整体的运动速度和温度很低时，放射性元素能"自发"地发生衰变，这些现象都是物体内在的不平衡性的矛盾运动的结果。

现在我们可以回答为什么光子能够使物体达到光速的问题了，物体吸收外界能量后削蚀结合能，使反应的阈值降低，增加粒子的运动速度，同时使内部的不平衡性更加汹涌，某些原子便一举突破结合能而产生核裂变，辐射能量。凡吸收一份能量就削减一份结合能，放出两份能量。多出的能量是怎么回事呢？多出的那一份来自于质能。平时质能被结合能禁锢着，一旦外界的能量或者内部的不平衡运动解除了封锁其的结合能，质能就表现出来了。平时（在低速低温阶段）在没有动用质能的情况下，接收的能量被物体贮存起来，体现在速度的增加或温度的升高上。或者辐射出去，这时是接受一份能量辐射一份能量，在这些过程中，从经典物理学的角度看也不存在违反能量守恒原理的地方。当在动用了物体质能（质量亏损）的情况下，接收一份能量，就放出两份能量，持续接收，持续释放，这时是少进多出，直到把整个物体剥蚀殆尽。所以说本身只有光速的光子能使物体在逐步分解中达到光速，只是物体已非原来的物体了，它陆陆续续变成了一个个的光子。

质能是爱因斯坦首次提出的概念，这是一个伟大的创举。在有了质能的概念后，我们就能推导出质能的公式。根据新推导出的动能公式：$E_k = \frac{1}{2}mv^2 = \frac{1}{2}(2^{\frac{v}{c}})m_0 v^2$，当 $v=c$ 时，$E_k = m_0 c^2$，此时动能和质能是相等的，即 $E_{zc} = E_k = m_0 c^2$；当 $v=0$ 时，$E_k=0$，又根据质速关系式 $m = 2^{\frac{v}{c}} m_0$，知物体在 $v=0$ 的静质量是 $v=c$ 时的质量的 $\frac{1}{2}$ 倍。又因为在质量与能量的关系中，在它们中间只有一个"速度常数"c（具体条件下），因此，若质量在 $v=0$ 时为 $v=c$ 时的一半，则对应的能量在 $v=0$ 时也应该为 $v=c$ 时的一半。故在 $v=0$ 时的质能为 $E_{z0} = \frac{1}{2}E_{zc} = \frac{1}{2}m_0 c^2$。通过类比可以推论：质能应与质量具有相同的增长方式，质能与质量成正比。则质能的一般公式为：$E_z = \frac{1}{2} \times 2^{\frac{v}{c}} m_0 c^2 = 2^{\frac{v}{c}-1} m_0 c^2 = \frac{1}{2}mc^2$。

我们现在简单计算一下原子弹、原子反应堆释放的能量。设原子裂变产生的质量亏损为 Δm，那么根据公式 $E_z = 2^{\frac{v}{c}-1} m_0 c^2$ 计算所释放的能量为 $\triangle mc^2$，这里请注意由于裂变前要吸收能量以消解结合能，该结合能为 $\frac{1}{2}\Delta mc^2$，所以裂变产生"质量亏损"所释放的能量净值为 $\frac{1}{2}\Delta mc^2$。如果我们把原子弹的爆炸作为一个整体事件看待，核爆炸近乎是一个封闭的系统，似乎在核爆的过程中并没有从处界接受能量，但实际上，爆炸过程虽然短暂，却是分步进行的，单个原子核反应的数量以几何级数传递增加，后面的核原子是在接收了前面核子发生裂变而放出的能量后才发生核反应。所以原子弹的爆炸也经历了一定的时间，只是这个过程非常短暂罢了。虽然每个小核反应释放的能量为 Δmc^2，但由于每次核反应都要从系统中吸收 $\frac{1}{2}\Delta mc^2$ 能量，否则就不能发生核裂变，所以原子弹爆炸释放的能量为：$\Delta mc^2 - \frac{1}{2}\Delta mc^2 = \frac{1}{2}\Delta mc^2$。

用质速关系式计算出的质量为总质量，其中包括了物体的本体质量（剩下来的质量）和因辐射而损失掉的质量。实际上，随着速度的增加，物体本体质量总的来说是下降的。物体本体质量与速度关系式为 $m = 2m_0 - 2^{\frac{v}{c}}m_0 = (2 - 2^{\frac{v}{c}})m_0$，所以，看一个公式首先要弄清楚公式中各个字母的真实含义，否则有可能发生困惑和误解。

由于能量的吸收和释放是量子化的形式进行的，因此物体的质量和速度的增减是突变性的，而呈现高度高低不一的阶梯状的非连续性特征，这在微观粒子中表现得尤为明显。粒子速度与质量的增减是突发性的，不过变化的总体方向是确定的，也是可以预知的。当粒子接受外界能量（如电子、质子在电场中加速），其速度的总的方向是增加的，而本体质量却是减少的。但在该过程中，粒子的速度不是单调地增加，质量也并非一味地减小，粒子要发生轫致辐射，速度在增加后会突然减小，辐射出去的质量（能量）是上次辐射后增加的质量（能量）的2倍。减速和瘦身后的粒子又接受能量，质量和速度又在某一新范围内再次增加，当接受的能量达到某一定度时，粒子再次产生辐射，速度和质量再次降低。循环往复，粒子不断地瘦身蒸发，最后逐步分解成光子。前后辐射的光子的频率和能量是不同的，一般地说，在低温低速阶段辐射的光子的频率和能量比较低，随着速度的增加、温度的升高，辐射的光子的频率和能量也会增大，"粒子"的平均速度也在粒子不断解体中化整为零式地逼近和达到光速。从上述中可知，质量和速度根本不是连续光滑的曲线所表示的函数关系。所以，即使最好的质速关系式，在微观世界里也只是一种对客体实际情况粗糙近似的描述。不过，对同一粒子来说，本体质量与速度是分立对应的，也是确切的，二者可以用分立的表格法进行精确的描述。

粒子在某一状态下接受何种多大的能量，以及何时辐射？都是确定的。当然，粒子发生反应的度或阈也可能不是单值的，也有一定幅度，就象光谱线，但幅度毕竟还是很狭窄的。度与度之间有的宽，有的窄，总的趋势是随着速度的增加而变宽。宏观物体包含了大量的微粒，从宏观的角度看，宏观物体处于相同的运动状态中，但从微观的角度看，微观粒子的运动状态并不是完全一致的，这类似于无规则的布朗运动。微观粒子在碰撞速度的方向与大小表现出宏观运动控制下的独立性和随机性，也正是由于这种整体控制下局部的随机性，使得宏观物体表现出运动状态的连续性。有时粒子只接受能量，并不立即辐射，此时粒子的速度和质量逐步增大。与此同时，粒子的内部结构也在发生着变化，接受的能量不断削蚀着粒子的内在结合能，使其内部的亚粒子的结合变得没有先前那么紧密，使之越来越离散，越来越蓬松。好比是联邦演变成了邦联，进而解体，变成一个一个光子，质子在强力加速器中的高速阶段也许就是这种情形。

在没有向外辐射（如黑体）的前提下，物体接受能量，质量是增加的。但是，绝对的黑体是不存在的，速度只是从一个侧面反映了物体质量的变化情况，并不能全面地反映出物体的质量变化情况。能量有多种表现形式，有位能、内能、电磁能等等。内能与外能不同，内能主要是指内部粒子的热运动，与物体的比热和温度的高低有关。外能是指机械能，主要是动能。内能与外能应该是在一定条件下可以相互转化的，但我们目前还不知如何转化的，以及转化规律。我们说质速关系，其中的速度是物体整体的外在速度，这个速度与物体的动能相联系，与物体的内能没有很大的关系。即使物体的动能相同，内能也不见得一样，内能也是能，也有质量，显然，单凭外在的速度怎么能算出物体的质量呢？

物体的质量与物体所有形式的能量有关，内能越大（温度越高），质量越大；动能越大（速度越快），质量越大；位能越大（距离越远），质量越大。质量的增减与这三个因子有共同的关系，任何其中一个因子都不能决定物体总质量增减量，也就是说不可能有其中某一因子与质量的关系式。要正确而全面地反映质量的变化规律至少要把上述三因子包括在内，形成一个综合的质量决定式。物体受到外力做功的情形下，物体要接收能量。接收的能量是怎样在内能和外在的机械能中进行分配？这是值得深入研究的课题。机械能中，动能与位能是捆绑在一起的，二者不可分离。而内能具有相对的独立性，特别是在低速低温阶段，与机械能没有明显的相关性。即使存在相关性，也是间接的，是通过物体辐射而实现能量形式的转换。例如直接给物体加热，物体的内能增加，而外在的机械能可以不增加，也就是说物体没有发生运动或运动加快。内能增加，也就意味着质量的增加，内能与质量在这种情形下呈现出直接正向关系，关系式如下：$\Delta Q = \dfrac{1}{2}\Delta mc^2$。

一般而言，物体在接收能量的同时，也加强了对外辐射，抑制了本体质量的增长，甚至于使物体本体质量小幅减少。当外界能量没有破坏物质基本结构的前提下，质量的增减是可逆的。当外界能量大到破坏物质结构时，物质的原先结构不能恢复，质量的减少不可逆。温度的增减造成物体质量的增减，笔者认为没有办法进行精确称量，这是等于用秤称能量。所谓用天平称量物体在温度高时和温度低时的重量（质量）的实验，作出物体温度升高质量减少（或增加）的结论，都是骗人的鬼话。

实际上，并不存在一个普遍适用的质速公式，电子、质子、中子等基本粒子由于结合得比较紧密，既不容易接受能量，也不容易辐射能量，它们各自接收和辐射特定的能量，它们不适合一般的质速公式。每种物质有各自的结构和特点，要说有质速关系，也都是独特的，可以说没有一个统一的精确的质速公式。相对论质速关系式和经典力学质速关系式都犯了片面性错误，都把速度当作影响质量增减的唯一因素。实际上哪有这么简单？世界是普遍联系的，是相互影响的。在这个问题上，质速关系式至少忽略了位能和内能对质量的影响。这样带来的直接后果是能量和质量守恒定律的破坏。如果那样，向上丢一块石头，速度不断减小，那么石头的质量也要相应的不断减小，显然，质量和能量守恒性都被破坏了。殊不知石头的动能在不断减小的同时，势能却作了等量的增加，石头的总能量并未有丝毫的改变。根据质能关系式，能量没变，质量自然不变。速度减小，只能说明动能减小，并不能说明总能减小，也就不能说明质量减小。因此可以说，根本就不存在质速关系式。但当物体的速度达到光速或接近光速时，动能成为总能的主体，位能的变化量一般只占总能的极小部分，因此在一定程度上可以近似地把动能视作总能。如光子从太阳表面发射至地球，势能的增加量（等于该光子的动能减少量）只占动能的百万分之 4.2。质速关系式把光速作为标准，把物体动能的增减折算成光速下质量的增减是有一定程度的可信度和合理性的。

5、关于光子的质量

光子是有质量的，不但有动质量，也有静质量，没有任何实验和现象表明光子的质量是 0。光子的静质量为 0 是爱因斯坦在相对论中所作的野蛮规定，该规定既不符合事实，也不符合哲学原理以及被无数事实证实了的物理学原理，如质量守恒原理、动量守恒原理和能量守恒原理，同时也违反了分母不能为 0 的数学原理。光子静质量为 0 的规定，除了符合相对论自身的需要外，简直百无是处。

爱因斯坦相对论把光子的静质量规定为 0，这是该理论不得已而为之的事情，因为根据其质速公式 $m = \dfrac{m_0}{\sqrt{1 - v^2/c^2}}$，若不把 m_0 设为 0，光子的质量得变成无穷大，这显然不符合客观事实。把光子的静质量设定为 0 后问题就解决了吗？显然没有，分子规定为 0，并不解决分母为 0 的问题，问题的症结是分母为 0。这种解决问题的方法就像别人脚发痒，却去搔人家的头。问题不但没有解决，反而产生了更多的矛盾和问题，使许多理论和公式失去了物质基础。爱因斯坦相对论把光子的静质量设定为 0 是没有依据的，它唯一的所谓的理由是没有静止的光子，这条理由看似有理，实际上也是站不住脚的，没有静止的光子与光子的静质量为 0 没有逻辑的必然性。我们既然都承认运动的光子是有质量的，那么光子被吸收后其质量到哪里去了？消失了吗？再说物体的质量又是怎样增加的？质量的增加岂不成了无源之水，无本之木？质速质能公式也岂不是成了自相矛盾的公式？有人说能量与质量相互转化了，这种说法的实质是说能量可以是不带有质量的纯能量，有这样超脱于质量之外的纯能量吗？从相对论质能关系式 $E = mc^2$ 可以看出，能量与质量是不可分离的，这等于爱因斯坦也否定了纯能量之说。如果说 m 是相对论所谓的静质量，按相对论的说法，$m = 0$，代入公式中，$E = 0$，而相对论只是否认光子有静质量，并不否认光子有能量，可见前提与推论相矛盾；如果说 m 是相对论所谓的动质量，则根据公式 $m = \dfrac{m_0}{\sqrt{1 - v^2/c^2}}$，$m$ 为无穷大，E 为无穷大，这显然也不符合客观事实。笔者认为质量是物质最本质的属性，既不可无中生有，也不可有中变无。质量和能量守恒原理无论对宏观世界、微观世界，抑或是宇观世界，以及无论处于何种参照系及其之间何种复杂的变换，都是亘古不变的绝对真理。的确没有静止的光子，但我们可以把光子想象成被物体吸收后依附于物体上的质量残余，或物体发射光子时一部分物质随同能量的抛离。

把光子的静质量设定为0，也与现代物理实验结果不相符。π^0的质量是电子静质量的264倍，这在微观粒子中质量不算小了。当π^0加速到$0.9975c$时，按爱因斯坦公式计算，其质量增加到静止时的14倍多，即为电子静质量的3735倍，同时变成两个光子，这两个新生的光子也理所当然地继承了π^0的质量。现在假若这两个光子被静止物体吸收后重新组合成π^0介子，若光子的静质量为0，那么重新组合成的π^0介子静质量理应为0。π^0介子经过这样一次循环后，这么大的质量就无形地消失了，岂不荒谬？

光子既是一个特殊的也是一个普通的物体，怎么可能会没有质量呢？早上起来，拔掉一根白头发，我不能称出这根白发的重量，我也不知道我拔掉这根白发后体重减轻了多少，但我知道我的体重一定减轻了，减轻的体重就是这根白发的重量。同理，物体辐射光子，物体的质量一定会减少，减少的质量一定是那个辐射出去的光子的质量，并且可以说是光子的静质量。我们平常人没有办法称出一根头发的重量，但如果你有一头浓发，现在要剃成光头，剃头前后，你各称量一次体重，这样你就可以知道你剃掉了多少重量的头发，也就知你减少了多少体重？如果你有足够的时间和耐心，你可以把头发收起来一根一根地数一数，你就能算出每根头发的平均重量。同理，物体发射光子后质量减少，这"亏损"的质量就是所有辐射出去的光子和其它粒子的质量之和，如果你能计算出光子的数目，你就能知道光子的平均质量。因为辐射，太阳每秒钟有400万吨的质量亏损，这些亏损的质量可视作静质量，它哪里去了？它被这秒钟之内辐射的所有光子给瓜分了，每个光子或多或少都分得了一点静质量，这分得的静质量就是光子的静质量，怎能说光子没有静质量呢？如果光子被物体吸收，光子把自身携带的质量交给物体，与物体融为一体，物体的质量增长了。没有一条天理证明光子的质量是0。

质速关系式只能反映物体在速度增加过程中质量变化的大概情况，并不能全面准确反映质量的变化情况，譬如说，质子从$0.8c$到$0.99c$质量一直是增加的，但到达$0.99c$后，突然辐射出光子，质量就下降了。光的情况更特别，它从"静止"到光速一步到位，中间没有加速的过程。我们知道，物体吸引能量，质量增加；辐出能量，质量减小；不吸收不辐出，质量就不会有增减。光子的生成和"死亡"，其能量和速度都没有一个逐步增减的过程，所以光子的静质量与动质量应是一样的。实际上，所谓"动质量""静质量"都是不必要的概念，都是爱因斯坦为自身理论的需要而臆造出来的，但所起的作用没有使他的理论变得自洽完善，却是搞混了人们的思想。物体的质量是一个开放的系统，一种状态对应一种能量。严格地说，物体吸引或辐射能量后就变成了另一个物体，不再是原来的物体了，质量也是各自物体的质量了，所以"动质量"和"静质量"是两个不同物体的质量，并不是同一个物体的两个不同的质量。由于各种概念和矛盾交织在一起，这个问题很难阐明清楚，只有靠各人细心揣摩了。

泛泛地说光有多少质量是没有意义的，因为光也是一个群体概念，就像问人有多重一样，谁能回答呢？大胖子几百斤，小孩子几斤。只有问具体的某个人，人家才能告诉你他有多重。同样道理，只有问某个具体光子的质量才有意义。光子的身份标志是频率，科学家发现光子的能量（E）与频率（f）有如下关系：$E = hf$，（h：普朗克常数）。结合质能关系式 $E = \frac{1}{2}mc^2$，可以计算光子的质量：$m = \frac{2hf}{c^2}$。通过计算可知，有的光子的质量并不小，如 γ 射线，它的质量有的可能比电子的质量还大。

6、关于光子是最基本粒子的讨论

首先要搞清光的概念，根据麦克斯韦电磁理论，光就是电磁波。这里所说的光是广义的，实际上是指各频率的电磁波。光具有波粒二象性，笔者把它想像为作波形运动的微粒子。不是光"主动性"地作波形运动，而是其介质—以太作波形（正弦波）运动，光量子随同以太作波形传播运动。至于以太作波形运动的原因和机理，笔者认为可能是其与光交互作用的结果。神秘莫测的中微子按笔者的理解也是光，只是频率很低，处于频率链条的低频段。γ 射线也是光，处于频率链条的高频段。

笔者认为光子是我们目前所认识世界中组成物质的最基本微粒，又是能量最小单元客体。$E = \frac{1}{2}mc^2 = hf$ 我们看到物质和能量在光这点上作了最终最直接的交汇，二者合二为一。光既是物质的载体，又是能量的载体，我相信物理学上所有其它的所谓的基本粒子最终是通过光子以不同形式组合起来的"光包"。

所有看起来形式不同的能量最深层次的形态都是光（电磁波），各种不同形式的能量之间的转化最终也是通过光波进行的。只是我们目前对一些转化过程尚不甚清楚，如物体运动宏观上的机械能与物体微粒振动的热能是如何转换的？我们目前只知道他们之间表面上的量的关系（热功当量）。对不同形式的能量转换机理稍许清楚的是光热转换，那是处在不同能量轨道上的电子跃迁。当电子吸收光子跃迁到高能轨道上时，原子振动加强，物体变热；当电子跃迁到低能轨道上时，原子振动减弱，物体温度下降，同时辐射光子。

物体吸收能量，质量增加。细细想来，物体质量增加起码有两种方式：一种方式是通过增加内能的方式，给物体加热，物体吸收能量，温度升高，质量增加，这种方式一般可以不增加物体的运动速度（平动）；另一种方式是增加物体运动的能量，使物体的运动速度增加，从而增加质量。物体的运动速度（平动）与物体的内能有没有关系？有什么规律？对此类问题研究不多不深。笔者曾经在新华网站上发了一道征解题："问在宇宙飞船发射、运行和返回中，置于其中的宇航员、一盆敞开的水和一壶密封绝热的水的温度如何变化？"其意思是想搞清楚物体的平动与其内能的关系。我把物体的能量分为四种：动能 E_k、内能 E_n、结合能 E_j、电磁能 E_d，这四种能合起来是质能 E_z，它们好象有如下关系：$E_z = E_k + E_n + E_j + E_d$，几种能量无时无刻不处在动态平衡中。结合能随着速度的增加而减小，物体静止时最大，等于 $\frac{1}{2}m_0c^2$，物体运动速度达到光速时最小，为 0。在物体速度增加过程中，物体接受了多少外界的能量，物体结合能就减少多少。但是请特别注意，不是结合能与接受的外界能量对冲掉了，而是结合能在外界能量的作用下变成了其它形式的能量（如动能），能量并未减少，只是能量的形式作了变换，"死"能量变成了"活"能量；动能 E_k 随着速度的增加而增加，物体静止时最小，为 0，物体运动速度达到光速时最大，等于 m_0c^2，在运动速度增加的过程中，物体逐步分解成了一个一个的光子，当速度达到 c 时，分解完毕，整个物体全部先后分解成了光子。光子没有内能和结合能，只有动能和势能；内能与速度 v 的关系不甚明了，可以推之，当在 $v=0$ 和 $v=c$ 两种极端情形下，内能 E_n 是不存在的。在物体加速过程中，内能随着速度的增加而增加，这实际上是内能与加速度的关系。至于内能与速度，考虑到物体外在速度越快内部变化越慢的现象，这说明速度越快，内能越小，这种说法似乎有矛盾。电磁能是结构性能，当物体达到光速而分解成光子后，产生电磁能的结构体也就解体了，电磁能通过某种形式转化成其它形式的能量，电磁结构体也不一定要等到物体达到光速时才解体，也许不到光速时，电磁结构体就破坏了。电磁能与速度的关系有许多问题尚未解决，值得进一步作深入探讨。

能量在表现上是量子化的，光能是一份一份的，光子之间能否相互转化呢？即两条或多条频率小的波组成一条频率大的波（不是组成一个联合体——波包，而是指组成一条光波）？或一条高频率的波裂变成两条或多条低频率的波？我想是可以的，但转化也许只能间接地进行，需要一个加工车间，这种情形在电子轨道跃迁中大量发生。前面讲过 π^0 介子衰变成两个光子的例子，我分析后认为介子在加速到 $0.9975c$ 时，还不可能发生衰变，因为 π^0 介子是由若干个光子组成的光包，在 $0.9975c$ 时还有结合能，这个残剩的结合能可以计算出来。我猜想此时 π^0 介子一定接受了外界的能量，π^0 介子在接受到最后一个光子后速度突增到 c，又立即衰变成两个光子，过程是突发性的，时间极短，仪器可能测不出来，以致误认为在 $0.9975c$ 时发生衰变。如果这样，则接受的光子（长波）被组装到新光子（短波）中去了。

物质和能量本质是一样的，它们之间的所谓转化只是从不同的角度去量度后的数量换算。从形式上讲，微观量子化的能量（光子）是如何转化成从宏观角度观察为粒子的呢？我想总不会是光子被物体吸收后，象雪一样覆盖在物体的表面，或者在一般情况下物体多出一些电子、中子、质子之类的粒子来。但又如何进入物体中，成为物体的一部分的呢？我作如下推测：光子（能量）进入物体后，象水渗入干燥红砖中一样，被各种粒子吸收，变成物体自身的能量（如电子跃迁到高能轨道上）增加物质的热运动，消解物质的结合能。物体内部各粒子在接受能量的同时也接受了光子的质量。粒子吸收光子后增加的质量为 $\Delta m = \frac{2hf}{c^2}$，所以即使同类的粒子（如电子）因其运动速度不同，接收的能量不同（光子的频率不同）每个个体的质量也是不尽相同的。同理，物体

吸收能量 ΔE 后增加的质量为：$\Delta m = m_2 - m_1 = 2\Delta E/c^2$，从这里我们可以比较清楚地看出，假若光子的质量象爱因斯坦相对论所说的为 0 的话，那物体吸收能量后质量增加将无从谈起，这与前面讨论的关于光子质量的内容相照映。物质的总结合能在通常情况下是很大的，物体在绝对 0 度时，当（K = 0），一切运动都停止了，这时物体的总结合能最大，为 $\frac{1}{2}m_0c^2$；物质衰变，或物体接受外界能量使其速度达到 c （假设），最后全部离散成一个个光子时，物体的结合能最小，为 0。物体的结合能始终处在 $\frac{1}{2}m_0c^2$----0 之间，随物体运动速度的增大而减小（或者在以加热物体为能量增加的方式下，结合能随物体温度的升高而减小）结合能公式应该为：

$$E_j = \frac{1}{2}m_0c^2e^{-kv}$$（k 为常数）。物体除了光子没有结合能外，其余一切物体（包括基本粒子）都有结合能，凡有结合能的物体不可能达到光速。物体的总结合能包括多个层次的结合能，结合能有多种表现形式：万有引力、电磁力、核力……。当物体吸收的能量达到 $\frac{1}{2}m_0c^2$ 时，物体的热能（或动能）完全消解了结合能，物体离散成一个个光子。结合能的大小与其所在部位的物质密度呈现正向关系，密度大的地方结合能大，结合能大的地方（如原子核）释放的具有媒介作用的粒子（γ 光子、π 介子等）的能量通常也大。

实验证实，不同频率的光子在媒质中的速度是不同的，于是人们担心波包在媒质中会逐渐扩展而消失，我认为这种担心是没有必要的，在低速时，波包的结合能接近该波包的质能 $\frac{1}{2}m_0c^2$，这是一个很大的相对量。层次越深，结合能越大。在一般情况下，波包的速度不会太大，因此波包在媒质中一般不会因扩展而解体。当速度达到光速时，波包解体，离散成一个个的光子，这反而证实了波包说的合理性。

世界的物质是统一的，又是多种多样、丰富多彩的。纵观许多所谓的基本粒子唯有光子具有这个特性。所有光子都是一条不同频率的波，都具有粒子性和波动性，这是光的统一性。粒子性和波动性似乎是两个格格不入的形态，其实不然，它们也能结合在一起。我对光波粒二象性的理解是：光子是非常非常小的粒子，线度和体积都非常非常小的小不点儿，本质上是粒子，表现出粒子性。光子以正弦曲线作波形运动，行为上表现出波动性。或许光不限于作平面运动，很可能具有螺旋运动立体性，微观运动轨迹放大来看就像拉伸的弹簧，相邻簧线的距离为光的波长（λ），光的频率 $f = \dfrac{299792458}{\lambda}$，弹簧的半径即为光的振幅。这个假设在光的粒子性下能够比较好地解释光的衍射和干涉现象。

光波的频率差异很大，已知的有数十个数量级的范围，这样庞大的种类，再加上相位振幅等的不同以及不同种类的组合，完全有资格和条件做物质世界最基本的粒子。基本粒子可以相互转化，如电子就可能转化频率为 6.16×10^{19} 赫兹的光子。值得注意的是，电子是有结构的，是一个联合体，是一个"波包"，而光子是没有结构的，是一"条"波。电子吸收能量后分解成若干条光波，一般情况下，吸收或辐射光子是逐步进行的。世界上的物质千差万别，林林总总，但其基本粒子是一样的。因此我推断在低温低速阶段，虽然不同的物质辐射的光谱是不同的，具有标识物质种类的特征，但当温度或速度达到一定量度后，所有物质辐射的光谱都将逐步走向统一。

爱因斯坦创立相对论后，致力于统一场论的研究，虽未成功，但我认为其思想是正确的，我认同统一场论，相信世界原理是和谐和统一的，物理学的规律也是简单、和谐和统一的。

7、相对性原理和参考系

自从相对性原理被伽利略发现之后，科学的天空变得开阔起来，研究方法也变得简单了，但是，自发现至今有几百年的时间过去了，我们对相对性原理背后的机理仍是研究得不多，知之甚少，知其然，而不知其所以然，致使我们在一些科学研究中仍时时感到困惑和茫然。

宇宙中有无穷多的天体，宇宙中的天体划分了层次，如星系、恒星、行星和卫星，至于星系上面有多少个层次，我们现在还不得而知，但肯定是有的。所有的天体都在运动，但是天体的运动不是杂乱无章的，运动是有规律的，恒星围绕星系中心运动，行星围绕恒星运动，卫星围绕行星运动，井然有序，维系天体上下级关系而不致系统分崩离析的力量是万有引力。但是，举例来说，太阳为什么没有把地球吸引过去呢？因为地球围绕太阳的运动产生了一种离心力，该离心力与地球受到太阳的引力相抗衡，并且基本相等。这就是说，地球虽然时刻要受到太阳引力作用，但是由于其围绕太阳运动造就了与太阳引力基本相等的离心力，致使地球受到的合力基本为 0，也就是说地球相对太阳的重力为 0，这也是我们通常所说的"失重"状态。

物体失重并不是表示该物体没有受到引力作用，而是受到的引力与其运动产生的离心力达成了平衡，力的平衡是相对性原理的根源。引力场无处不存在，所有天体都在围绕上一级天体在运转，并在上一级天体的带领下围绕上上一级天体在运转。如此类推上去，所有天体的运行轨迹都是曲线，所谓的匀速运动、直线运动和匀速直线运动实际上是不存在的，只是存在于人脑的理想情况，是一种在精度允许范围内的局部近似的描述。举例来说，火车在水平笔直的路轨上运动，我们往往把它描述为直线运动，实际上它是沿着地面围绕地心做的曲线运动。光也要受到引力作用，从理论上说，光在引力场的运动轨迹也是一条曲线。

运动是相对的，要涉及到参考系的问题。宇宙中每个运动的天体（物体）归属于某个具体的层次系统，物体的运动要在所在系统中进行描述，即以所属系统为参考系。不同系统的天体不存在严格意义上的相对运动，如月亮的运动，以其所在的地球系统为参考系，则很好描述，若以火星为参考系则很难描述，即使以太阳为参考系，月亮的运动也难以描述。系统相差越远越难以描述，为什么会这样呢？因为在以上情形中，物体的运动与所考察的施力物体所施加的力不是主要关系，所考察的施力物体所施加的力所产生的微弱的影响和效果已淹没在主要施力物体所产生的影响和效果的洪流之中。现在物理学和天文学、宇宙学、相对论常常泛泛而谈天体间的相对运动，这实际上不是很科学的做法。

运动速度又是绝对的，这包含着两层意思。第一层意思是指速度标准的绝对性，在任何参考系中，相同的速度意味着在相同的时间内走过了相同的距离，这是基于时间和长度的绝对性而来的。绝对速度也是物体个体本身自在的速度，是该个体相对绝对参考系的速度，由于绝对静止物体的不存在，因此绝对速度是一个近似于虚拟的概念，但又不能完全否认它的客观性。第二层意思是说世界是有序的，分层次的，低级层次的天体围绕上级层次的天体运动，如地球围绕太阳运动，月亮围绕地球运动。每个系统都有一个主体，物体（天体）相对这个系统参考系的运动就是该物体（天体）在该系统参考系的绝对运动，如地球赤道上火车以 $30m/s$ 向东开进，这 $30m/s$ 是火车相对地面参考系的相对速度，而 $494m/s$（$464+30$）则是火车相对地心---恒星参考系的相对速度，这个速度可称之为该特殊参考系的绝对速度。相对速度和绝对速度是可以相互转化的。一般说来，某物体（天体）的运动速度指的是该物体（天体）相对于其所在系统参考系的速度---绝对速度，例如说，通常所说的月亮的运动速度就是指的月亮相对地球这个局域绝对参考系的绝对速度，地球的公转速度是指地球在太阳这个局域绝对参考系的绝对速度。

在一个天体系统内，除了该天体系统的中心天体的质心与遥远恒星确定的系统参考系是该系统的绝对参考系，物体相对绝对参考系的运动是绝对运动之外，相对于系统内其它参考物体为参考系的运动都是相对运动，如汽车在公路上行驶，就是汽车相对于地球系统中地面为参考系的运动。相对运动速度与绝对运动速度是可以相互换算的，例如，飞机相对地面的飞行速度为 $250m/s$，可以换算成相对地心这个绝对参考系的绝对速度，因为地球（赤道地面）以 $464m/s$ 的速度由西向东自转，这时还须考虑飞机的飞行方向，如果飞机在赤道上空由西向东飞行，则飞机相对地心绝对参考系的绝对速度为 $250+464=714m/s$，方向向东；如果飞机在赤道上空由东向西飞行，则飞机相对地心绝对参考系的绝对速度为 $-250+464=214m/s$，方向向东。处在同一优势引力场中的两个不同参考系的相对运动，其运动速度要按能量转化与守恒定律进行换算，凡不符合能量转化与守恒定律的变换都是错误的，相对性原理在各层次局域绝对参考系中是正确的，但在各系统的相对参考系中就不一定正确了。用能量转化与守恒定律来考察，伽利略变换只是在一些情形下成立，如人在火车上走，火车在地面上行驶，二者同向时，合速度为二者速度之和。在另一些情形下，相对性原理不成立，伽利略变换也不成立，如手枪在地面上的射速为 v_1，在以 v_2 行驶的火车上的射速就不是 v_1 了，手枪子弹相对地面上的射速也不是 v_1+v_2。究其原因，该情形下相对性原理、伽利略变换违反了能量守恒原理。至于洛仑兹变换更是没影的事，没有一种情形下它是成立的。那不同参考系的速度变换怎么办呢？这还得运用能量转化与守恒定律来进行计算。

如果是两个相对并列的相对参考系，它们之间还不能直接进行计算，还得间接地通过它们共同系统的高一层次的静态绝对参考系来计算。速度变换问题在"速度变换"章有更详细的阐述，请参阅。

有没有最终的全局性的绝对参考系呢？即这个最终的绝对参考系是绝对静止的，笔者不知道，即使有，因为有相对性原理在发挥作用，各个局域性的绝对参考系是平权的，为什么平权？因为此时的参考系是真正的惯性系，合力为0，都是从0重新开始，物体在这样的参考系中运动，其速度都是全方位对称的。其它情形，如绝对参考系与相对参考系、相对参考系之间都不是平权的，转动的参考系不能作静态参考系处理，如地面参考系只能算是相对参考系，不能当作绝对参考系。由于地球在转动，可以推想，人在地面上向东跳的距离与向西跳的距离从道理上说应该是不一样的，同理，在伽利略萨尔维阿蒂大船上向船头跳的距离与向船尾跳的距离是不一样的，通过不同情形的测量比较，可以计算出地球的自转速度。可见，伽利略相对性原理把严格特定条件下才成立的相对性原理扩大化了，狭义相对论和广义相对论又在扩大化的基础上进一步扩大化了。

由于低一级层次天体在继承了上级天体运动速度的基础上，又复合了自身绕上一级天体的公转速度，所以下级天体运动速度比上级运动速度快，如地球要比太阳的运动速度快，月亮要比地球运动速度快。有人会反驳说：地球的公转速度达 $30km/s$，而月亮的公转速度只有 $1km/s$ 左右，怎么说月亮比地球的速度快呢？殊不知，这是不同层次的局部的相对速度，是相对不同的参考系而言的。月亮在以 $30km/s$ 的速度跟着地球绕太阳转的同时，另外又加上了一个围绕地球转的速度，相对太阳这个绝对参考系而言，理所当然月亮比地球的速度快。天体发射的光的速度与天体自身的速度反方向变化，下级天体比上级天体发射的光的速度要慢些，如地球的光速比太阳的光速慢，月亮的光速又比地球的光速慢。世界是复杂的，譬如说银河系，虽然整个银河系都在围绕其中心运动，但中心不是一个普通概念上的中心体，所以星系内部光速的变化情况可能更为复杂，有待进一步研究。

牛顿的绝对时空观是对的，速度的相对性和绝对性同时存在。天体散发的引力场在空间是连续的和逐渐变化的，空间中运动的物体所受的力的变化也是连续的和逐渐变化的，速度的变化也是连续的和逐渐变化的。每个天体都有一个以脱离速度为标志的势力范围，如果在天体上发射的速度超过了这个标志线（$v=\sqrt{2GM/r}$，M：中心天体质量，r：中心天体半径），则原天体就管教不住了，就要交由上一级天体来约束和管理。如地球的脱离速度为 11.2km/s，超过这个速度，物体就挣脱了地球的引力而成为绕太阳运转的行星。所谓某物体的势力范围，是指该物体产生的引力强度对在这个范围内的其它物体的运动状态（主要指运动速度）的改变起主导作用。超过了这个范围，并不是说该物体就不起作用了，它的作用仍然存在，永远也不会消失，只是作用相对减弱了，把主导权控制权让位给了其它物体。

相对性原理有两方面的表现形式，一种是速度方面的相对性原理，一种是物理规律方面的相对性原理。物理定律在不同参考系中具有相同的形式，这就是物理规律方面的相对性原理。严格地讲，这里所说的参考系都应该是惯性参考系。相对性原理背后的道理是什么呢？我们以具体事例来阐述：我们在考察地球系统内的物体的运动和受力等问题时，基本不用考虑太阳、银河系对物体的作用和影响，而只须考虑地球系统内部的情况即可。为什么呢？我们知道，改变物体运动状态是有力作用的缘故。太阳对物体的确时刻有引力的作用，但是物体随地球公转，产生的离心力基本与太阳的引力相抵消，这等于我们基本不用考虑太阳的引力作用，当然也不用考虑公转速度带来的影响，一切都抹平了。同理可知，银河系的引力也同样被太阳带领其家族绕银河系中心公转速度产生的离心力给抹平了。上一代的债权债务由上一代都结算清楚了，下一代不用担心。也就像图画簿，揭开了新的一页，一切可以从头开始。由于系统外的物体对系统内的物体作用力基本为0，所有的惯性参考系都处于同一起跑线上，自然它们的运动学规律形式上也是一样的了。整个太阳系都在太阳的带领下围绕银河系中心运动，所有成员有共同的基础，所以一般不用考虑围绕银河系的运动；整个地球系都在地球的带领下围绕太阳运动，各个成员的运动是建立在共同的基础之上的，所以它们之间的相对运动不用考虑围绕太阳的运动，这好比求两点的高程差不用考虑共同的起点高程一样。如果引力与运动所产生的离心力不相等，没有达成基本的平衡，即合力不为0，此时的系统是一个非惯性系，已经超出了伽利略相对性原理的应用范围，如地面参考系，严格来说就不是一个惯性系，而是一个非惯性系，从地面参考系来考察，在地面上的物体，无论静止或运动，其所产生的惯性离心力与其所受到的引力不相等，从道理上讲，地面参考系就不能应用相对性原理，同理，地面火车参考系也不能应用相对性原理。

引力与离心力是否达成平衡是考察相对性原理是否适用的关键，简单地说，相对性原理只适用于公转，不适用于自转。有意思的是，在相对性原理使用上，科学史上有两次严重误会，一次是伽利略萨尔维蒂大船，这里严格地说有些现象不宜用相对性原理，却用了相对性原理；一次是迈克尔孙-莫雷实验，这里该用相对性原理，却不知道用相对性原理。至于爱因斯坦的相对性原理，那是一个横空出世毫无章法的混世魔王。

任何一个物体都要受到宇宙每一个物体的作用，只是作用力大小的问题，物体运动状态的改变是这些无数大大小小作用力总的效果表现。个别的微小的作用可能淹没在总的效果中而不能表现出来，并不说明它没有作用和没有作用效果。任何物体，无论它多么小，它与受其作用的物体的距离是多么的遥远，它的作用是多么的微不足道，它的作用同样符合经典动力学定律，同样使受其作用的物体产生符合经典运动学定律的作用效果。南美的可可豆对英国牛顿家乡苹果树上的苹果产生引力，引力的大小符合万有引力的计算，这个力使苹果竖直下落的方向发生偏离。由于可可豆对苹果的引力过于微小，因而根本不可能观察到可可豆的引力而对苹果下落的方向产生的偏离。即使这样，也不能因此否认可可豆对苹果下落方向产生了偏离影响。

从理论上说，作用力与其产生的作用效果是对应的，是符合经典力学定律的。所以，若不计较系统外力的影响，单纯从参考系自身的作用来考察，所有的参考系都具有相同形式的物理学定律和公式，但是，理论计算值与实际观测值并不是一一对应的，我们不可能计算出宇宙中所有天体对所考察物体的作用力，也不能精确求出总的作用力，而我们观测到的物体运动状态的改变却是宇宙中所有天体对其总的作用力的反映，每个天体的作用力都毫无遗漏得到体现。观测结果是整体的，追溯原因是部分的，用部分力的原因来描述整体的运动变化结果，只能是一种近似描述。由此可见，牛顿运动定律只能是相对的正确，人类用牛顿运动定律计算出的物体运动轨迹和速度，与实测的运动轨迹和速度可以做到要多吻合有多吻合，而不能做到绝对的吻合。

天体绕中心体运动产生的离心力并不总是与中心体对其的引力恰好相等的，因为天体运行的轨道不是正圆，而是椭圆，两力只是基本相等，并不是严格相等，有时 $\frac{GMm}{r^2} > \frac{mv^2}{r}$，有时 $\frac{GMm}{r^2} < \frac{mv^2}{r}$，所以一般来说，上一层次的账并没有结清，或多或少总残留的债权债务转移到下一层次。椭圆轨道速度计算公式为 $v^2 = GM(\frac{2}{r} - \frac{1}{a})$，（ a：轨道半长轴）。根据离心加速度计算公式 $a = \frac{v^2}{r}$，得椭圆轨道离心加速度计算公式为 $a = \frac{GM}{r}(\frac{2}{r} - \frac{1}{a})$，转移到下一层次的残留加速度为 $\Delta a = \frac{GM}{r^2} - \frac{GM}{r}(\frac{2}{r} - \frac{1}{a})$。椭圆越扁平，离心率 e 越大，两加速度差值越大；椭圆轨道越接近于圆，离心率 e 越小，两加速度差值越小，只有 $a = r$ 的轨道点处，两加速度值才是相等的。同时差值大小还与椭圆轨道的位置相关，当位于近拱点端轨道时，离心加速度大于引力加速度；当位于远拱点端轨道时，离心加速度小于引力加速度。分析推理可知，由于地球绕太阳公转轨道是椭圆，所以地球上的物体也获得太阳参考系转留下来的重力加速度，与地球的重力加速度形成两系合重力加速度。譬如说，在近日点，根据公式 $a = \frac{GM}{r^2}$ 可计算出引力加速度 $a_{ri} = 6.131055840 \times 10^{-3} m/s^2$，根据公式 $a_{dl} = \frac{GM}{r}(\frac{2}{r} - \frac{1}{a}) \quad a = \frac{GM}{r}(\frac{2}{r} - \frac{1}{a})$ 可计算出离心加速度，$a_{dl} = 6.233513324 \times 10^{-3} m/s^2$，两加速度差值为 $\Delta a_{il} = -1.02457484 \times 10^{-4} m/s^2$，方向背离引力加速度方向。假如一个物体位于地球赤道地面上，若单纯从地球参考系来考察，只考虑地球的引力和地球自转产生的离心力的作用和影响，计算可得物体所受到地球的引力加速度为

$$a_{di} = \frac{GM_d}{r_d^2} = \frac{6.67 \times 10^{-11} \times 5.9742 \times 10^{24}}{6371000^2} = 9.817261995 m/s^2$$，地球自转产生的离心加速度为

$$a_{dl} = \frac{v_{dz}^2}{r_d} = \frac{465^2}{6371000} = 0.033282059 m/s^2$$，地球表面重力加速度为

$a = 9.817261995 - 0.033282059 = 9.783979936 (m/s^2)$。当地球位于近日点时，太阳对地面上物体的重力加速度方向与太阳引力加速度方向相背离；当地球处于远日点时，太阳对地面上物体的重力加速度方向与太阳引力加速度方向相一致。地面上的物体所受地球重力加速度与所受太阳重力加速度的合加速度，用矢量和法则计

算 。 地球位于近日点时，中午，两重力加速度方向相反，合重力加速度为 $a = 9.783979936 - (-1.02457484 \times 10^{-4}) = 9.78082393\,(m/s^2)$，子夜，两重力加速度方向相同，合重力加速度为 $a = 9.783979936 + (-1.02457484 \times 10^{-4}) = 9.783877475\,(m/s^2)$。同理可计算出地球位于远日点时任一时刻地球重力加速度与太阳重力加速度的叠加值。继续推之，即使同一个物体位于地球同一个地方，由于地球处于公转轨道的位置不同，即季节月份不同，重力加速度也是不同的，重力也是不同的。一天之中，由于太阳重力加速度与地球重力加速度二者间的夹角时刻在发生变化，因此它们间的合重力加速度也时刻在发生变化，合重力加速度的数值与方向根据矢量和公式计算。笔者猜想，千克原器质量减少现象可能与太阳参考系的重力加速度的影响有关。绕行天体的进动也可能或多或少也与此有关。

计算可知，在地面上，虽然太阳重力加速度不为 0，但与地球重力加速度相比，极限值大约也只有十万分之一，因而相对性原理基本上还是成立的，也只能说是"基本"，影响作用虽小，但总是存在的，经过长年累月的积累，也会表现出可观的效果来，辩证地看问题是很重要的，不能把问题看死。不止太阳的重力深入影响到地球系统内部，其它天体的作用也会渗透进来，产生摄动影响。所以，相对性原理绝对成立的绝对精确的惯性系是不存在的，宇宙中不但不存在均速直线运动，甚至连光滑的曲线运动也是不存在的。

相对性原理虽然是基本正确的，不同的参考系具有物理学定律相同的形式，但相对性原理是有其成立的条件和使用范围的，同时也不能因此而否认相同中存在着差异性。在不同参考系中，物理公式可以改造成相同的形式，这并不说明公式中的"常数"也一定相同，不能发生变化了。笔者研究后认为："常数"不常，公式中的"常数"都是可变化的，且变化是有规律可寻的。

绝对时空与相对时空是两种世界观最根本的区别，绝对时空观认为时间是绝对的，空间也是绝对的，时间与空间彼此独立，不存在任何联系，同时性也是绝对的。相对时空观认为时间和空间都是相对的，并且二者是相互联系着的，同时性是相对的。笔者认为绝对时空观是对的，以前，绝对时空观对一些相关的实验观测现象不能作出合理的解释，这不是绝对时空观本身存在的问题，而是人类认识水平和局限性造成的，一些看似只能用相对时空观来解释的现象，其实都能在绝对时空观下得到合理的解释。笔者在本小册子进行这方面的探索和尝试，并取得了相当的成功，不但能合理解释实验观测现象，而且理论计算值与实验观测值相当吻合，甚至于比相对论更吻合更简单。

现在我们手头有了两套变换---伽利略变换和洛仑兹变换，可以想见，伽利略变换无疑是可预见的结果，A 相对于 B 速度为 v_1，B 相对于 C 速度为 v_2，则 A 相对于 C 的速度毫无疑问是 $v_1 + v_2$。这里有一个问题，各速度的时间长度标准必须是统一的，如果不统一，则先要统一时间标准后才能应用伽利略变换计算，有一点必须明白，各参考系的时间标准问题并不涉及什么相对论的时间膨胀问题。洛仑兹变换是为了解释光速不变现象人为臆造出来的一种变换，并没有得到可靠的实验验证。传播光速不变尚且没有定论，即使不变，也不是运动物体在运动方向上长度缩短造成的结果，而是其它原因造成的，说白了，就是光与其传播媒介---以太的相对运动速度不同造成了以太相对密度发生变化，以太相对密度的变化又通过其折射率的相应变化继而影响到光线波长的变化，从而达到光速不变的结果。这个问题在后面有关章节中还要作进一步的阐述。总而言之，洛仑兹变换无论是从机理方面，还是从公式方面来说都是不正确的。

在相对论中，只有相对性，没有绝对性，一切都是相对的，把相对性扩展得无边无界了，相对性已泛滥成灾，如果真是这样，没有绝对性，没有统一性，世界一定会乱套，科学一定会象没有物理规律方面的相对性原理一样陷入不可知论的泥坑中。相对性与绝对性相互依存，没有绝对性就没有相对性，没有相对性就没有绝对性，相对与绝对的关系如同特殊与一般的关系，相对好比特殊，绝对好比一般。

描述物体的位置与运动离不开参考系，选择什么样的参考系，选什么样的点为参考点都是要慎重考虑的，并不能随便选择。通常我们所考察的对象是相对什么天体运动的，便以该天体为参考系。更确切地说，物体（天体）在某优势引力场中运动，便以该优势引力场的引力源天体为参考系，如月亮是在地球的优势引力场中围绕地球运动，所以考察和描述月亮的运动便以地球为参考系。选择什么点来代表所选参考系呢？这要根据实际具体情况进行选择。一般来说，以所选参考系天体的质心为宜，如选地球为参考系，就以地心为参考原点，若选择了太阳为参考系，就以日心为参考原点。为什么要这么选择呢？其一，因为所有天体都在运动，而参考系天体的质心是最特殊的点，是整个参考系中唯一可看作不动的点，这为计算和描述参考系内其它点和天体的位置与运动带来极大方便。实际上，即使选择其它点为参考点，一般也要直接或间接借助质心来计算和描述。其二，通常情况下，引力与运动是纠缠在一起的，物体的位置与运动离不开引力的计算，相关的经典力学公式一般是以天体的质心为原点的，显然把两个原点合二为一是最佳选择。

自然界充满了辩证法，真理是相对的，没有绝对的真理，凡事都有一个度，超过了这个度，真理也会变成谬误。说运动是相对的，参考系是平权的，可以自由选择，这都是有限度有条件的局部而近似真理，显然现在物理学把这个局部近似真理从内涵到外延都扩大化了，当作了绝对的真理。譬如说，卫星围绕地球运动，要说地球围绕卫星运动，显然是违反事实的。参考系不能任意选择，这不光是方便不方便问题，也是有内在本质的原因的。早期认为地球是不动，日月星辰围绕地球运转，系统搞得很复杂，本轮均轮的，修修补补，问题仍层出不穷。后改为以太阳为参考系，系统变得简单明了，计算与观测十分吻合，这难道说仅仅是简单、方便的问题吗？以地面为参考系，地球同步卫星是静止的，以地心为参考系，地球同步卫星以 $3075m/s$ 的速度绕地球运转，两个结果明显不同。能量转化与守恒定律是以地心为参考系的，若以地面为参考系，该定律还能应用吗？

是否还能计算出地球同步卫星离地面的高度呢？相对论在参考系问题上颠来倒去，搞得很乱，简直是变魔术，根本不讲逻辑章法，如此荒诞的理论还能取得正统主流地位，真叫人不可思议。机载原子钟环球飞行实验，以地面为参考系，东向与西向飞行速度一样，按相对论逻辑推理，原子钟走时数应该一样，实际结果却不一样，这已说明了相对论是错误的，相对论相对原理的破产。后来七搞八搞，竟成了相对论验证性实验，简直是颠倒黑白。若以地心为参考系，东向与西向飞行速度原本就不一样，两向飞行的原子钟走时数不一样就能得到合理的解释。

一般来说，天体在公转的同时也在自转。为了便于理解，将以具体的星球为例进行叙述。地球围绕太阳公转，这是以太阳为参考系来说的，地球是太阳参考系中的一个考察物，地球的位置以及其绕太阳的公转速度都是相对日心而言的，日心在这个系统中可看作是静止不动的，太阳也在自转，从自转的角度看，自转轴可看作是静止不动的。大量的观测表明，天体自转轴的指向也在不断改变，可以推之，太阳的自转轴的指向也在改变，如此一来，只有日心是静止不动的了。更严格些说，日心也不是绝对不动的，因为太阳要受到系统内系统外运动天体摄动的影响。但这些影响只对总体平衡起到扰动，作用非常微弱，日心在系统中的位置和运动状态不会有显著改变。因超出了笔者所想讨论的范围，在此不作详细讨论。有人会说：太阳在绕银河系中心运转，怎么能说日心是静止的呢？这个问题把两个不同参考系给搞混淆了，太阳在绕银河系中心运转是以银河系为参考系观察到的现象，在太阳自身的参考系中是观察不到的。好比说，"车上的旅客没有动"这句话，是相对车本身来说的，若相对地面，旅客可能以 $30m/s$ 的速度运动呢！

在太阳最特殊的点---日心上建立参考系，并把日心在这个参考系中看作是静止的，这是合理而且符合客观实际的。显然这个参考系就是惯性参考系，牛顿力学定律在这个惯性参考系中是成立的。在太阳系中，除日心外，其它的点都在围绕日心运转，也就是说，在太阳参考系看来，这些点都在做曲线运动，若在这些点上建立参考系，则所建参考系为非惯性参考系，牛顿力学定律在这些非惯性参考系中不能严格成立。

下面我们通过具体的例子进一步了解相对性原理。

伽利略在《两个世界的对话》中有一段文字：把你和几位朋友关进一条大船甲板下面的大房间里，带上一些苍蝇、蝴蝶和其他小飞虫。再找一个大桶，装满水，放几条鱼进去。找一个盛了水的瓶子挂起来，让它把水一滴一滴地滴进下面的一个细颈瓶里。船静止不动的时候，你可以观察到这些小飞虫以不同的速度向房内各个方向飞去，鱼向不同的方向游动，水滴落进下面的瓶子里。你把任何东西扔给你的朋友，只要距离相等，朝这个方向扔不比朝那个方向扔用更多的力量。你立定跳远，无论向哪个方向跳，距离都是一样的远。当你仔细观察了上述现象之后，用你想用的任何速度开船，只要运动是匀速的，也不忽左忽右地摆动，你就看不出上述各种运动有任何变化。你也不能通过它们中的任何一个现象确定船是运动着呢？还是停着不动的？

伽利略的这段话所阐述的就是相对性原理，这段话有的是正确的，有的是不正确的，起码不是很精确的表述。科学家也只是简单地把一些现象深层次的原因归结为相对性原理，却没有进一步阐明其中的科学道理。

下面我们以水滴进瓶子里为例，用牛顿力学来阐述为什么在船匀速运动的时候，水也能像静止时候一样准确滴进瓶子里？

设悬挂水瓶的水滴与下面承接水滴的水瓶瓶口的高度为 h，承接水滴的水瓶瓶口到地心的距离（半径）为 r_d，即悬挂水瓶的水滴到地心的距离（半径）$r_h = r_d + h$，设承接水滴的水瓶瓶口随地球自转速度为 v_d，即悬挂水瓶的水滴随地球自转速度为 $v_h = \dfrac{r_d + h}{r_d} v_d = \dfrac{r_h}{r_d} v_d$

水滴从悬挂水瓶中落到下面承接水滴的水瓶瓶口要经过一定的时间，在这段时间内，承接水滴的水瓶瓶口随地球自转运动了一段距离，水滴怎样准确竖直滴进瓶口呢？

①，计算水滴下落的时间：

$$h = \frac{1}{2} g t^2$$

$$t = \sqrt{\frac{2h}{g}}$$

g 实际上应该是 $\bar{g}$，即高度 h 两端点 g 值的积的算术平方根：$\bar{g} = \sqrt{g_d g_h}$

$$\bar{g} = \sqrt{g_d g_h} = \sqrt{\frac{GM}{r_d r_d} \frac{GM}{r_h r_h}} = \frac{GM}{r_d r_h}$$

$$t = \sqrt{\frac{2h}{\bar{g}}} = \sqrt{\frac{2h}{\dfrac{GM}{r_d r_h}}} = \sqrt{\frac{2h r_d r_h}{GM}}$$

②，悬挂水瓶的水滴在下落的时间内水平移动的距离为：

$$L_h = v_h t = (\frac{r_h}{r_d} v_d) t = (\frac{r_h}{r_d} v_d) \sqrt{\frac{2h r_d r_h}{GM}} = \sqrt{\frac{2h r_h}{GM r_d}} r_h v_d$$

对应的圆心角（φ_h）的正切为：

$$tg\varphi_h = \frac{\sqrt{\frac{2hr_h}{GMr_d}}r_h v_d}{r_h} = \sqrt{\frac{2hr_h}{GMr_d}}v_d$$

③，承接水滴的水瓶瓶口在悬挂水瓶的水滴下落的时间内水平移动的距离为：

$$L_d = v_d t = v_d\sqrt{\frac{2hr_d r_h}{GM}} = \sqrt{\frac{2hr_d r_h}{GM}}v_d$$

对应的圆心角（φ_d）的正切为：

$$tg\varphi_d = \frac{\sqrt{\frac{2hr_d r_h}{GM}}v_d}{r_d} = \sqrt{\frac{2hr_h}{GMr_d}}v_d$$

可以看出：$tg\varphi_h = tg\varphi_d$

即 $\varphi_h = \varphi_d$，也就是说，水滴可以准确无误地滴进竖直下方放置的水瓶瓶口中。

上面所说的是船舶在水面上静止，只是随地球自转运动所发生的情形，假若船舶是运动的，水滴还能准确滴进下面的瓶口吗？下面来解析这个问题。

为方便简单起见，我们将船舶置于赤道线上，向东航行，速度为 v，其它的情况与上面一样。

船舶在赤道水面上航行，假如船沿赤道线航行了一圈，舱内悬挂水瓶的水滴与下面承接水滴的水瓶瓶口当然也都绕地球转了一圈，一大一小的两个圆圈，两个圆圈的距离为悬挂水瓶的水滴与承接水滴的水瓶瓶口的距离。

很明显，悬挂水瓶的水滴与下面承接水滴的水瓶瓶口绕地球一周的时间相同，它们所画圆圈一大一小，即周长不同，也就是悬挂水瓶的水滴与下面承接水滴的水瓶瓶口绕地轴的转动速度不同，悬挂水瓶的水滴横向运动速度相对比较快，下面承接水滴的水瓶瓶口横向运动速度相对比较慢，快者路程长，慢者路程短。严密的计算可知，在水滴自由下落 h 距离的时间里，水滴与瓶口一定恰好交接，即水滴正好掉进下面承接的水瓶中。

上面水滴的例子，水滴在上下位置的横向速度（v_d、v_h）与其到地心的距离（r_d、r_h）是对应成比例的，故此水滴可以沿着重力线准确滴进下面的水瓶中。如果不是这种情形，结果可能大不一样。遗憾的是，几百年来，科学界没有对伽利略所列举的现象进行验证，在未加验证的情况下就接受了他的结论。下面通过具体的举例来阐述这个问题，我们从中可以窥视出相对性原理的真谛和应用范围。

假如在赤道地面上建有一座 $600m$ 的大楼，在大楼墙壁外侧离地面 $500m$ 处伸出一横旦，横旦上有一小孔，孔径大小刚好与子弹相配套，子弹通过小孔自由下落，在落点处架设一条步枪，枪管与横旦小孔垂线重合，瞄准横旦小孔射击。假如子弹出膛的速度为 $v=150m/s$，问子弹能否刚好穿越横旦小孔？

解：计算子弹到达横旦处的时间 t：

根据公式 $s=vt-\dfrac{1}{2}\overline{g}t^2$，

$s=500m$；$v=150m/s$；$\overline{g}=\dfrac{GM}{r_d r_h}$，$\overline{g}$：平均重力加速度，$G$：万有引力常数，$6.67\times10^{-11}m^3kg^{-1}s^{-2}$；

M：地球质量，$M=5.9742\times10^{24}kg$；

将数据代入计算得：$t=3.806382263(s)$

步枪在地面上向上射击，子弹的横向速度始终是地面的自转速度 $v_d=464m/s$，而大楼 $500m$ 高处的横向速度为

$$v_h=\frac{r_h}{r_d}v_d=\frac{6378500}{6378000}\times464=464.036375(m/s)$$

子弹并没有正中横旦小孔，而是稍稍偏西一点，偏西的距离为：

$$s=(v_h-v_d)t=(464.036375-464)\times3.80632263$$
$$=0.138455m$$

计算是按真空理想状况进行的，忽略了空气对子弹的影响。实际上，空气即使相对地面静止（无风），而对瞄准垂直目标上射的子弹来说是有风的，风速大小为 $\dfrac{2\pi(r_h-r_d)}{24\times3600}$ 米/秒，风向从西到东（西风）。由于风速太小，对子弹的水平推力可以忽略不计。

假如将横旦上移至 $550m$ 处，将子弹的速度调为 $v=100m/s$，使得子弹尚未达到横旦的高度就往下掉落，问子弹能否刚好掉进枪膛中去？

不难想象，子弹上射及返回过程中的横向速度与发射时枪口的横向速度始终是相同的，所以子弹可以砸中

枪口，但不是在正面，而是在枪口的西侧面。枪管与重力线始终重合，而子弹的运动轨迹与重力线有一个夹角，夹角的度数不难算出。

世界是有序运动着的物质世界，它有不同的层次和组织结构，每个具体天体（物体）都在一定的层次和组织位置上运动。物体之间普遍联系运动着，在联系中运动，在运动中联系。联系有间接联系和直接联系，运动有绝对运动和相对运动，运动是有规律的，但这种规律带有明显的组织结构色彩，如地球围绕太阳运动，月亮围绕地球运动，这些运动都有比较精确的动力学方程和运动学方程来描述和计算，但要描述月亮相对太阳的运动就没有那么容易了，因为二者之间间隔了一个层次。两天体即使处在同一系统同一层次，如地球和火星，它们之间的相对运动也很难描述，要描述也得通过太阳这个共同的参考系，更别说二者相对运动规律了。光速也是如此，譬如说要知道火卫一发射的光速，想直接计算和测量都是不可能的，光速是在地面上测量确定的，先天地以地面上的光速作为了标准，根据能量转化与守恒定律计算出日面的光速，再通过日面的光速计算出火星表面的光速，再通过火星表面的光速计算出火卫一发射的光速。先说明一下，这里所说的光速是指的内在光速，关于光速分类问题，以后还要作专题论述。物体在某一系统之内，更确切地说，在该系统中心天体主引力场之内，则该物体的运动速度是相对该系统的绝对运动速度，如地球围绕太阳以约 $30km/s$ 速度运转，这个速度就是地球在太阳系中的绝对速度，月亮围绕地球以约 $1km/s$ 速度运转，这个速度就是月亮在地球系统中的绝对速度，否则只有相对运动关系，如地球与火星，每一方都不在对方的主引力场之内，故二者之间只有相对运动关系。

相对性原理的关键是平衡，相对性原理是建立在平衡的基础之上的，没有平衡就没有相对性原理。平衡是相对的，因此相对性原理只是一个近似性的真理。美籍华裔科学家李政道、杨振宁发现的弱相互作用下宇称不守恒性就是相对性原理近似性的反映。地面参考系承载了多方面的不平衡性：地球的公转轨道不是正圆而是椭圆，这就使得太阳对地球的引力与地球的公转速度产生的离心力不能达成平衡；地球有自转速度，而速度又是矢量，这就使得地面上运动的物体，包括电子质子在内的同种微粒子在各方向上合速度的相异性。这些不平衡基础因素造成了对称性的破坏，也就是所谓的对称性破缺。世界上绝对没有无缘无故的自发的突变，一切现象的发生都是有原因的，所谓的"自发"，只是我们暂时没有找到发生的原因罢了。不只弱相互作用下存在对称性破缺，强相互作用、电磁相互作用以及引力作用下都应该存在对称性破缺，因为它们的共同的参考系基础平台本身就不平衡，对称性破缺是必然结果，只是有些表现得比较明显，有些表现得不那么明显罢了。在本书最后一章——〈让实验来裁判〉，实际上讨论的是引力作用下对称性破缺问题，同样的枪炮在地面上向东发射与向西发射的速度与发射距离都是不一样的。

下面通过具体计算来领略不同的参考系不同的相对速度所蕴藏的相对性原理。

假若月亮位于太阳与地球之间，离地球 38 万 km，求月亮分别相对于地球和太阳的运动速度。

解：设月亮相对于地球的速度为 v_d，相对于太阳的速度为 v_r，太阳的质量为 M_r，地球的质量为 M_d，月亮的质量为 m，地月距离为 $3.8 \times 10^8 m$，日地距离为 $1.5 \times 10^{11} m$，则月亮到太阳的距离为：

$$1.5 \times 10^{11} - 3.8 \times 10^8 = 1.4962 \times 10^{11} m$$

列方程：$$\frac{GM_r m}{(1.4962 \times 10^{11})^2} - \frac{mv_r^2}{1.4962 \times 10^{11}} = \frac{GM_d m}{(3.8 \times 10^8)^2} - \frac{mv_d^2}{3.8 \times 10^8}$$

根据数学知识知，等号两边同时加或减一个相同的数，不影响整个方程的解。这就是说，引力与离心力可以相等，也可以不相等，只要它们的差相等就行。大量的天文观察事实和计算表明，在各个参考系中，引力和离心力是基本相等的，即方程两边都等于 0，可以分别计算。

代入数据计算得：$v_d = 1023 m/s$，$v_r = 29777 m/s$。

如果单纯从引力方面考虑，月亮则在日地之间离地球 26 万 km 处取得引力的平衡，离地球更远一点的话，则要被太阳吸引过去。之所以月亮在离开地球 38 万 km 而仍然甘心做地球的卫星，没有被太阳吸引过去做它的行星，正是因为月亮分别相对地球和太阳有不同的运动速度，产生了不同大小离心力的缘故。

8、光速的变与不变

迈克尔孙-莫雷实验衍生了光速不变原理，光速不变原理孳生了相对论。可以这么说，没有迈克尔孙-莫雷实验就没有光速不变原理，从而没有相对论。然而这么一个在科学史上产生巨大影响的实验却是一个无效实验。为什么这么说呢？简略地说，该实验根本没有按照设计的来做。在该实验设计中，是拿地球的公转方向和速度来说事的，实验中总有一个臂的摆放方向与地球的公转方向相一致，干涉条纹移动数目也是按此计算的，然而在做实验时却根本没有考虑地球的公转方向，也就是说，实验没有按照原先实验设计的来做，如此怎么能得到设计和计算的结果呢？实际上，在地面上是无法知道地球的公转方向的。在地面上，我们知道地球的自转方向，地球的自转方向是向东的，因而迈克尔孙-莫雷实验从理论上说可以测出地球自转引起的干涉条纹移动数目的，但由于地球自转速度相对较小，引起的干涉条纹移动数已超出了迈克尔孙-莫雷实验测量精度，因而实际结果并不能确定干涉条纹是否发生了移动。

现在的光速不变指的是光的传播速度不变，光的传播速度到底变不变？现在还没有定论。如果迈克尔孙-莫雷实验是个无效实验，不能作为光速不变的实验验证的话，那就更没有其他的实验和现象能够作为光速不变的验证的例子了。传播光速变不变是一个关键性问题，我们将对一些所谓证实了光速不变的实验和现象进行解析，可以看出这些实验和现象作为光速不变的例子非常牵强，不足以作为光速不变的例证。

不管光的传播速度（传播光速）变不变，用机械能转化与守恒定律算出的光速（内在光速）一定是可变的。如果传播光速可变，那必定有变化的根据，笔者想，一定等同于内在光速的变化，二者合二为一，可简称为光速；如果传播光速不变，则不变应该是以太通过密度相应变化调节的结果。

世界是变化着的，只有变化着的光速才能与变化着的世界联系起来，不变的光速无法与变化着的世界相联系。内在光速对内与光线的频率、能量相关联，对外作为信使把宇宙一切天体联系起来。下面用机械能转化与守恒定律求解一些特殊处的光速值。

例1，假设在近日点时地球赤道处的发射光速（c_0）为$299792458m/s$，求地球在近日点月亮在近地点时月亮赤道处的发射光速（c_{ym}）是多少？

解：查阅相关资料可知：地球的赤道半径$R_0 = 6378000m$，地球的质量$M = 5.9742 \times 10^{24} kg$，地球赤道处的自转速度$v_d = 464m/s$，月球的半径$r_0 = 1738000m$，月球的质量$m = 7.349 \times 10^{22} kg$，月球在近地点时的公转速度$v_{yg} = 1047.3m/s$，月球赤道处的自转速度$v_{yz} = 16.66m/s$，近地点时月地距离$L = 3.633 \times 10^8 m$。

列方程：

$$(c_0{}^2 - v_d{}^2) - \frac{2GM}{R_0} - \frac{2Gm}{r_1} = (c_{ym}{}^2 - v_{yz}{}^2 - v_{yg}{}^2) - \frac{2Gm}{r_0} - \frac{2Gm}{R_1}$$

$r_1 = L - r_0$，$R_1 = L - R_0$，将相关数据代入上面方程计算得：

$c_{ym} = 299792457.80 = c_0 - 0.2$（m/s）。

例2，运用机械能转化与守恒定律计算下面几处光速：

首先设近日点、远日点的日地距离分别为R_j、R_y；地面点、太空点离地心的距离分别为r_0、r

以太阳为参考系的近日点R_j、远日点R_y与以地面为参考系的地面点r_0、太空点r有四种组合形式：

a，近日点地面点R_{jr_0}，光速以c_0表示。

b，近日点太空点 R_{jr}，光速以 c_{jr} 表示。

c，远日点地面点 R_{yr_0}，光速以 c_{yr_0} 表示。

d，远日点太空点 R_{yr}，光速以 c_{yr} 表示。

设 c_0 为近日点地面点的实测值，取 $299792458\,m/s$，其它点的光速以此作基准按能量守恒定律推算而得。

（1），计算远日点地面点的光速 c_{yr_0}：

a，计算地球不自转条件下的远日点地面点的光速 c_{jyr_0}，要计算 c_{jyr_0}，先要计算出地球不自转条件下的近日点地面点的光速 c_{jjr_0}。

v_d：地球自转速度 $464m/s$；c_0：地球在近日点、自转速度为 v_d 时的地面光速 $299792458m/s$。

根据能量守恒定律可得：

$$c_{jjr_0}{}^2 - \frac{2GM}{R_j} - v_j{}^2 = c_{jyr_0}{}^2 - \frac{2GM}{R_y} - v_y{}^2$$

注：v_j、v_y 是天体（地球）在轨道的实际运动速度，譬如轨道为椭圆形，则天体在轨道某点处的实际运动速度比较精确的计算公式应为：$v_y{}^2 = G(M+m)(\frac{2}{R_y} - \frac{1}{a})$，$v_j{}^2 = G(M+m)(\frac{2}{R_j} - \frac{1}{a})$，$a$：椭圆半长轴长度。为了简化计算，这里使用了圆形轨道速度粗略计算公式：$v_j{}^2 = \frac{GM}{R_j}$，$v_y{}^2 = \frac{GM}{R_y}$。

代入计算得：

$$c_{jyr_0}{}^2 = c_{jjr_0}{}^2 - \frac{2GM}{R_j} - \frac{GM}{R_j} + \frac{2GM}{R_y} + \frac{GM}{R_y} = (c_0{}^2 - v_d{}^2) - \frac{3GM}{R_j} + \frac{3GM}{R_y}$$

b，计算地球在自转条件下，在远日点地面点的光速 c_{vyr_0}：

$$c_{vyr_0}{}^2 = c_{jyr_0}{}^2 + v_d{}^2 = (c_0{}^2 - v_d{}^2) - \frac{3GM}{R_j} + \frac{3GM}{R_y} + v_d{}^2$$

$$= c_0{}^2 - \frac{3GM}{R_j} + \frac{3GM}{R_y}$$

M：太阳质量；R_j：近日点日地距离；R_y：远日点日地距离；G：引力常数。把相关数据代入计算可得：

$$c_{vyr_0} = 299792457.85 m/s = c_0 - 0.15 m/s$$

（2），计算近日点太空点的光速 c_{jr}

$$c_0{}^2 - v_d{}^2 - \frac{2Gm}{r_0} = c_{jr}{}^2 - \frac{Gm}{r} - \frac{2Gm}{r}$$

m：地球质量；r_0：地球半径；r：太空点到地心的距离。

若 r 取 $26371km$，即光子离地面 $20000km$ 处，代入相关数据计算得：

$$c_{jr} = 299792457.87 m/s = c_0 - 0.13 m/s$$

（3），计算远日点太空点的光速 c_{yr}

$$c_{jyr_0}{}^2 - \frac{2Gm}{r_0} = c_{yr}{}^2 - \frac{Gm}{r} - \frac{2Gm}{r}$$

将 $c_{jyr_0}{}^2 = (c_0{}^2 - v_d{}^2) - \frac{3GM}{R_j} + \frac{3GM}{R_y}$ 代入上式得

$$c_{yr}{}^2 = c_0{}^2 - v_d{}^2 - \frac{3GM}{R_j} + \frac{3GM}{R_y} - \frac{2Gm}{r_0} + \frac{3Gm}{r}$$

R_j 取 $1.471 \times 10^{11} m$，R_y 取 $1.5210 \times 10^{11} m$，r_0 取 $6.371 \times 10^6 m$。

在地球位于远日点时，离地面 $20000km$ 太空点（$r = 26371km$）上，计算的光速（内在光速）为 $c_{yr} = 299792457.72 m/s = c_0 - 0.28 m/s$。即地球位于近日点时，地面上的内在光速比地球位于远日点时离地面 $20000km$ 处的太空点的内在光速快 $0.28 m/s$。

只要知道了相关数据，运用机械能转化与守恒定律可计算出宇宙任何天体在任何位置、任何运动状态下的光速值。

顺便说一句，内在光速是可变的，发射频率与发射时的内在光速同比例增减，现在所谓光谱线"红移"，实际上是同种光线频率变高，不是波长变长。遥远的星光发射时的光速原本就有那么快，频率有那么高，光线发射后，频率保持不变，传播到地球后仍保持发射时那么高的频率，与地面上发射的同种光线相比较，光谱线位置移动了，表示光频率增高了。

上面讨论了光速可变，下面讨论光速不变，实现传播光速不变的途径和机理。

内在光速是原生性光速，是可变的。要把可变的原生性的内在光速转变为不变的传播光速，必须有以太的参予，以太通过其与内在光速相伴相生的密度变化来达到传播光速不变。

麦克斯韦的电磁理论是人类科学发展史上的一个奇迹，推理严谨缜密，无懈可击。麦克斯韦从理论上证实了光是电磁波。光既然又是波，具有波一切应有的共性，光应有传播媒介，没有传播媒介，没有光与媒介的交互作用，光的波动性无从产生和表现。这个传播媒介就是以太，所以以太必需存在。

根据能量转化与守恒定律，引力场强度大表明内在光速快，同时在以太观下，综合各方面的知识，我们可以合理推论出：引力场强度大的地方也是以太密度大的地方。以太密度大使得折射率变大，此时原本大的内在光速在大的以太密度反馈调节下使传播光速减小，从而使传播光速保持不变。

我们从以太折射率公式 $n=\dfrac{c_n}{c_0}$ 来解析传播光速不变。c_n：内在光速；c_0：地面处内在光速值，也是传播光速。对于地面以太折射率 $n=\dfrac{c_n}{c_0}=\dfrac{c_0}{c_0}=1$，可见，我们实际上将地面上的以太密度和折射率作为了标准，c_n 与 n 同比例增大或减小，它们的比值是一个常数 c_0，从而保证传播光速保持不变。

笔者深入思考后认为，要在经典理论的框架下阐明传播光速不变机理，并对一些相关的实验观察现象作出合理的解释，还是要恢复以太理论，并对以太性质的一些陈旧观念作必要修正。

修正后的新以太观与传统的以太观主要有以下几个方面的不同：

1，以太密度。传统的以太观虽然也认为真空不空，真空有以太，但却认为真空的以太密度处处都是一样的，不存在此真空彼真空的问题，光在真空的折射率都统一设定为 $n=1$。新以太观认为，以太的密度处处都不相同，就像引力场强度处处不同一样。以太密度与所在处的引力场强度具有对应的变化关系，引力场强度大的地方以太密度也大，引力场强度小的地方以太密度也小。譬如说山顶处的以太密度就应比山脚下的以太密度小，太阳表面处的以太密度就应比地面处的以太密度大。以太作为光的传播媒介，其密度大，则光的折射率大；其密度

62

小，则光的折射率小。折射率大小变化又影响到光速快慢变化，折射率变大，使光速变小，折射率变小，使光速变大。根据能量转化与守恒定律，引力场强度大内在光速快，引力场强度小内在光速小。以太密度与引力场强度二者具有原因上的同源性，使光速反向变化的相关性，所以造就了传播光速在引力场中不变的性质。

以太的分布与空间有无物体及物质的形态没有关系，在空气中、在物体内部都有以太存在。

引力场分不同层次，任何物体都形成自己的引力场，以自己为中心无限扩展开去，并以与质心距离的平方（r^2）衰减，任一位置的引力场强度是宇宙中所有天体在该位置的引力场强度叠加。由于宇宙的无限性，所以要算出该点总的绝对的引力场强度是不可能的，这也等于说要精确算出该点最终绝对的光速也是不可能的。实际上某处的内在光速大小，主要由一两个产生巨大引力场的天体所决定的，譬如说要计算离地面$10000m$处的引力场强度和内在光速，只须计算地球和太阳在该点的引力场强度和内在光速，有时甚至只须计算地球引力场引起的变化就足够了。无论计算了多少个份额位于前面的引力源在所求处施加的引力场强度，总不能囊括尽所有天体在该点处产生的引力场强度。如此，从理论上说，计算出的引力及光速只是一个约数。能量转化与守恒原理是放之四海而皆准的真理，但是能量转化与守恒定律却只能从具体参考系中去进行计算，虽然从具体参考系的角度看，能量转化与守恒定律及其计算结果是无比正确的，但从整体全面的角度看，由于不能计算所有的参考系、所有天体施加的影响和作用，计算结果只能是一个近似值，或者是一个要多精确可以做到多精确的近似值。好比一个有无穷多项逐渐减小的等比数列求和，无论计算了多少项，也只能累计得到一个近似值。二者还有所不同，等比数列能运用极限计算方法求出最终精确数，而能量转化与守恒定律相关计算却永远也无法得到最终绝对精确的结果。从这个意义上说，绝对精确的惯性系是不存在的，绝对的直线运动也是没有的，运动速度（包括光速）不能做到绝对精确的计算。与引力场强度相似，空中任一点的以太密度是宇宙中所有天体在该点产生的以太密度之和。

2，以太运动性。传统的以太观认为以太是静止不动的，物体相对以太的运动就是绝对运动。

新以太观认为，以太是由物质产生的，也可以说以太就是物质。物体产生的以太环绕在物体的周围，每一质点上产生的以太都是如此，这如同质点产生的引力场极为相似。天体产生的以太密度像其引力场强度一样，随着距离的增大而变得稀薄，同时以太也随着产生其的母体的运动而运动（平动），也随着产生其的母体的自转而同角度地绕母体的自转轴旋转。该观点类似于拖曳说，可以把以太比做是环绕在天体周围的大气层。譬如说太阳产生的以太分布在太阳的周围（太阳内部同样有以太分布），随着太阳以$220km/s$的速度绕银河系中心公转，另外，由于太阳又在自转，太阳赤道处的自转周期为25.3地球日，那么环绕在太阳周围的由太阳产生的以太将以同样的角速度绕太阳自转轴旋转。可以计算，在地球公转轨道处由太阳产生的以太绕太阳自转轴旋转的

速度为 $\dfrac{365.2}{25.3} \times 30 = 433\,\text{km/s}$，是地球绕太阳的公转速度的 14.4 倍，方向与地球公转方向相同。同理，地球产生的以太分布在地球的周围（地球内部同样有以太分布），随着地球以 $30\,km/s$ 的速度绕太阳公转，也由于地球在自转，环绕在地球周围的由地球产生的以太将以同样的角速度绕地球自转轴旋转。可以计算，在月球公转轨道处由地球产生的以太绕地球自转轴旋转的速度约为 $3.85 \times 10^8 \div (6.4 \times 10^6) \times 464 = 27.9\,km/s$，是月球绕地球的公转速度的 27.3 倍。有意思的是，该倍数恰好是月球绕地球的公转周期，方向与地球自转方向相同。

以太运动的观点是对传统的以太静止观点的极大突破，特别是以太旋转角速度同母天体自转角速度相同的观点更是量化了以太的速度，能够化解以太静止观所产生的难以解决的矛盾。旧以太观认为以太是静止的，那么第一个责难就是，天体在静止的以太中运动，必然要受到阻尼作用，如果运动的天体受到以太介质的阻尼作用，其能量势必因克服阻力做功而减小，绕行天体与中心天体的距离将逐渐减小，最后不可避免地要落到中心天体中去，卫星落到行星上，行星落到恒星上，为什么没有观察到阻尼现象呢？而且很多观察到的事实恰好相反，绕行天体与中心天体的距离不仅没有逐渐减小，反而逐渐增大了，如月球每年远离地球约 $3.8cm$，这是静止以太观者难以作出合理解释的，也给了相对论拥护者们否定以太存在的口实。以太运动的新观点就没有这些缺陷。以太由天体产生，相对产生其的母天体静止，显然，相对围绕中心天体（母天体）运动的绕行天体来说却是运动的，一般而言，绕行天体公转运动方向与中心天体产生的以太运动方向是相同的，以太运动速度一般又比其所在处的公转绕行天体运动速度快，所以以太对公转绕行天体的运动一般来说不是起着阻尼作用，而是起带动作用，公转绕行天体的能量将加大，离中心体的距离将越来越远。同时，中心体由于将角动量传递给了公转绕行天体，自身的角动量逐渐消耗，自转速度将越来越慢。有证据表明，在 5 亿年前，地球一年大约有 420 天，在亿年之后，地球一天可能有 25 小时。另外，笔者推测，以太的带动作用是行星进动的重要原因，可能是水星进动值最大来源组成部分。

可以推测，如果公转绕行天体的运动方向与中心天体的自转方向相反，将会受到中心天体产生的以太介质的阻尼作用，公转绕行天体与中心天体的距离将越来越近，最终落到中心天体上去。所以几乎观察不到公转绕行天体的运动方向与中心天体的自转方向相反的天文现象。

还可推测，公转绕行天体的运动方向与中心天体的自转方向虽然相同，但如果公转绕行天体的绕行角速度比中心天体的自转角速度快，则公转绕行天体也会受到中心天体产生的以太介质的阻尼作用，绕行天体由于要克服以太的阻尼作用而做功，能量消耗，则其与中心天体的距离将会越来越近。同步卫星以内的地球卫星就是这种情形。再譬如，火卫一的环绕运行半径小于同步运行轨道半径，观察统计数据表明，它与火星的距离正以每世纪 1.8 米的速度减小，据估计大约 5000 万年后，它将落到火星上去。

历史上科学家对以太拖曳问题进行了研究，也获得了一些成果，但是那时把天体周围所有的以太媒质都看成一样的，不分来源，不分运动状态。其实以太媒质是分层次的，同一处的以太媒质有不同的来源和不同的运动状态。如地面的以太媒质，既有来自太阳产生的以太媒质，也有来自地球本身产生的以太媒质。太阳产生的以太媒质相对地球以 $400km/s$ 的以太风速度向前运动，地球产生的以太媒质相对地球的速度为 0，没有以太风。物体总是拖曳自己散发出来的环绕在自己周围的那部分以太媒质，就象地球拖曳大气层一样，物体（天体）产生的以太媒质相对物体（天体）自身是静止的。太阳散发出来的以太媒质则只被太阳拖曳，不能被地球拖曳。在太阳的周围弥漫着由太阳产生的以太媒质，地球围绕太阳运转，则相当于在太阳的周围弥漫并旋转着的以太媒质中运行。

由于物质的统一性，不同天体产生的以太本身也许并无差别，因此不须区分其来源，我们不必区分地面上的以太哪些是来自太阳的，这部分以太相对地球高速运动，有以太风；哪些是由地球自身产生的，与地面相对静止，没有以太风。任何地方的以太运动都是其来源以太的综合运动表现，有时我们分开来考查计算，只是为了叙述、计算简单方便而已。至于混合以太的运动速度，可以变通性地运用动量守恒定律进行计算。各来源不同的以太"粒子"原本运动速度不同，但通过不断碰撞，速度渐渐于一致，各粒子不可能孤傲地保持原来的速度而不变，这就克服和避免了以太在位于其发源天体相当远的距离后其运动速度超光速仍至无穷大现象的发生。可以推想，宇宙中任何地方的以太运动速度都是不大的。还有一点值得注意，尽管某一来源的以太运动速度降低了，但其作用效力并不会无缘故的减小，而只是作了传递，传递给其它以太和物体了。

3，以太光折射率。折射率是反映上两条的综合性指标。真空不空，不同处的真空有不同的性质，同一处的真空也因运动状态的不同而呈现出不同的性质，空间不同处的以太密度是不同的，以太密度的变化必然导致光折射率的变化。真空的光折射率并不是都等于 1，既可能大于 1，也可能小于 1。若把所有的真空都看做一样的，折射率都是 1，这种行为把真空过于简单化了，导致了一系列的问题。光在"真空"的折射率主要取决于以太密度，而以太密度又主要取决于空间位置和以太运动状态。空间中不同位置的引力场强度是不同的，引力场强度不同，以太密度就不同。以太密度不同，光的折射率就不同。联想到光线发出后频率不变性，可以看出，折射率应该与光线的波长相关，而与光频率没有直接关系。引力场强度与以太媒质密度虽然有密切相关性，但不可能是同一个东西，因为二者有根本不同的特性，前者是矢量，而后者是标量。从空间位置上考察的以太密度可称之为绝对以太密度。以太在运动，以太自身运动的快慢并不改变自身的密度大小，如同水流与风一样并不改变水与风的密度。但是，光在以太中穿行，二者的相对速度不同，对于光来说，以太的密度是不同的，这一点很好理解，如同船在河流中航行，航向不同，船与水二者的相对速度就不同，船遇到的阻力就不同。从光与以太相对运动的角度来考察的以太密度称之为相对以太密度，相对以太密度随光速的变化而变化，随光与以太运动方向的角度的改变而改变。

作进一步深入分析，引起以太的相对密度变化有不同的原因，主要有方向性原因和速度性原因。方向性原因是指光与以太运动方向的差异性造成的二者相对运动大小变化，继而造成相对光的以太密度变化。例如说，当光与以太的运动方向相同时，此时好似追及问题，二者相对运动速度减小：$c-v$，对于光来说以太密度变稀；当光与以太相向运动时，二者相对运动速度加大：$c+v$，对于光来说以太密度变稠。速度性原因是由光的自身速度变化及以太自身运动速度变化所引起，显然，两速度的变化都会引起它们间的相对速度的变化，继而引起相对光来说的以太密度的变化。

前面已有所述，内在光速是可变的，光速不仅与位置，即引力场强度大小有关，即使在同一引力场强度层面上，内在光速也是可变的，内在光速与光源的运动速度相关，关系式为：$c_v{}^2=c_j{}^2+v^2$。内在光速只要发生变化，都将自动启动以太的调节机制，使光速保持恒定。再次重申：光速不变是光相对其传播媒介以太来说的，若以其它物体为参照对象，光速不变的性质很可能不复成立，例如，如果地面上的以太相对地面是运动的，则地面上测得的光速值就不可能是相对于以太那个不变的光速值，换言之，相对地面参考系来说，光速是可变的。

这里所说的光速不变与相对论光速不变原理是有本质区别的，前者是狭义的有条件的，是相对其自身传播媒介以太这个特殊参考系而言的。由于以太的反向调节作用，才使得二者的相对速度保持不变，其它物体没有对光速的调节功能，也就不能使光速具有不变的性质。好比说烈日炎炎，树木仍郁郁葱葱，这并不表明树木不蒸发，不失去水分，而是因为树木在进行蒸腾作用的同时，从外界吸收水分，补充水分，以保持树木体内水分含量的相对稳定。也好比池塘里漂浮着一只船，无论是把池塘的水舀入船舱，还是将船舱里的水舀入池塘，池塘的水位都能保持恒定不变。而相对论光速不变是广义的无条件的，光速不仅与光源的位置无关，也与光源的运动速度无关，甚至于与观测者的运动速度无关，观测者向着光源运动，光与观测者的相对速度是这个光速值，背着光源运动光，与观测者的相对速度仍是这个光速，这简直是对人类智力的嘲弄。导致光速不变的机理也不同，笔者的光速不变仅指的是光自身的传播速度，其不变的机理是相对以太密度对光速的反馈调节，而相对论的光速不变还包含了与其作相对运动的其他物体的运动速度，不变的机理是尺缩钟慢效应。

无论是绝对以太密度变化还是相对以太密度变化，都同样地影响着折射率的变化，继而影响光速的变化，使之表现出以太光速不变性。假如地球位于近日点时赤道海平面处南北方向的光速为$299792458m/s$，光的真空折射率为1，则可以计算出空中任意处的真空折射率。真空折射率可细分为两派，一派为绝对折射率，其根源是绝对以太密度，绝对折射率的计算方法是，根据能量转化与守恒定律求出该点的内在光速，所求的内在光速与$299792458m/s$的比值即为光在该点处的真空折射率。譬如通过计算得到太阳表面处的内在光速为

$299793089.1m/s$，则太阳表面处的真空绝对折射率为：$299793089.1 \div 299792458 = 1.0000021051$。另一派为相对折射率，相对折射率变化的根源是光与其传播媒介以太的相对运动所引起。相对运动变化又可分为三个方面的原因，其一是绝对光速即内在光速的变化，其二是以太的运动速度变化，其三是光与以太二者运动方向间的角度变化。我们虽然作如此分类，但不能割裂它们间的相关性，实际上很多因子是高度相关的，如以太的绝对密度、内在光速及以太的运动速度都有或大或小的相关性。绝对折射率与相对折射率共同构成该处的真空折射率。

以太对光速的调节机制非常合理地说明了以太光速不变性的道理，以太反向调节使光速不变的解释比尺缩钟慢效应使光速不变的解释更加合理和自然，衍生出的问题更小更少，所以以太应该存在，否定以太的存在是轻率的和不明智的。当然以太一些不适合的观念也应该进行修正。

以太作为光的媒介具有其特殊性质，其折射率的定义和公式有必要作适当的修正。光在非以太媒介折射率（n）公式为：$n = \dfrac{c_0}{V}$，c_0：地面真空以太媒质中的光速；V：某媒质中的光速，这里的 c_0 和 V 都是光的传播速度，由于光在"真空"中传播速度最快，c_0 永远大于 V，所以 n 恒大于1。

光在以太媒介折射率公式与光在非以太媒介折射率公式有所不同，要将光在非以太折射率公式 $n = \dfrac{c_0}{V}$ 进行修正，公子分母上下颠倒，修正后的光在以太媒介折射率公式为 $n = \dfrac{c_n}{c_0}$，c_0 为赤道地面南北方向传播的光速值，传播光速与内在光速相等，$c_0 = 299792458m/s$，c_n 为内在光速。$n = \dfrac{c_n}{c_0}$ 改写为 $c_0 = \dfrac{c_n}{n}$，可以看出，内在光速变大，折射率同步变大；内在光速变小，折射率同步变小，二者的比值 $\dfrac{c_n}{n}$ 是不变的常数 c_0，即通过以太折射率 n 的调节作用，任何地方和运动状态下的内在光速都被调节为特定的传播光速值 c_0。

举例说明：根据机械能转化与守恒定律可算得太阳赤道处的内在光速为 $299793089.1m/s$，以太密度相对大，折射率为 $n = \dfrac{c_n}{c_0} = \dfrac{299793089.1}{299792458}$，在以太的调节下，太阳赤道处的传播光速为

$$c = \frac{c_n}{n} = \frac{299793089.1}{\dfrac{299793089.1}{299792458}} = 299792458（m/s）$$

在以太折射率的反馈调节下，原本可变的内在光速在内部转变为不变的传播光速，在这个过程中，频率保持不变，波长根据三者关系式 $c = \lambda f$ 作相应改变。

举例说明：地面上所有光线的内在光速和传播光速是同一个数值，皆为 $c_0 = 299792458\mathrm{m\,/s}$。氢红线的内在波长和传播波长皆为 $\lambda_0 = 6562.10 \times 10^{-10}\mathrm{m}$，由于内在频率与传播频率始终总是一样的，故可简称频率，氢红线在地面的频率为 $f_0 = \dfrac{c_0}{\lambda_0} = \dfrac{299792458}{6562.10 \times 10^{-10}}（\mathrm{Hz}）$

根据能量转化与守恒定律，可计算出日面处的内在光速为 $c_r = c_0 + 631.1\mathrm{m/s}$。氢红线在日面处的内在波长与在地面处的内在波长是一样的，皆为 $\lambda_r = \lambda_0 = 6562.10 \times 10^{-10}\mathrm{m}$。氢红线在日面处的频率为

$$f_r = \frac{c_r}{\lambda_0} = \frac{299793089.1}{6562.10 \times 10^{-10}}（\mathrm{Hz}）$$

在日面处氢红线发射时，在以太折射率的调节下，将内在光速由 $c_0 + 631.1\mathrm{m/s}$ 调整为不变的传播光速 c_0，即 $c_0 + 631.1 \rightarrow c_0$，这在数学上是不成立的，是物理作用效应。频率保持不变，仍然是氢红线在日面发射时的频率 $f_r = \dfrac{c_r}{\lambda_0} = \dfrac{c_0 + 631.1}{\lambda_0} = \dfrac{299793089.1}{6562.10 \times 10^{-10}}（\mathrm{Hz}）$。传播波长根据根据三者关系式 $c = \lambda f$ 进行调整：

$$\lambda_r = \frac{c_r}{f_r} = \frac{c_0}{\dfrac{c_r}{\lambda_0}} = \frac{c_0}{c_r}\lambda_0 = \frac{c_0}{c_0 + 631.1}\lambda_0。$$

光线发射时，速度、频率、波长各物理量由内在数据调整为传播数据，调整后传播数据不再改变。如日面上发射的氢红线传播到地面上后，速度、频率、波长仍是在日面发射调整后的传播数据：$c = c_0$、$f = \dfrac{c_r}{\lambda_0}f_0 = \dfrac{299793089.1}{6562.10 \times 10^{-10}}（\mathrm{Hz}）$、$\lambda = \dfrac{c_0}{c_0 + 631.1}\lambda_0$。

所谓光速不变原理唯在该形式下的传播光速不变，深入分析，该传播光速不变是在以太静态条件下不变，并没有包括以太运动速度引起的传播光速变化。当在以太运动条件下，传播光速则是可变的，变化公式为：$c = c_0 + v_y$，c 为以太运动条件下的传播光速，c_0 为以太静态条件下的传播光速，v_y 为混合以太与光的相对运动速度，当 v_y 与 c_n 同向时，$c = c_0 + v_y$；当 v_y 与 c_n 反向时，$c = c_n - v_y$。不同方向的混合以太运动速度（v_y）是不同的，设光线的传播方向与混合以太运动方向间的夹角为 φ，混合以太最大运动速度为 v_{max}，则

$v_y = v_{max} \cdot \cos\varphi$。代入公式得 $c = c_0 + v_y = c_0 + v_{max}\square\cos\varphi$。

光速不变实际上说的是传播光速不变。在传播光速不变的前提下，如果以太不运动，则任何地方和运动状态下的传播光速皆为 299792458m /s。如果以太运动，则传播光速是可变的，计算为 $c = c_0 + v_y$。显然只要知道了以太的运动速度 v_y，就能算出传播光速 c，算出以太运动速度是关键。

怎样计算以太运动速度呢？这里就要用到一系列的相对合理的假设。以太是由物体的物质产生的，分布在物体的周围，物体在某点处产生的以太密度（或质量）与该物体在该点处的引力场强度成正向变化关系。物体产生的以太随同物体一起运动。

下面具体计算地面处的以太运动速度，继而计算各向相对地面的传播光速。

地面的以太主要有两个来源，一个是地球自身产生的以太，一个是太阳产生的以太。地球产生的以太随同地球自转和公转，相对地面静止。太阳产生的以太随同太阳自转和公转，相对地面有运动速度。因此，地球和太阳的混合以太相对地面是有混合以太速度的。

要求出地面上的以太的运动速度，没方法直接求出，只有采取变通的方法求出。变通地用以太动量守恒定律 $m_1v_1 + m_2v_2 = (m_1 + m_2)v$ 进行计算求解：$v_{max} = \dfrac{m_1v_1 + m_2v_2}{m_1 + m_2}$。

要运用动量守恒定律计算混合以太的运动速度，从道理上说，应该知道各个来源的以太质量，但现在我们还无从知晓以太质量或者密度，我们只能采用变通的手法，利用天体产生的以太在某点的密度与该天体在该点的引力场强度天然的正比例关系，把以太密度（质量）比照为引力场强度，用引力场强度代替以太质量（密度）代入动量守恒定律公式计算混合以太的运动速度。

地面上的引力场强度主要有两个来源，一个是太阳产生的引力场强度，一个是地球自身产生的引力场强度。

太阳在地球处的引力场强度为：$a_1 = \dfrac{GM_r}{R^2} = \dfrac{6.67\times10^{-11}\times1.989\times10^{30}}{(1.496\times10^{11})^2} = 5.93\times10^{-3}m/s^2$

地球在地面的引力场强度为：$a_2 = \dfrac{GM_d}{R_2^2} = \dfrac{6.67\times10^{-11}\times5.9742\times10^{24}}{6378000^2} \approx 9.80m/s^2$

太阳自转方向与地球自转方向相同，自转周期为 25.3 天，太阳产生的以太随同太阳同角度旋转，太阳以太在地球轨道处的速度为：$1.496 \times 10^{11} \times 2\pi \div (25.3 \times 24 \times 3600) \approx 430km$

太阳以太相对地面的速度为：$v_1 = 430000 - 30000 = 400000 m/s$

地球在地面的引力场强度为：

地球自身产生的以太随同地球自转，相对地面的速度为零：$v_2 = 0$

将引力场强度引申为以太质量（密度），将各数据代入动量守恒定律公式计算，得：

$$v_{max} = \frac{m_1 v_1 + m_2 v_2}{m_1 + m_2} = \frac{5.93 \times 10^{-3} \times 400000 + 9.80 \times 0}{5.93 \times 10^{-3} + 9.80} \approx 242 m/s$$

$242m/s$ 仅仅是太阳与地球的混合以太在地球公转方向上的运动速度，这也是混合以太最大运动速度，而实际混合以太运动速度应该远小于这个数，笔者之所以用此数计算，是想说明，即使用混合以太最大的速度计算，干涉条纹移动数目也接近是 0，根本难于被实验观察到，这就用经典物理理论解释了迈克尔孙-莫雷实验结果。

地球在由西向东自转，地球的自转方向与太阳自转方向一致，可以想象，午时，太阳和地球混合以太的运动方向从东到西，子夜，太阳和地球混合以太的运动方向从西到东。设光线的传播方向与太阳和地球混合以太的运动方向的夹角为 φ，则该方向上的混合以太的运动速度为 $v_y = 242\cos\varphi$。

当光从东向西传播时，则光的传播方向与混合以太运动方向一致，它们间的夹角 $\varphi=0^0$，地面混合以太相对地面的速度为 $v_y = 242\cos 0^0 = 242m/s$，该光线与地面的相对速度为：$c = c_0 + v_y = 299792458 + 242 = 299792700 m/s$。

当光从西向东传播时，则光的传播方向与混合以太运动方向相反，它们间的夹角 $\varphi=180^0$，地面混合以太相对地面的速度为 $v_y = 242\cos 180^0 = -242m/s$，该光线与地面的相对速度为：$c = c_0 + v_y = 299792458 - 242 = 299792216 m/s$。

当光向北传播时，则光的传播方向与混合以太运动方向垂直，它们间的夹角 $\varphi=90^0$，因而地面混合以太相对在光传播方向上的速度为 $v_y = 242\cos 90^0 = 0$，该光线与地面的相对速度为：$c = c_0 + 0 = 299792458 m/s$。

当光向南传播时，则光的传播方向与混合以太运动方向垂直，它们间的夹角$\varphi=270^0$，因而地面混合以太相对在光传播方向上的速度为$v_y=242\cos270^0=0$，该光线与地面的相对速度为：$c=c_0+0=299792458m/s$。

光在任何时间任何方向上的绝对传播速度及与地面相对传播速度都可以计算出来。

虽然迈克尔孙-莫雷实验不能用来检测地球公转造成的干涉条纹移动数目，但用来检测地球自转及由太阳和地球混合以太速度造成的干涉条纹移动数目是完全可行的。午时和子夜，在地球赤道地面上，测到的干涉条纹移动数目应该是最大的，我们将此时的数据代入迈克尔孙干涉条纹移动数目计算公式$\triangle N\approx2l\dfrac{v^2}{\lambda c^2}$中进行计算。

$v=242m/s$，设$l=11m$，$\lambda=550\times10^{-9}m$

$$\triangle N\approx2l\dfrac{v^2}{\lambda c^2}=2\times11\times\dfrac{242^2}{550\times10^{-9}\times299792458^2}=2.606\times10^{-5}$$

可见，干涉条纹移动数目在理论上就已大大超出了仪器可测量精度$\triangle N\rightarrow0.01$，测不到干涉条纹移动数是情理之中的事情。

计算地球自转及由太阳和地球混合以太速度造成的干涉条纹移动数目除了上面类似教科书所说的方法外，还有更精确的计算方法，即分别计算光在横臂来回传播的波数及纵臂来回传播的波数，横臂来回传播的总波数与纵臂来回总波数之差值即为干涉条纹移动数目。

我们知道，声音是一种波动，在一定条件下，在空气不流动的情况下，声音的传播速度是不变的，在空气流动情况下，声速则是可变的，声音顺风传播时，声速为空气静态时的声速＋风速，声音逆风传播时，声速为空气静态时的声速－风速。如此相类似，光速也是这样，从某种意义上说，光也是一种波。在其媒介——以太不运动时，光速不变。当以太运动的情况下，光速是可变的，光波顺着以太运动方向传播时，光速为以太静态时的光速＋以太的运动速度，光波逆着以太运动方向传播时，光速为以太静态时的光速－以太的运动速度。在这个变化过程中，光频率保持不变，改变的是光速和光波长。

在传播过程中，光速的变化是由波长的变化引起的，而频率是不变的。假如迈克尔孙－莫雷实验中，在与以太运动垂直方向上的光的波长为$5.5\times10^{-7}m$，则顺着混合以太运动方向，光的波长为：

$$\lambda_1=\dfrac{c_0+242}{c_0}\lambda_0=\dfrac{299792700}{299792458}\times5.5\times10^{-7}=5.500004439738\times10^{-7}m$$

逆着混合以太运动方向，光的波长为：

71

$$\lambda_2 = \frac{c_0 - 242}{c_0}\lambda_0 = \frac{299792216}{299792458} \times 5.5 \times 10^{-7} = 5.49999556026 \times 10^{-7} m$$

1，光波在纵臂一个来回传播的波数为：

假设纵、横臂长相等，皆为$11m$。则光波在纵臂一个来回的波数为：

$$N_1 = \frac{2L}{\lambda_0} = \frac{2 \times 11}{5.5 \times 10^{-7}} = 40000000 (个)$$

光波在横臂一个来回的波数N_2等于光顺着混合以太运动方向传播一个臂长的波数n_1与逆着混合以太运动方向传播一个臂长的波数n_2之和：$N_2 = n_1 + n_2$。

（1），光顺着混合以太运动方向在横臂上实际传播的波数计算：

a，设光传到靶镜时的间为t_1，则：

$$t_1 = \frac{L}{c_0 + 242} = \frac{11}{299792458 + 242} = 3.669202085307614 \times 10^{-8} （s）$$

b，光程为：

$$l_1 = (c_0 + 242)t_1 = 299792700 \times 3.6692020853 \times 10^{-8} = 11m$$

c，在横臂上实际传播的波数为：

$$n_1 = \frac{l_1}{\lambda_1} = \frac{11}{5.50000444 \times 10^{-7}} = 19999983.854558 (个)$$

（2）光逆着混合以太运动方向在横臂上实际传播的波数计算：

a，设光传到靶镜的时间为t_2，则：

$$t_2 = \frac{L}{c_0 - 242} = \frac{11}{299792458 - 242} = 3.669208009056513 \times 10^{-8} （s）$$

b，光程为：$l_2 = (c_0-242)t_2 = 299792216 \times 3.669208009056513 \times 10^{-8} = 11m$

c，在横臂上实际传播的波数为：

$$n_2 = \frac{l_2}{\lambda_2} = \frac{11}{5.49999556 \times 10^{-7}} = 20000016.145468(个)$$

（3）光在横臂上传播一个来回总波数为：

$$N_2 = n_1 + n_2 = 19999983.854558 + 20000016.145468 = 40000000.00002558(个)。$$

2，光在横臂传播的波数与光在纵臂传播的波数之差为：

$$\triangle N = N_2 - N_1 = 40000000.0\ 00026 - 40000000.0\ 00000 = 2.6 \times 10^{-5}（个）$$

计算表明，光在横臂上传播一个来回的波数与在纵臂上传播一个来回的波数虽然有差别，但差别很小，所以，在相当高的精度范围内，不可能观察到干涉条纹的移动。

太阳和地球的混合以太在地面有 242m/s 的运动速度，由于宇宙无穷大，物质无穷多，且相对均衡分布，故宇宙任何一点的基础以太密度是非常大的，以太密度变化相对来说是比较小的。好比地球表面，有高山深壑，很不平整，可与地球半径比起来又是比较小的，所以地球看起来还是比较圆的球，地球仪表面还算是比较光滑的。因而整个宇宙任何地方的混合以太速度虽然不是 0，却应该非常接近于 0。在此情况下，即混合以太相对地面运动速度为 0 的情况下，用教科书的公式计算，迈克尔孙-莫雷实验测得的干涉条纹移动数为：

$$\triangle N \approx 2l\frac{v^2}{\lambda c^2} = 2 \times 11 \times \frac{464^2}{550 \times 10^{-9} \times 299792458^2} = 9.58 \times 10^{-5}（个）$$

可见干涉条纹移动数也很小，同样难以被观测。

迈克尔孙-莫雷实验用来考测地球公转速度造成的干涉条纹移动数目是无效的，因为地球的公转速度要在太阳参考系来考查，在地球参考系是考查不出公转速度的。从原理上说，迈克尔孙-莫雷实验用来考测地球自转速度造成的干涉条纹移动数目是可以的，但由于自转速度相对比较小，造成的干涉条纹移动数目较小，超出了实验可观测的精度范围，因而不能被有效观测到。总而言之，迈克尔孙-莫雷实验所谓的"0"结果既不能确切说明以太不存在，也不能确切说明光速不变。

换一个角度来考察地球公转速度与迈莫实验干涉条纹移动关系问题，实验直接用阳光作光源，也可看出，教科书上直接用地球公转速度 $30000m/s$ 来计算迈克尔孙-莫雷实验干涉条纹移动数目也是不适当的，下面用图解的方法作形象化说明：画一个小圆表示太阳，以小圆为中心，画一个较大的椭圆表示地球公转轨道，地球就在轨道的某一点上，从中心的小圆向外引射线，射线表示阳光，如图：

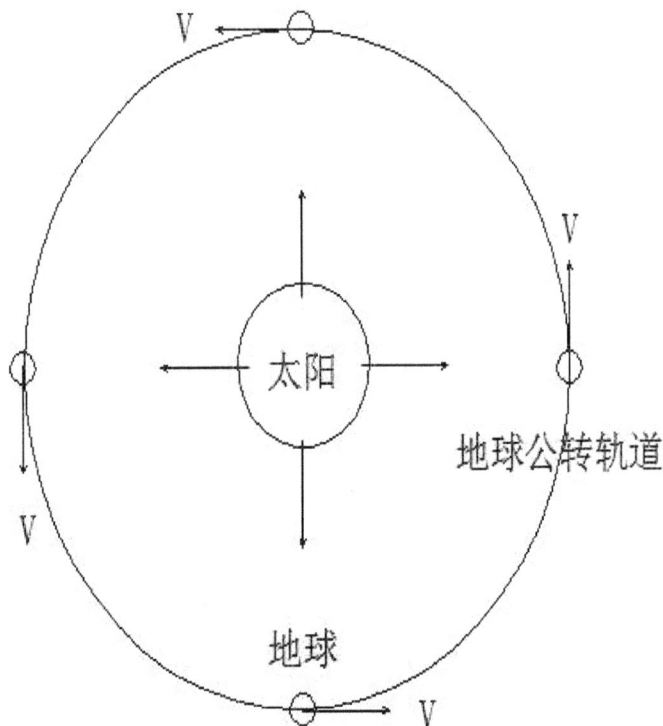

V

V

太阳

地球公转轨道

地球

V

V

显然，射线与轨道线是垂直的，即阳光的传播方向与地球的公转运动方向是垂直的，根本不存在 $c+30000$ 和 $c-30000$ 的问题，所以教科书上计算干涉条纹移动数的方法是错误的。

当然，地球公转轨道不是正圆，而是椭圆，因而，地球公转在光线上或多或少有些投影速度，若没有以太对光速的调节作用，公转的投影速度是可造成干涉条纹移动数目在一年四季中发生一些变化的，但总来说，变化的量值是很小很小的。

联想到引力的传播速度问题，类似于天体向周围散发以太，引力源天体将表达其力道的物质预设到作用范围空间。在此范围内，天体（物体）就要受到预设物质的作用，从而使引力表现出超距作用和瞬时性。

还有一个问题，宇宙是无穷大的，物质是无穷多的，那么任一点的以太密度应该是无穷大的，可事实好像不是这样。这个问题类似于引力佯谬，对这个问题，笔者是这样思考的：天体不是单向散发以太，很可能同时也吸收外天体散发的以太，吐故纳新，天体间的物质和动量进行着传递与交换。由于天体的吸收作用，使得任何地方的以太密度不可能象宇宙及物质一样变得无限大。

为了更深入认识光速，理清光速的概念，搞清光速的变与不变，何者变？何者不变？泛泛地说光速变或者不变，容易使人感到迷惑和误解，因此对光速进行分类是必要的。光速除了可分为内在光速、传播光速和表观光速外，又可分为绝对光速和相对光速。光相对于绝对参考系的速度称为绝对光速，在所考察系统的中心天体的中心上建立的参考系可视为该系统的绝对参考系，在光源上建立的参考系叫相对参考系，光相对于相对参考系的速度叫相对光速。下面以地球为例，分析各种情形下、各相关因子影响作用下各种光速变化情况。

先考察内在光速变化情况：影响内在光速变化的因子有两个，一是引力场强度大小，一是光源运动速度。

先考察光源运动速度对光速的影响。光源运动速度主要包括两种，一种是相关微观粒子的运动速度，一种是所在的宏观物体的运动速度。我们这里所讨论的是后者，之所以不考虑微观粒子的运动速度，主要基于两点考虑：一是有些微观粒子有其自身的力场；二是微观粒子的运动在速度大小和方向上具有随机性和对称性，光速的中值基本上不会因微观粒子的运动速度的影响而作大的改变。

作为基准光速值的确定，实质上是特定状态下光速值的测量。根据光速测量汇总，我们把地球近日点时赤道海平面的光速值在基本精确测定的前提下再进一步设定为 $c_0 = 299792458m/s$，根据此光速值就可计算出光源在任何位置和运动状态下发谢的光速。根据前面章节内容，我们知道内在光速 c_v 与光源速度 v 是有关系的，关系式为 $c_v{}^2 = c_j{}^2 + v^2$，c_j：地球不自转状态下地面光速。将 $v = v_d = 464m/s$ 和 c_v（此处即 c_0）$= 299792458m/s$ 代入计算得：

$c_j = 299792457.999641m/s$。

假如火车沿赤道线以速度 v_a 运动，则：

向东运动时火车上光源发射的内在光速为 $c_{a1}{}^2 = c_j{}^2 + v^2 = (c_0{}^2 - v_d{}^2) + (v_d + v_a)^2$

向西运动时火车上光源发射的内在光速为 $c_{a2}{}^2 = c_j{}^2 + v^2 = (c_0{}^2 - v_d{}^2) + (v_d - v_a)^2$

假如在火车上，手枪向前、后射击，子弹相对车厢速度为 v_b，则：

火车向东运动、枪向东射击时子弹（光源）发射的内在光速为：

$$c_{b11}{}^2 = c_j{}^2 + v^2 = (c_0{}^2 - v_d{}^2) + (v_d + v_a + v_b)^2$$

火车向东运动、枪向西射击时子弹（光源）发射的内在光速为：

$$c_{b12}{}^2 = c_j{}^2 + v^2 = (c_0{}^2 - v_d{}^2) + (v_d + v_a - v_b)^2$$

火车向西运动、枪向东射击时子弹（光源）发射的内在光速为：

$$c_{b21}{}^2 = c_j{}^2 + v^2 = (c_0{}^2 - v_d{}^2) + (v_d - v_a + v_b)^2$$

火车向西运动、枪向西射击时子弹（光源）发射的内在光速为：

$$c_{b21}{}^2 = c_j{}^2 + v^2 = (c_0{}^2 - v_d{}^2) + (v_d - v_a - v_b)^2$$

可以看出，公式中 v 是合速度，可以根据伽利略变换公式求得，有时要进行多次变换计算。

以上算出的内在光速是相对地心参考系的，是地球系统内的绝对光速。内在光速在地心参考系是各向同性的。

在参考系内运动的观察者与光的相对运动速度可简称为相对光速。实际上称"相对光速"是不适合的，所谓相对，涉及相对的两方，而"相对光速"只有相对的一方，何谓相对？这里这样称谓也是遵从约定成俗之举。相对光速是二者速度的矢量和，用伽利略变换进行计算。设观察者在参考系内的运动为 v_g，光的表观速度为 c_0，当二者同向时，相对光速为 $c_0 - v_g$；二者反向时，相对光速为 $c_0 + v_g$。相对论光速不变原理认为，光速不仅与光源的运动速度无关，而且与观察者的运动状况也无关，意思是说光与观察者间的相对光速保持不变，观察者向着光走是这个速度，背着光走还是这个速度，这简直荒谬绝伦。

还有一种光速不变——实测光速不变，在任何地方任何参考系中测量，测量出的光速值是一样的。实测光速不变是一种虚假的不变，并不说明光速真的不变。实测光速之所以不变，是因为光速背后的单位时间作了与光速变化反比例的变化，当光速增快时，光速的单位时间（秒长）同比例缩短了，当光速减慢时，光速的单位时间（秒长）同比例延长了，所以这才有了所谓的实测光速不变。实测光速不变是以光速的变为前提条件的，正是因为光速的变才造就了实测光速的不变。实测光速不变是钟慢效应的表现，这在有关章节中再作具体详细论述。

一些常用来说明相对论正确的所谓验证性实验，其实都可以用经典理论作出合理的解释。光从低处射向高处，由于增加了势能，根据机械能转化与守恒定律，动能应该减小，也就是光的速度（内在光速）减小，反之，则速度增加，这是顺理成章的事情。本来在引力场强度不是很大，距离不是很大的情况下，光速的变化，或者说光发射频率的变化是无法验证出来的，但由于穆斯堡尔效应的发现，使这种验证成为现实。

计算光从地面射到$22.6m$塔顶处光速的变化率：

设c_1为地面光速，$299792458m/s$；c_2：离地面22.6塔顶处的光速；G：引力常数$6.67\times10^{-11}m^3kg^{-1}s^{-2}$；$M$：地球质量$5.9742\times10^{24}kg$；$r_1$：地球半径$6371000m$；$r_2$：地心到离地面$22.6m$塔顶处的距离$6371022.6m$。设地球地面的自转速度为$464m/s$，则$22.6m$塔顶处的自转速度为$\frac{r_2}{r_1}\times464m/s$。

根据机械能守恒公式：$c_1^2-\dfrac{2GM}{r_1}-464^2=c_2^2-\dfrac{2GM}{r_2}-\left(\dfrac{r_2}{r_1}\times464\right)^2$

光速变化率为：$k=1-\dfrac{c_2}{c_1}$，通过数学运算，代入数据，解之得：

$k=2.460131672\times10^{-15}$

这里的光速为内在光速，变化率也是内在光速变化率。在相对论中，光速是不变的，这个实验所表现出的上下差异性，按相对论的解释是由引力引起的红移，光线从地面射向塔顶，频率减小，波长变长。反之，光线从塔顶射向地面，频率增大，波长变短，而光速始终保持不变，频率（或波长）的变化率等于上面计算出的光速变化率，至于怎么算的，不是很清楚，据说是用等效原理间接算的。

可以看出，用光速可变、用经典理论非常简洁地计算出本实验的引力红移，计算结果与实验结果相吻合，解释也非常的通畅明白。任何位置和任何状态下发射的同种光线的波长是一样的，发射频率的变化正比于其发射光速的变化，换句话说是发射光速的变化来自于其发射频率的变化。在地面上，内在光速大，发射频率大；在塔顶处，内在光速小，发射频率小。再次重申，发射后的频率是不变的，发射前频率是可变的。根据机械能转化与守恒定律，光源体在引力场的位置和运动速度都能影响到发射光速，又因为发射光速的变化来自于发射频率的变化，可知光源体在引力场的位置和运动速度可影响到光线发射频率的变化。明白了这一点，也就容易理解做该实验时为什么将光源体作上下左右晃动，这样做是以动能来弥补势能，使发射频率与接受的固有频率相一致，达到共振。

本实验经典物理的计算方法更简单也更准确，解释也更加合理，无论如何，也不应该把该实验算作是对相对论的验证。

相对论早期三大实验验证有一个光线弯曲的实验验证，说的是星光经过太阳旁边时要产生偏折，牛顿理论认为太阳对光线有引力作用，使经过太阳旁边的光线发生偏折，计算出的偏折角为$0.875''$。相对论也认为光线经过太阳旁边也要发生偏折现象，所不同的是，相对论认为光线偏折的原因不是引力作用，而是时空弯曲，在太阳这样的大质量天体附近，空间弯曲了，时间弯曲了，光线在弯曲的时空中穿行，等价于光线弯曲。相对论计算出的星光掠过太阳表面产生的偏折角值为$1.75''$，恰好是牛顿偏折角值的两倍。实验观测表明，相对论的偏折角值更符合实际观测值。

相对论对星光掠过太阳表面的偏折角计算值与实际观测值虽然比较吻合，但不能因此就说相对论对光线偏折角产生原因解释及其计算就是正确的，比方说，2^2算成$2+2$，结果是对的，但要说计算方法是对的那就错了，显然，$3^2 \neq 3+3$，因此把该观测实验说成是对相对论的验证实在有些牵强。一开始，爱因斯坦提出的偏折角值也是牛顿的计算值$0.875''$，后来，为了显示与牛顿理论的不同，"天才"的爱因斯坦在不知什么"神"的提示下，把偏折角值提高了一倍，又恰好与后来的实验观测值相吻合，运气好到了极点！可是，爱因斯坦却没能向人们展示这一伟大创举的清晰思路。

笔者认为，用经典理论同样可以解释和计算出实验观测到的星光掠过太阳表面偏折角$1.75''$。

方法一：

引力引起的光线偏折角的计算：设想星光与太阳表面相切，即星光在太阳表面作平抛运动，这时光线的运动可分解为两个：水平方向的匀速直线运动和竖直方向的自由落体运动。

水平方向的分速度：$v_x = c_0$

竖直方向的分速度：$v_y = \overline{g}t$

运动方向：$tga = \dfrac{v_y}{v_x} = \dfrac{\overline{g}t}{c_0}$

$\overline{g}$为平均加速度。随着受力体与引力源的距离的不同而不同，一段高度内的平均加速度是高度两个段点的加速度的积的平方根，计算公式为$\overline{g} = \sqrt{g_R g_r} = \sqrt{\dfrac{GM}{RR} \cdot \dfrac{GM}{rr}} = \dfrac{GM}{Rr}$。在本题中，$r$为太阳半径，$R$为日地距离。

t 为光线从太阳表面切点处运动到地球所经过的时间，当 $R >> r$ 时，$t \approx \dfrac{R}{c_0}$

将 $\bar{g} = \dfrac{GM}{Rr}$、$t = \dfrac{R}{c_0}$ 代入 $tga = \dfrac{\bar{g}t}{c_0}$ 中，得：

$$tga = \frac{\bar{g}t}{c_0} = \frac{\dfrac{GM}{Rr} \cdot \dfrac{R}{c_0}}{c_0} = \frac{GM}{c_0^2 r}$$

代入数据，$M = 1.989 \times 10^{30} kg$，$r = 6.96 \times 10^{8} m$，计算得：

$$a = 0.437456''$$

这是星光从太阳表面到地球的偏折角，另一边也发生了差不多相同角度的偏折，引力使光线发生的总偏折角为：

$$a_h = 2a = 2arctg\frac{GM}{c_0^2 r} = 0.874912''$$

以上的计算仅仅是计算了引力所产生的偏折角，实际上由于以太密度分布的不均匀性也同样发生了如同引力偏折相等量的偏折，总偏折角应为两方面偏折角之和：

$$\beta = 2 \times 2a = 4arctg\frac{GM}{c_0^2 r} = 1.749824''$$

由于 β 的角度很小，计算中采用了 $4arctg\dfrac{GM}{c_0^2 r} = arctg\dfrac{4GM}{c_0^2 r}$ 模糊的算法，从道理上讲，$\beta = arctg\dfrac{4GM}{c_0^2 r}$

应该更正确些。

比较精确的算法是，连接太阳表面切点 q 与太阳中心点 o，再从地球 d 引水平光线的平行线 ed 交 oq 于 e，$ed \perp oq$，o、e、d 三点构成了一个直角三角形，如图。$od = R$，$oe = r - \dfrac{1}{2}\bar{g}t^2$，$ed = c_0 t$，根据勾股定理有：

$$c^2t^2 + (r - \frac{1}{2}\overline{g}t^2)^2 = R^2$$

$$c^2t^2 + r^2 - r\overline{g}t^2 + \frac{1}{4}\overline{g}^2t^4 = R^2$$

设 $t^2 = T$，则上式变为：

$$c^2T + r^2 - r\overline{g}T + \frac{1}{4}\overline{g}^2T^2 = R^2$$

将 $\overline{g} = \dfrac{GM}{Rr}$ 代入上式，然后合并同类项得：

$$\frac{G^2M^2}{4R^2r^2}T^2 + (c^2 - \frac{GM}{R})T + r^2 - R^2 = 0$$

将太阳质量 $M = 1.989 \times 10^{30} kg$、日地距离 $R = 1.5 \times 10^{11} m$、太阳半径 $r = 6.96 \times 10^8 m$ 代入计算得：

$$T = 250340.9 s^2$$

$$t = \sqrt{T} = 500.34 s$$

$$tga = \frac{v_y}{v_x} = \frac{\overline{g}t}{c_0} = \frac{\dfrac{GM}{Rr} \times 500.34}{c_0} = 2.120827 \times 10^{-6}$$

$$a = 0.43745''$$

$$\beta = 4a = 1.7498''$$

方法二：

根据能量转化与守恒定律，可计算出太阳表面的内在光速为 $299793089.1 m/s$，即比地面的光速快 $631.1 m/s$，进而可算出因引力造成的光速变化而导致的光线偏折角：

$$tga = \frac{631.1}{299792458} = 2.10512 \times 10^{-6}$$

$$a = 0.43421''$$

加上太阳另一边的引力偏折，以及其它因素（以太密度变化）造成的偏折，总偏折角为：

$$\beta = 4a = 1.73685''$$

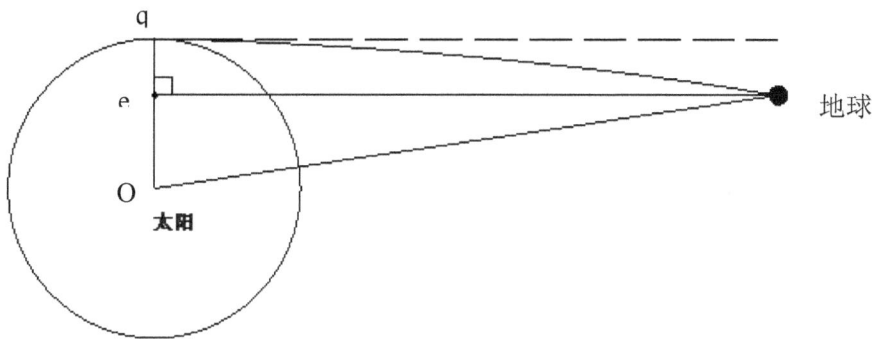

星光经太阳引力作用发生偏折示意图

笔者的解释和计算实际上用了光速可变的思想：速度的分解与合成；以太的折射。想法虽然是未经证实的假想，但思想朴素，毫无离奇之处。当然，不可否认，在上面的计算中也用了光速不变 c_0，那是经以太作用后的光速，与光速可变思想其实并不矛盾。

星光掠过太阳表面的观测偏折角值比用牛顿理论计算的偏折角值高1倍，对这种现象可以提出很多种假说来解释，笔者除了上面的解释外，还可以提出其它的解释方法。星光在太阳引力场中运动，在太阳引力作用下，光子的运动既不是匀速运动，也不是直线运动，而是变速曲线运动，随着星光运动，光子所处的位置不同，太阳引力场强度的大小和方向都在发生相应变化，这两个因素对产生光线偏折角的作用效果是相等的，所以两个作用因素所产生的总的光线偏折角是单个因素产生的光线偏折角的双倍。

相对论对光线偏折角的解释只是众多解释假说中的一种，并没有确切的实验证明该解释一定是正确的，因此该观测实验不能作为相对论实验验证。对笔者来说，笔者宁可相信是魔鬼不按规定把光线作了更多的扳弯，也不相信毫无由头的时空弯曲说。

夏皮罗的雷达回波延迟实验被看做相对论第四个重大实验验证，但我认为这是一个最值得怀疑的实验，主要怀疑实验技术操作的可行性，地球-火星连线远离太阳和接近太阳两种情形下的距离是怎样做到精确相等的？几乎所能查阅到的资料都是说相对论的理论计算结果与实验结果相吻合，是怎么怎么的精确，却从来没有看到一个资料介绍是怎样计算的，实验具体操作细节是怎么做的？质疑者想质疑都无从下手。

下面我们来简单解析一下这个实验。相对论认为，物质的存在和运动造成周围时空弯曲，光线在大质量物体附近的弯曲可以看作一种折射，相当于光速的变慢。从地球上向某一行星发射一束雷达波，雷达波到达行星表面后被反射回地球，就可以测出来回一次所需的时间。将雷达波经由太阳附近传播的来回时间与远离太阳附近传播的来回时间相比较，就可以得到雷达回波延迟的时间。

资料说，夏皮罗领导的小组先后对水星、金星、火星进行了雷达回波延迟实验，后期的实验数据与广义相对论理论值的不确定度已在 1% 左右。20 世纪 80 年代初，利用在火星表面登陆的"海盗号"探测器反射雷达波，已使雷达回波延迟实验测量值的不确定度减小到 0.1%，有力地支持了广义相对论理论。

即使实验方法和实验数据都正确，也不能肯定时空弯曲理论正确。笔者认为，把光看作是有（静）质量的粒子，在引力场的作用下作曲线运动，这样解释时延现象似乎更合理些。举例来说，对火星作雷达回波延迟实验，当太阳远离地球-火星连线时，光线受太阳引力作用较小，互射的光线可以沿连线直达对方，路径较短。当太阳靠近地球-火星连线时，光线受太阳引力作用较大，互射的光线不能沿连线直达对方，原本射向别处的光线在强大太阳引力作用下弯向靶星，光的运动轨迹是一条弧线。毫无疑问，弧线比连线长，又由于以太光速不变性，也就是说，当内在光速变化时，以太密度也相应发生变化，光速大，以太密度大，光速小，以太密度小，这样总能使光速表现出不变性。路径长的，自然花费的时间长，雷达回波延迟情理之中。示意图：

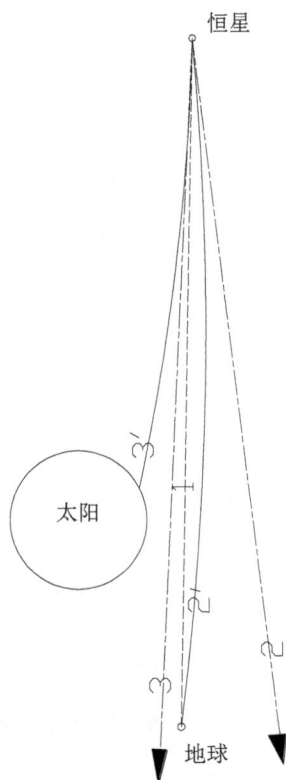

1 线：在没有太阳的阻挡及其引力的影响作用的情形下，星光可以直达地球。寓意恒星-地球连线远离太阳时，星光以直线传播路径到达地球。

2 线：原本是射向外侧的光线，但在太阳引力和以太折射的双重作用下向内发生偏折，转而射向地球，星光的传播路径实际走的是如 2′ 线所示意的弧线。显然弧线 2′ 的长度较恒星-地球连线（1 线）长，而光在"真空"的速率是恒定不变的（这里假定光的传播速度不变），故星光走弧线 2′ 所花费的时间比 1 线直线到达地球所花费的时间长。这就在牛顿理论框架下一定程度上解释了雷达回波延迟实验。

3 线：若没有太阳引力和以太折射的影响作用，星光原本可以从太阳与地球中间直线穿过，但由于受到太阳引力和以太折射的作用，星光将发生偏折，部分星光射向太阳，成为 3′ 线。

可以想象，对水星、金星、火星等进行雷达回波延迟实验，几个实验从发波到收波的时间各不相同，相差较大，但回波延迟的时间基本相同。光波路径长度可根据牛顿经典理论列出运动轨迹微分方程，再对该曲线方程进行积分而求出路径长度，实际传播的表观光速基本上是不变的，再把求出的路径长度除以表观光速即得到了理论回波时间。

资料介绍说，对水星、金星、火星等进行雷达回波延迟实验，延迟的时间基本都在200微秒左右。笔者对此进行了粗略计算，计算结果表明延迟时间应该没那么多。笔者是这样思考和计算的：这个问题与星光旁经太阳所发生的偏折是同源性问题，既然夏皮罗时间延迟效应是由太阳的引力和以太密度变化导致折射双重作用所引起的，该两作用因子又是同向叠加的，而表观光速（传播光速）又是不变的常数，显然，时间延迟是光路程的增长所致。雷达回波实验中，假如两个星球是地球与火星，从地球发射一束激光旁经太阳企图沿地球火星连线直达火星，这是不可能的，由于太阳的引力及以太折射作用，激光将在连线的下面（太阳一侧）向太阳偏移，因而射不到火星。激光的运动轨迹实际上就是一条弹道轨迹，路径就是一条弧线。要想射中靶星（火星等），射向必须向连线的外侧偏离（太阳对面），与连线有一个角度。可以想象，弧线与连线的最远距离在太阳的正上方（从太阳向连线引垂线的延长线上），如图：

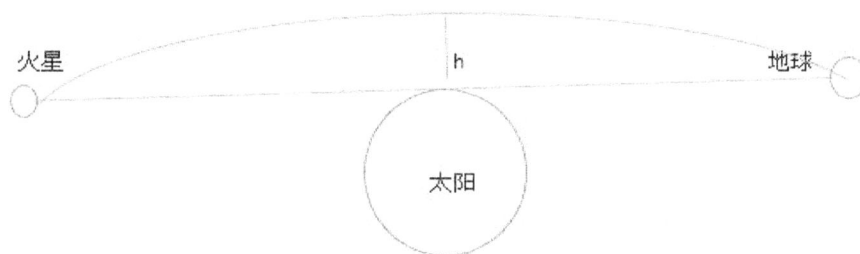

弧线的长度当然可以通过曲线积分方法比较精确计算出来，但由于该方法比较繁琐，难度较大，这里我们不妨进行一下概算。首先计算弧线与连线的最远距离 h，这个最远距离 h 也是很难计算的，我们不妨再次进行概算，为避免哆嗦而冗长含糊不清的叙述，这里直接采用公式进行计算：

$$h = \frac{1}{2}\bar{g}t^2$$

$$\bar{g} = 2 \times \frac{GM_r}{Rr}$$

$$t \approx \frac{R}{c_0}$$

$$h = \frac{1}{2} \times 2 \times \frac{GM_r}{Rr}(\frac{R}{c_0})^2 = \frac{GM_r R}{rc_0^2}$$

注：式中×2是因为以太折射与引力具有等量作用；$\overline{g}$：地球至太阳表面的平均引力加速度；G：万有引力常数；M_r：太阳质量，$M_r = 1.989 \times 10^{30} kg$；$R$：地球至太阳的距离，$R = 1.5 \times 10^{11} m$；$r$：太阳半径，$r = 6.96 \times 10^8 m$；$t$：光从地球传播到太阳所需的时间；$c_0$：光传播速度常数，$c_0 = 299792458 m/s$。

代入计算得：$h = 318127.5m$

从地球至太阳光轨迹弧线长粗略用其弦长代替，则弦长 s 为斜边，最远距离 h、地球至太阳的距离 R 分别为两直角边。

$$s = \sqrt{R^2 + h^2} = (1.5 \times 10^{11} + 0.337)m$$

斜边比长直角边长：$\Delta s = s - R = 0.337m$，来回四段，共多长 $\Delta L = 4\Delta s = 4 \times 0.337 = 1.35m$

时间延迟 Δt：$\Delta t = \frac{\Delta s}{c_0} = \frac{1.35}{299792458} = 4.5 \times 10^{-9} s$

即时间延迟4.5纳秒，考虑到弧线比斜线要长点，时间延迟估计也不会超过5纳秒，仍远小于资料介绍说的200多微秒。如果实验无误，则可能有别的原因造成了时间延迟，如太阳大气层的折射率变大等。不管怎样，笔者认为，经典理论可以合理解释时间延迟现象，而相对论对时间延迟现象的解释和计算则是不正确的。

这里我们利用 $1.75''$ 的星光偏折作一个对比性验算：

$$\frac{1.75''}{4} = 0.4375''$$

$$\Delta s_1 = R - R \times \cos\frac{0.4375}{3600} = 1.5 \times 10^{11} - 1.5 \times 10^{11} \times \cos\frac{0.4375}{3600} = 0.337m$$

$$\Delta s = 4\Delta s_1 = 4 \times 0.337 = 1.35m$$

$$\Delta t = \frac{\Delta s}{c_0} = \frac{1.35}{299792458} = 4.5 \times 10^{-9} s$$

两种计算方法最后得到的计算结果相同，相互映证，这也从侧面反映出相对论的计算是不正确的，更不应把它作为相对论验证性实验。

在相对论里几乎没有确定的东西，空间可以变，时间可以变，唯独只有光速值不变。光速是从空间长度和时间的计算中得到的，既然两个相关的基础量都是变的，那光速不变还有什么意义呢？相对论就是这样，想哪个变哪个就得变，想怎么变就怎么变，即使要光速变也可以，臆造出空间弯曲来，相当于折射，这不光速变了吗？

从经典物理学的角度来审视夏皮罗雷达回波实验，如果传播光速不变，则光线经过太阳旁边和远离太阳两种情况下传播的时间基本是一样的，除了由于偏折作用，稍稍增加了一点光程，造成几纳秒的时间延迟；如果传播光速是可变的，也应该是如同按机械能转化与守恒定律计算出的内在光速的变化，在太阳附近处光速大，远离太阳处光速小，继而推知雷达回波经过太阳旁边传播一个来回的时间比远离太阳传播一个来回的时间要短。

下面进行这方面的计算：

假如雷达回波延迟实验是在地球-火星间进行的。地面的光速为299792458m /s，日地距离为1.5×10^{11}m，火星至太阳的距离为2.28×10^{11}m。根据机械能转化与守恒定律可算出太阳表面的光速为299793089.1m/s，火星表面的光速为299792456.2m/s。

假如雷达回波经过太阳上方、离太阳中心10个太阳半径r的地方，根据机械能转化与守恒定律可算出该处的光速为299792516.9m/s

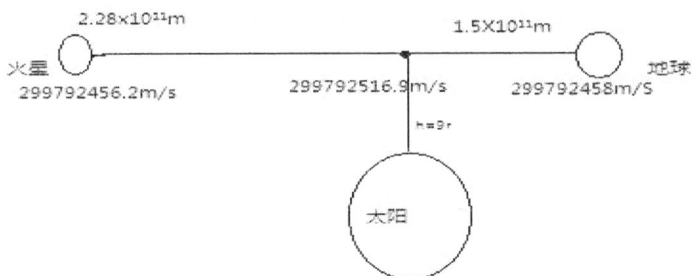

则地球—火星雷达回波传播一个单边所花费的时间约为：

$$t_1 \approx \frac{2.28 \times 10^{11}}{\frac{299792516.9 + 299792456.2}{2}} + \frac{1.5 \times 10^{11}}{\frac{299792516.9 + 299792458}{2}} = 1260.872158(\text{s})$$

远离太阳，地球—火星雷达回波传播一个单边所花费的时间约为：

$$t_2 \approx \frac{2.28 \times 10^{11} + 1.5 \times 10^{11}}{\frac{299792456.2 + 299792458}{2}} = 1260.872284(\text{s})$$

地球—火星雷达回波远离太阳与途经太阳近旁 10r 处一个来回的时间差为：

$$\Delta t = 2(t_2 - t_1) = 2(1260.872284 - 1260.872158) = 252 \times 10^{-6}(\text{s})$$

可见，雷达回波旁经太阳传播一个来回的时间比远离太阳传播一个来回的时间要短，传播的光线离太阳越近，光速越快，传播所需时间越短。计算表明，根据雷达回波地球—火星连线与太阳距离远近，缩短的时间幅度范围为 0～2.6 毫秒。值得特别注意是时间提前，而不是资料所说的时间延迟。如果这个实验的设计原理和具体技术操作可行性都没有问题的话，这将是一个非常好的实验，不但能够检验光速是否可变，还能根据实验结果判断出光速怎样变？

经典物理的结论与相对论的结论不同，甚至相反，孰是孰非根据实验结果很容易作出判断。问题是实验结果本身疑窦重重，根据这样的实验结果所作结论自然是不可靠的。因而现在还不能把该实验作为相对论验证性实验。

对牛顿理论下的水星多余进动计算值的吻合被看作是对相对论最可靠最确切的实验验证，深入仔细分析一下，相对论的这个计算同样很是牵强附会。为什么这样说呢？因为按现在的说法，相对论是时空理论上的革命，是对牛顿理论彻底全面的修正。在牛顿理论中一些认为不变的"东西"，如质量，在相对论中被认为是可变的，质量随着其运动速度的变化而变化，而质量又是最基本的物理量。对于水星进动来说，影响其进动值的因素有很多，进动值是由多项集合成的。牛顿理论对行星进动的计算值与实际观察值确有偏差，并且无法对造成偏差的原因作出解释，只能说明牛顿理论还不是十分精确的理论。而相对论要证明它在行星进动问题上的正确性，它应该对牛顿理论的计算推倒重来，用它自己的理论逐项计算，并且把牛顿理论遗漏项给补上。只有这样计算出来的进动总值与观察值吻合，那才是真的吻合，而不应该象现在这样，前面大部分用牛顿理论计算，后面再补上一个牛顿理论遗漏的计算值，好像用牛顿理论计算的那些项不用相对论修正了，这不是出尔反尔自相矛盾吗？为了表面上数值上的吻合，竟不惜丢掉基本思想，把一个全面系统的理论降格为牛顿理论的一个遗漏计算值。对于拼凑出的行星多余进动值的计算公式的物理意义到底是什么呢？也很令人费解。再者，对于一个定理定律来说，应该有普遍的意义和适用性，可是相对论行星多余进动值计算公式只对几个行星马马虎虎比较适用，对另几个行星却相差十万八千里。例如说，按广义相对论的计算，天王星近日点进动值是 $0.002''$/百年，而实测值是 $3.13''$/百年，比广义相对论的计算值大 1565 倍。太阳系几个行星都搞不定，这样的理论还有什么资格作为整个宇宙普遍规律呢？这都是睁开眼睛能看到的现象和事实，科学界为什么视而不见呢？

新以太观结合其它创新理论能更好地解释行星多余进动现象，快速运动的以太与行星同向运动，对行星具有带动作用。虽然以太非常稀薄，带动作用非常微小，但常年累月也会表现出可观的作用效果。行星的进动是由多种因素造成的，而以太的带动作用对额余进动可能是主要的。还有其它解释思路：水星的公转轨道较扁，偏心率较大，较大地偏离平衡状态，向心运动与离心运动矛盾斗争比较激烈，这种矛盾斗争使得水星不那么循规蹈矩而偏离"正常"轨道。

光速不变的源头是迈克尔孙-莫雷实验，可这个实验是一个无效实验，不能说明光速不变。后来科学家发掘出越来越多的实验和现象，说是验证了光速不变。笔者经过深入的分析研究，发现这些实验和现象没有一个能坚实说明光速不变。有的是实验本身存在这样或那样的问题；有的是解释有问题，有偏差，不严谨；有的是经典物理学存在错误和不完善的地方，譬如相对性原理，这是一个古老的原理，却是错误的。以 v 运动的火车上发射的光速不是相对性原理认为的 $c+v$，而是 $\sqrt{c^2+v^2}$，由于 $v \ll c$，$\sqrt{c^2+v^2}$ 几乎与 c 没什么差别，要明确检测出这些十分微小的差别是非常困难的。有关实验最多也只是证明了伽利略相对性变换 $c+v$ 不正确，并不能证明能量守恒原理变换 $\sqrt{c^2+v^2}$ 不正确，更不能因为伽利略相对性变换 $c+v$ 不正确，而认定光速不变。这是原则性错误，不是变量大小问题，而是有没有变的问题。只要有一点点变，就说明光速是可变的。

对于传播光速变不变的问题，剪不断，理还乱，直至目前为止，尚没有一个定论。笔者试图通过以太密度与光速的相对变化调节机制把传播光速牵扯为不变光速，但总有消除不了的内在矛盾。我越来越坚定地认为光速不变原理是错误的，传播光速也是可变的，光速之变是遵从机械能转化与守恒定律之变。

9、钟慢效应计算

钟慢效应是如何产生的呢？钟慢效应实际上源于单位时间标准的不统一，不同的参考系单位时间标准不一致，也就是秒长不一致，有的参考系秒长些，有的参考系秒短些。秒的长短不一样，自然相同的时间显示的钟点数就不一样，这种现象就是钟慢效应。

为什么不同参考系单位时间秒长不一样呢？单位秒长不一样源起于现代秒长的定义，国际单位秒的定义为：铯_133 原子基态的两个超精细能级间跃迁对应辐射 9192631770 个周期的持续时间。虽然后来界定了一些附加条件，如海平面、非扰动，但由于复现条件的困难，在实际计时操作中，实际上把任何条件下铯_133 原子基态的两个超精细能级间跃迁对应辐射 9192631770 个周期的持续时间都作为 1 秒处理。如果光速不变，频率不变，这样做当然没什么问题，问题是光速是变的、频率是变的，频率变意味着周期变，即周期的时间长缩发生了改变。假如仍以振荡 9192631770 个周期持续的时间为 1 秒，则秒长显然不是一样长的。秒长长的，钟走得慢，读数小；秒长短的，钟走得快，读数大。这就是所谓的钟慢效应。显然造成钟慢效应的直接原因是单位时间标准秒长的不统一，各自用了各自的秒长标准，根本不是什么"时间膨胀"。

上面我们定性地知道了钟慢效应产生的机理，下面我们着手解决怎样进行钟慢效应定量计算问题。要计算物体在某处某运动状态下的钟慢效应值，关键是计算出物体在该处该运动状态下发射的光速值。这里所说的光速是内在光速，是按机械能转化与守恒定律计算出来的光速。不管光的传播速度（传播光速）可不可变，内在光速一定是可变的，否则无法在经典物理学理念下进行钟慢效应计算。

钟慢效应与光速相关联，下面根据机械能转化与守恒原理推导光速计算公式。

从能量转化与守恒定律出发，先从最简单的情形开始，设想地球静止不动（不自转），有一光子从地面垂直向上发射，根据能量转化与守恒原理，光子在地面处的动能要等于其在空中某点处的动能与在该点相对地面势能之和。即：$\frac{1}{2}mc_{dj}{}^2 = \frac{1}{2}mc_{kj}{}^2 + m\bar{g}h$。

式中 m：光子质量；c_{dj}：地球不自转状态下地面发射的光速；c_{kj}：空中某点处的内在光速；h：空中某点处到地面的距离，$h = r_2 - r_1$，r_2：空中某点处到地心的距离，r_1：地面点到地心的距离；$\bar{g}$：地空之间重力加速度的平均值，$\bar{g} = \sqrt{g_d g_k}$，g_d：地面处的重力加速度，g_k：空中某点处的重力加速度。$g = \frac{GM}{r^2}$，根据物理定律上的相对性原理，$g_d = \frac{G_d M}{r_1{}^2}$，$g_k = \frac{G_k M}{r_2{}^2}$，而 $G_k = \frac{c_0{}^2}{c_k{}^2}G_d$，$c_0$：地面处光速，$G_d$：地面处万有引力常数，$G_k$：空中某点处的万有引力常数。

综上所述，将相关因子的计算式代入 $\frac{1}{2}mc_{dj}{}^2 = \frac{1}{2}mc_{kj}{}^2 + m\bar{g}h$ 式中，进行逐步计算和化简：

$$\frac{1}{2}mc_{dj}{}^2 = \frac{1}{2}mc_{kj}{}^2 + m\bar{g}h$$

$$c_{dj}{}^2 = c_{kj}{}^2 + 2\overline{g}(r_2 - r_1)$$

$$c_{dj}{}^2 = c_{kj}{}^2 + 2\sqrt{g_d g_k}(r_2 - r_1)$$

$$c_{dj}{}^2 = c_{kj}{}^2 + 2\sqrt{\frac{G_d M}{r_1{}^2} \times \frac{G_k M}{r_2{}^2}}(r_2 - r_1)$$

$$c_{dj}{}^2 = c_{kj}{}^2 + 2\sqrt{\frac{G_d M}{r_1{}^2} \times \frac{\frac{c_d{}^2}{c_k{}^2}G_d M}{r_2{}^2}}(r_2 - r_1)$$

$$c_{dj}{}^2 = c_{kj}{}^2 + 2\frac{\frac{c_d}{c_k}G_d M}{r_1 r_2}(r_2 - r_1)$$

$$c_{dj}{}^2 - \frac{2c_d G_d M}{c_k r_1} = c_{kj}{}^2 - \frac{2c_d G_d M}{c_k r_2} \text{。} \tag{1}$$

内在光速不仅与其在引力场中位置有关，也与光源的运动状态有关。经研究发现，在同一引力层面上，物体的运动速度 v、运动物体发射的内在光速 c_v 与物体静止时发射的内在光速 c_j 三者之间有如下关系：

$$c_j{}^2 = c_v{}^2 - v^2 \tag{2}$$

将 $c_j{}^2 = c_v{}^2 - v^2$ 代入（1）式得：

$$c_d{}^2 - v_d{}^2 - \frac{2c_d G_d M}{c_k r_1} = c_k{}^2 - v_k{}^2 - \frac{2c_d G_d M}{c_k r_2} \tag{3}$$

（3）式中，c_k 为空中某点处的光速；c_d 为地面处的光速，在此书常常用 c_0 表示。

下面进行相关的计算，在计算中领略钟慢效应现象的实质。

例 1，GPS 星地对钟的计算：GPS 卫星上的原子钟必须与地面上的原卫钟同步，如果不能做到同步，就不能准确计算信号传播的时间长短，GPS 定位就不准确。要对钟，就要知道星地两处原子钟的计时标准和两处之间信号传播的时间变化规律。

卫星不同于地、月、日等大质量天体，它的质量太小，自身引力场太微弱，对光线速度几乎不造成影响，

89

卫星的运动速度及高度是影响其发射光线的速度的两个主要因素。

根据推导出的公式（3）计算 GPS 卫星处的光速 c_k。

c_d：地面现在的光速 $299792458m/s$，v_d：地球赤道自转速度 $464m/s$。

r_1：地球半径，$6371000m$；r_2：卫星到地心的距离：$6371000+20200000=26571000\,m$。地球自转状态下的万有引力常数 $G_d=6.67\times10^{-11}m^3kg^{-1}s^{-2}$；$M$：地球质量，$M=5.9742\times10^{24}kg$；$v_k=\sqrt{\dfrac{G_dM}{r_2}}$。

将相关数据代入（3）式，这是一个一元二次方程，解之得：

$c_k=299792457.8660m/s$

光速的计算有两种方法，一种是原则精确的计算，一种是灵活而粗略计算。在以上 c_{kv} 的计算中，万有引力常数 G 作变量处理，是原则精确的计算。由于通常情况下 G 的变化很小，一般不影响计算所要求的精度，故此，可以灵活性地把 G 作不变量处理。这样也大大地简化了计算，就象引力加速度 g 原本是变量，为简便计算，在近地空间人们通常把 g 作不变量处理（$g=9.8$）。

本题若 G 作不变量处理（$G=6.67\times10^{-11}$），根据能量转化与守恒定律，可列方程：

$$c_d{}^2-v_d{}^2-\frac{2GM}{r_1}=c_k{}^2-v_k{}^2-\frac{2GM}{r_2}$$

解之得：$c_k=299792457.8660m/s$

对照精确的计算结果，二者在要求的精度内的数值是相同的。若要求更高的精度，当采用精确的计算方法进行计算。

计算星地两处（内在）光速变化率：

$$k=\frac{c_d-c_k}{c_d}=\frac{299792458-299792457.8660}{299792458}=4.4682\times10^{-10}$$

根据公式 $\dfrac{c_1}{c_2} = \dfrac{s_2}{s_1} = \dfrac{t_1}{t_2}$，原子钟时间的快慢变化与对应的光速变化具有正比例变化关系，即内在光速变化率也是地空两处时间变化率。以地面的时间为准，太空卫星上的原子钟 24h 表观上减慢的时间为：

$$4.4682 \times 10^{-10} \times 24 \times 3600 = 38.6 \times 10^{-6} \text{秒，即} 38.6 \, \mu\text{s} 。$$

相对论的理论值也是这个数值，但它是说快，即 GPS 卫星上的原子钟比地面上的原子钟快。值得注意的是，相对论这个钟的快慢概念与我们通常所理解的钟的快慢概念是不同的，通常我们理念上的钟的快慢是钟的读数大就是钟快，钟的读数小就是钟慢，例如标准时间 12:00，某钟指示 12:01，则该钟快了，若钟指示 11:59，则该钟慢了。相对论快慢概念则完全不同，以铯原子发射的那个特定光线为例，该光线在地面上振荡 9192631770 个周期为标准的 1 秒，但到了 GPS 卫星处，根据能量守恒原理，铯原子发射的那条特定光线只需振荡 9192631765.9 个周期就有地面的标准 1 秒了，科研人员在对钟反复测试中也发现了这一点，由于受到爱因斯坦光速不变的影响，看到振荡次数减少了，便认为是钟变快了，这是 GPS 卫星处钟快的由来。以光速可变的观点看，GPS 卫星处的发射光速变慢了，电磁波每个振荡周期变长了，若以铯原子发射的那条特定光线振荡 9192631770 个周期为该处的 1 秒，则 GPS 卫星处的原子钟相较地面上的原子钟不是快了，而是慢了。由此可见，钟快钟慢在这里只是概念问题。

相对论计算 GPS 卫星处的钟慢效应值要分别进行两个效应的计算，狭义相对论效应的计算值为每天慢 7 微秒多，广义相对论效应的计算值为每天快 45 微秒多，二者合起来每天快 38 微秒多。计算过程复杂，不少质疑者指出其计算过程逻辑混乱，有凑数据之嫌疑。笔者把相对论需要两种分开计算结合在一起，只需一个方程式，一个计算过程，方法简单，计算准确，条理清晰，逻辑自洽。

例 2，由于 GPS 卫星上的原子钟比地面上的原子钟走得慢，为了使二者的原子钟步调一致，就要对 GPS 上的原子钟的计时频率进行调整。问在 GPS 卫星发射前，应把 10.23 兆赫调为多少兆赫？

解：根据上面的计算可知，GPS 卫星上的光速为 $c_k = 299792457.8660$ m/s，已知地面上的光速为 $c_0 = 299792458$ m/s，在标准 1 秒时间内，地面上铯原子发射的那条特定电磁波振荡周期数为 $n_d = 9192631770$ 次，在此标准时间 1 秒内 GPS 卫星上铯原子发射该特定电磁波的振荡周期数 n_k 为：$\dfrac{n_k}{n_d} = \dfrac{c_k}{c_0}$，代入数据解之得：$n_d = 9192631765.891$（次）。

设 10.23 兆赫（f_d）应调为 f_k，则：

$$\frac{f_k}{f_d} = \frac{n_k}{n_d} \ , \quad f_k = \frac{n_k}{n_d} f_d = \frac{9192631765.891}{9192631770} \times 10.23 \times 10^6 = 10.22999999543 \times 10^6 \ \text{Hz}.$$

计算值与资料公布的调整值完全一致，说明相对论并不是那么了不得，离开相对论同样可以进行对钟，GPS同样可以应用。

例 3，飞机搭载原子钟进行环球航行的实验是一个非常有名的实验，一直作为相对论的实验验证。实验是这样的：把在地面上对好的铯原子钟分别放在两架飞机上，两架飞机都在赤道附近高速飞行，一架向东，一架向西，在飞机绕地球一周后回到原地，结果发现向东飞行的飞机上的原子钟比静止在地面上的原子钟慢59纳秒（1纳秒=10^{-9}秒），而向西飞行的飞机上的原子钟却比地面静止的原子钟快273纳秒。资料介绍说，去掉引力场产生的（广义相对论）效应后，理论值与实验结果在实验误差允许范围内。

该实验公布的数据不完整，飞机的飞行高度是多少？飞行的速度是多少？飞行的过程怎样？都没有详细的说明。至于计算方法和计算结果的来历，更是讳莫如深，或是含糊其辞。不过最后的结论是明确和一致的，说实验结果与相对论钟慢效应预算值吻合。

（1），根据公式：$c_d{}^2 - v_d{}^2 - \dfrac{2c_d G_d M}{c_k r_1} = c_k{}^2 - v_k{}^2 - \dfrac{2c_d G_d M}{c_k r_2}$ 计算 c_k：

设飞机的飞行高度为$10000m$，速度为$250m/s$，赤道地面的光速值为$c_d = 299792458m/s$。

设地球位于近日点时地球自转速度为v_d，$v_d = 464m/s$；赤道地面光速$c_d = 299792458m/s$。M：地球质量，$M = 5.9742 \times 10^{24} kg$，

$r_1 = 6378000\,m, r_2 = (r_1 + 10000) = 6388000\,m$，$G_d = 6.67 \times 10^{-11} m^3 kg^{-1} s^{-2}$。

在代入数据计算时需要注意的是，公式中的v_k是以地心为参考系的速度，而飞机的速度是以地面为参考系的速度，故要把飞机的速度变换为以地心为参考系的速度。即飞机向东飞时相对地心的速度为$v_{k1} = 464 + 250 = 714m/s$，飞机向西飞时相对地心的速度为$v_{k2} = 464 - 250 = 214m/s$；万有引力常数与速度的情形一样，也要进行变换。但有时因两处的光速相差过于微小，譬如说本例，飞机上的光速与地面的光速相差是非常微小的，因光速变化所带来的相关数据（如G、v等）的次生变换计算没有实际意义，所以有时不进行变换计算，而直接把原数据代入公式进行计算。

代入数据计算得：

a，向东飞行的飞机上的光速：$c_{k_1} = 299792458.00016493m/s$

b，向西飞行的飞机上的光速：$c_{k_2} = 299792457.99939107m/s$

（2）计算钟慢的时间：

周期T与频率f互为倒数关系，而电磁波的发射频率f又与发射光速c成正比例关系，周期T又与原子钟显示的时间数t（表观时间）成反比例关系，故表观时间t大小与电磁波振荡频率成正比，而发射频率又与该处的发射光速成正比，故表观时间的大小与发射光速的大小成正比，也就是说，表观时间变化率等于光速变化率。设表观时间的变化率为k，则

$$k = \frac{t_d - t_k}{t_d} = \frac{c_d - c_k}{c_d}.$$

a，飞机向东飞行，飞机内原子钟时间变化率为：

$$k = \frac{c_d - c_k}{c_d} = \frac{299792458 - 299792458.00016493}{299792458} = -5.50162 \times 10^{-13}$$

飞行以250m/s的速度沿赤道绕地球飞行一周，总计"钟慢"为：

$$\Delta t = -5.50162 \times 10^{-13} \times \frac{6388000 \times 2\pi}{250} = -88.3 \times 10^{-9}（秒）$$

此种情形，飞机上的原子钟比地面的钟快88.3×10^{-9}（秒）。

b，飞机向西飞行，机内原子钟时间变化率为：

$$k = \frac{c_d - c_{k2}}{c_d} = \frac{2997924578 - 299792457.99939107}{299792458} = 2.031186 \times 10^{-12}$$

飞行以250m/s的速度沿赤道绕地球飞行一周，总计"钟慢"为：

$$\Delta t_x = 2.031186 \times 10^{-12} \times \frac{6388000 \times 2\pi}{250} = 326.1 \times 10^{-9}（秒）。$$

此种情形，飞机上的原子钟比地面的慢326.1×10^{-9}（秒）。

计算表明：向西飞行的飞机上的原子钟比向东飞行的飞机上的原子钟走得慢，这与教科书的话正好相反，教科书的说法是向西飞行的飞机上的原子钟比向东飞行的飞机上的原子钟走得快。二者快慢说法相反，这实际上是对钟的快慢概念理解的不同，就像中国人说二楼就是西方人说的一楼，没有大的关系，在理解的基础上可以实现概念的转换。相对论的钟的快慢概念非常别扭，为避免混淆和误解，应把相对论的钟的快慢概念改正为人们通常所理解的钟的快慢概念。

在这里，笔者觉得有必要对原子钟"快"、"慢"概念作进一步剖析和澄清。学界主流是着眼于光线单个振荡周期的长短，单个振荡周期长的视为钟快，单个振荡周期短的视为钟慢。好比赛跑，制定了快慢特别的判定标准，不以跑完同一段路程时间短者为快，长者为慢，而以步伐大小为判定快慢标准，步伐大的为快，步伐小的为慢。笔者没有采用这种别扭的原子钟快慢判别方式，而是采用人们通常理解的判别方式，对跑完同一段路程，以钟数大的为钟快，以钟数小的为钟慢。这种判别方式实际上是着眼于单位时间（秒）的长短，秒长的为钟慢，秒短的为钟快。对同一段时间，秒长者，钟走的数字小——钟慢；秒短者，钟走的数字大——钟快。

该例计算值与实验实际结果大体是吻合的，但二者还是有些出入，这并不能说明什么问题，因为用于计算的数据是假设的，也就是个大概情形，与实际情况是有出入的。这是一个非常好的对比实验，如果严格精确各项实验条件，理论计算值与实验结果一定能够做到丝毫不差，完全吻合。

相对地面而言，飞机向东向西飞行的速度一样，飞行的高度一样，按相对论的观点，两方向机载原子钟相对地面应该有相同的钟慢效应，而实际结果也是向东的钟快了，向西的钟慢了，这是正统的相对论无论如何也不能合理解释的。至于有人歪曲性地作出解释，那已经不是正统的相对论了，另当别论。该实验已经充分说明相对论不是一个正确的理论，更不应该把该实验作为相对论的实验验证。

例4，将原子钟在日本东京对好，然后用飞机以 $200m/s$ 的速度超低空（意为忽略高度对钟慢效应的影响）运往中国西安，问两地的原子钟有没有时间差？若有，时间差是多少？若用轮船、汽车以 10m/s 的速度搬运，产生的时差又是多少？

解：东京的经纬度为：东经 139.75^0，北纬 35.60^0；西安的经纬度为：东经 109.22^0，北纬 34.37^0。两地相距 $2771000m$，由于两地的纬度相差不大，为简便计算，假设两地都位于 35^0 纬度线上。

35^0 纬度线的地面自转线速度为：$v_z = \dfrac{R \cdot cos35^0 \cdot 2\pi}{24 \times 3600} = 380m/s$。

设东京、西安两地地面的内在光速均为 $c_0 = 299792458m/s$。

A，计算以 $v=200m/s$ 的速度搬运造成的两原子钟时间差：

$c_0{}^2-v_z{}^2=c_v{}^2-(v_z-v)^2$ ，代入数据解之得：

$c_v=299792457.9998132041m/s$

$$\Delta t=\frac{c_0-c_v}{c_0}\cdot\frac{2771000}{200}=8.633\times10^{-9}s=8.633\text{ ns}$$

也就是从东京用飞机运到西安的原子钟运到时比东京未移动的原子钟慢了8.633纳秒。

B，计算以 $v=10m/s$ 的速度搬运造成的两原子钟时间差：

$c_0{}^2-v_z{}^2=c_v{}^2-(v_z-v)^2$ ，代入数据解之得：

$c_v=299792457.9999874913m/s$

$$\Delta t=\frac{c_0-c_v}{c_0}\cdot\frac{2771000}{10}=11.562\times10^{-9}s=11.562\text{ ns}。$$

也就是用轮船和汽车运到西安的原子钟运到时比东京未移动的原子钟慢了11.562纳秒。

从计算中可以看出，如果搬运的距离一样，并不是搬运原子钟的速度越慢，造成的钟慢效应值越小，恰恰相反，搬运原子钟的速度越快，造成的钟慢效应值越小。

例5，假如通过理论计算获得西安天文台地面的内在光速为 $299792458.00000m/s$ ，日本东京天文台地面的内在光速为 $299792458.00010m/s$ ，并假设这些光速值都是真实可靠的。由地理知识知，西安12点正（北京时间）与东京时间13点0分0秒正，二者同时。现在西安天文台对好两台原子钟，将其中一台原子钟用飞机运至东京天文台，北京时间12点正飞机起飞，飞行高度为 $3000m$ ，随行原子钟显示经过 $13912.2s$ 飞机到达东京，问：（1），飞机到达东京时，随行原子钟产生的钟慢效应值是多少？（2），有什么办法保证以后两地时间的同时性？

解：（1），计算原子钟从西安运至东京的钟慢效应。

a，计算飞机的飞行速度：

$$v = \frac{(6371000\cos 35^0 + 3000) \times 2\pi[(139.75^0 - 109.22^0) \div 360^0]}{13912.2}$$

$$= 200m/s$$

注意：13912.2秒是飞机原子钟的时间，即算出的$200m/s$飞行速度是以飞机上的单位时间标准为标准的速度，而实际上进行相关计算所需的是西安天文台地面单位时间标准为标准的速度，所以要进行换算。但由于两个时间标准相差微乎其微，在本例中换算没有实际意义。

b，计算飞机上的光速c_k：

$$c_d{}^2 - v_d{}^2 - \frac{2GM}{r_d} = c_k{}^2 - (v_d + 200)^2 - \frac{2GM}{r_d + 3000}$$

注：c_d：西安地面内在光速值，$c_d = 299792458m/s$；G：万有引力常数，$G = 6.67 \times 10^{-11}m^3 kg^{-1}s^{-2}$。$M$：地球质量，$M = 5.9742 \times 10^{24} kg$；$r_d$：地球半径，$r_d = 6371000m$；$v_d$：西安东京纬度线自转速度，$v_d = 464 \times \cos 35^0 = 380m/s$。

代入数据计算得：$c_k = 299792458.0002220272\ m/s$

c，飞机从西安到东京的飞行时间段内发生的钟慢效应时间为：

$$\frac{299792458 - 299792458.0002220272}{299792458} \times 13912.202168 = -10.30342 \times 10^{-9}(s)$$

飞机到达东京时，所运原子钟的时间已经比西安原地未动的原子钟快了$10.30342 \times 10^{-9} s$。

（2），原子钟运至东京后，保证两地时间的同时性的方法探讨。

两钟在西安时是对好了的，但由于搬运的钟在搬运途中产生了钟慢效应，搬运的钟快了$10.30342 \times 10^{-9} s$，所以要减去快的时间值，再加上时区差，这样两钟又重新对好了。两钟对好后，并不能保证"时间速率"的同步，只要两地的光速值不同，两钟走的快慢就不同，因而显示的时间就不同。要使 A 地的某一时间与 B 地的某一时间值具有同时性，就要根据钟慢效应规律进行换算并调整。

a，由于东京天文台地面的光速比西安天文台地面的光速快，根据光快钟快、光慢钟慢原理，原子钟运到东京后，在东京静待的时间段中也会产生钟慢效应，在东京的原子钟将比西安的原子钟走得快些，变快率为：

$$k = \frac{299792458.00000 - 299792458.00010}{299792458.00000} = -3.33564 \times 10^{-13}$$

b，西安、东京两地同时性时间彼此换算：

假如运到东京天文台后即刻进行了时间调整，扣除了运输过程中产生的钟慢效应时间 $10.30342 \times 10^{-9} s$。原子钟显示自到达东京后时间又过了整整 10 小时，计算此时的北京时间是多少？

计算东京天文台的原子钟显示的时间：

东京天文台原子钟的 10 小时相当于西安天文台的时间为：

$$10 \times 3600 \times \frac{299792458.00010}{299792458} = 36000 - 12.008 \times 10^{-9} s$$

可见，如果以北京时间速率为准，东京天文台的原子钟显示的时间与东京时间并不一致。全世界要建立一个统一的时间速率标准，各地的时间速率并不一致，因而钟的快慢并不相同。

除了计算来确保两地对相应时间同时性的方法外，还可采用时间速率同步的操作方法来确保同时性。具体方法是，把东京的原子钟调整得与西安的原子钟同时，然后安置在富士山某一高度的地方，使得安放原子钟处的光速等于西安安放原子钟处的光速，这样两处的原子钟走时速率就同步了，并且长久同步，两钟显示的是同时性时间。

我们很容易得到两地原子钟显示时间的关系式，并计算出彼此对应的同时性时间值。既然可以获得两地对应的同时性时间值，也就不难测量单向光速了，光速是否不变诸多疑难问题也就迎刃而解了。

现在的世界时和原子时不一致，即二者不同步，为了消除二者的差异，现在采用闰秒的方法。这种方法虽然在一定程度上暂时消除了差异，但却带来了很多问题。造成世界时和原子时不一致的原因，现在科学界认为是地球自转的不均匀和长期变慢的缘故，笔者不能完全苟同这种认识。笔者认为主要原因是原子时的基准时间速率选得不适合，选快了，没有做到与世界时的时间速率同步。世界时与原子时是可以做到基本同步的，无需时不时进行闰秒来调节。由于海拔高度和纬度的不同，各地的原子钟时间速率并不一致，有的地方原子钟走得快，有的地方原子钟走得慢。现在的闰秒都是正闰秒，说明原子钟走快了。根据光快钟快、光慢钟慢原理，选择光速（内在光速）慢的地方摆放原子钟，这样原子钟就走得慢了，从而使原子时与世界时达到同步的目的。光速（内在光速）慢的地方，也就是引力强度小的地方，就地球来说，就是海拔高度高的地方或纬度低的地方。

还有一种方法使原子时与世界时同步： 增加单位时间长度。以铯原子钟为例，现在本来以铯_133 发射的那条特定的电磁振荡9192631770个周期为1秒，提高180个周期，即提高到振荡9192631950周期为1秒，这样也可以使原子时与世界时做到基本同步。

自1972年以来，基本上平均三年两闰，并且都是正闰秒，以此频率计算，1亿年要慢700多天，地球自转确实一直在变慢，但变慢的速率绝对没有这么厉害，这只能说明现在原子时的秒长标准定得不合理。我们知道，地球自转速率不是很稳定，有时快有时慢，这就要求我们尽量选择合理有代表性的时间段来制定世界时秒长标准，避免地球自转速率过快或过慢的时间段来制定世界时秒长标准。从后来的实际情况看，当初制定世界时秒长标准时的时间段可能选得不适合，所选的那个时间段地球自转速率比较快，自转一周的时间比较短，因此制定的世界时标准秒长比较短，依此制定的原子时的秒长标准也就小了。为了制定合理的秒长标准，除了选择适合的时段外，还可把制定标准的时段尽可能选长一点，扩大样本容量，减小不稳定性造成的影响。当初制定世界时秒长标准的时段只有一个回归年（1900年），假如我们重新制定秒长标准，那我们很可能把近几十年的时间纳入计算秒长标准的时段中去，如此制定的秒长标准不会仍以铯_133辐射的那条特定的电磁波振荡9192631770个周期为1秒，很可能在此基础上提高180个周期，即提高到振荡9192631950个周期为1秒。造成世界时与原子时不一致的另一个原因也可能是测算不准确，没有与世界时的秒长标准保持一致。不管怎样，问题已经发生，制定的秒长标准确实是小了，应该予以纠正，增加秒长，从根本上着手解决，不能像现在这样作隔靴搔痒式的补救。至于到底以铯_133辐射的那条特定的电磁波振荡多少个周期为标准1秒，可根据长期的相关资料数据和变化趋势综合研究测算确定。

我们再来讨论另一个问题——各地的对钟，我们知道，各地的原子钟并不是同步的，为了解决同时性问题，一般采用对钟的方法。造成各地原子钟不同步的原因主要有两个——各地到地心的半径距离不同及该地的地球自转速度不同，合起来说是各地的重力加速度不同。各地的对钟实际上可转化为各地内在光速比较与调节，而内在光速又与发光原子所在地的势能及动能相关，直白地说，就是与所在地到地心的半径距离及该地随地球的自转速度相关。地球是一个不太规则的略扁球体，两极缩进，赤道凸出，即两极地区离地心的距离较短，引力势较大，随地球自转速度较小。再加上地球并非完全匀质的球体，表面凹凸不平，这就决定了发光原子在世界各地所发的内在光速的差异性，即原子钟在世界各地走时速率不同步性。各地内在光速的大小可以根据机械能转化与守恒定律通过计算得到。通过计算可知，两极地区内在光速较大，原子钟在两极地区要走得快些，赤道地区内在光速较小，原子钟走得慢些。西藏拉萨市与浙江宁波市地理纬度差不多，但拉萨市海拔高程较宁波市的海拔高程大很多，通过计算可知，拉萨市的内在光速比宁波市的内在光速小些，从而可以推知，原子钟在拉萨市比其在宁波市走得慢些。

现在的对钟方法是从相对论化来的，实际上是不正确的。要保证全球各地原子钟的同步，首先必须制定一个统一的原子时单位时间标准，即 1 秒标准时间内某特定电磁波振荡的周期数，这个标准的 1 秒时间应该与世界时 1 秒标准时间高度协调一致，在全面综合考虑各种因素后，在反复测定的基础上，假如确定以置于法国巴黎战神广场埃菲尔铁塔基面 1 米高处的铯原子辐射的那条特定电磁波振荡9192631950个周期所持续的时间为标准的 1 秒时间，则全球仍至全宇宙都是这个标准。再次重申，这个标准指的是特定时段持续的时间，不是这个特定振荡周期数。由于原子所处环境条件（重力加速度）不同，该电磁波振荡快慢也就不同，振荡周期数相同，而持续时间可以不同。持续时间相同，振荡周期数可以不同。同一条电磁波振荡快慢并不是固定的，因而只能以标准的 1 秒时间背后所持续的时间为标准，不能以振荡的周期数为标准。在确定标准单位时间后，再测定和确定该处（法国巴黎战神广场埃菲尔铁塔基面 1 米高处）的光速值，这个光速值既可作为传播光速值，也可作为内在光速值，假如这个光速值测定和确定为 299792458m/s，则以这个光速值及其所处的条件，根据机械能转化与守恒定律来计算其它位置和运动条件下的内在光速值，从而计算钟慢效应。

　　两处的原子钟要做到同步有多种方法，笔者在这里提供两种方法。如果两地原子钟的时间速率相差微乎其微，则可通过调节非标准原子钟所处高度的方法调节该处的内在光速值，使该处的内在光速值与标准的另一处原子钟所处的内在光速值一致，从而使两处的原子钟速率同步。如果两地原子钟的时间速率相差很大，靠调节原子钟所处的高度来调节速率明显不适宜，在此情况下，则可通过计算非标准原子钟处的内在光速值，再根据内在光速值与电磁波振荡快慢对应的函数关系计算出非标准原子钟处特定电磁波在标准 1 秒时间内振荡周期数，以后就以该振荡周数所持续的时间作为该处的 1 秒标准时间来计时。例如，法国巴黎战神广场埃菲尔铁塔基面 1 米高处的铯原子辐射的特定电磁波振荡9192631950个周期为标准的 1 秒时间，测得此处光速值为 299792458m/s，我们不难计算出北极点的内在光速值，假如为 A，又假如在标准 1 秒时间内铯原子在北极点处发射那条特定电磁波振荡周期数为 B，则 B 的计算公式为：$B = \dfrac{A}{299792458} \times 9192631950$。以后，在北极点就以铯原子辐射的特定电磁波振荡 B 个周期所持续的时间作为该处标准秒长时间，不以振荡9192631950个周期所持续的时间作为该处标准秒长时间。GPS 卫星上的原子钟实际上采用这种修正方法与地面上的原子钟保持同步，在 GPS 卫星发射之前，将置于卫星上的原子钟辐射的那条特定电磁波由振荡9192631770 个周期为 1 秒调整为振荡9192631765 .9 个周期为1秒，这样就做到了星地时间基本同步。

　　相对论双生子故事非常引人入胜，令人产生无限美好的遐想，可它却是一个披着科学外衣的葫芦僧乱判葫芦案的故事。从一个理论的原理出发，演绎推论出两个相互冲突相互矛盾的结论，毫无疑问，这个理论是不正确的。双生子故事就是这样的一个寓言故事，这不是什么佯谬问题，它充分说明了相对论实质上的荒谬性。

　　双生子悖论既不能被证伪，也不能被证实，正反双方各说各话，扯不清。然而有一个实验，说是真真实实证实了相对论的钟慢效应，时间膨胀、寿命延长，这个实验就是 μ 子寿命测量实验。μ 子是在上层大气层产生的，它的固有寿命只有 2.2×10^{-6}s，即使 μ 子以光速运动，运动的距离也不过 660m，根本不可能穿过大气层到达地面，然而在地面上可以测量到大量的 μ 子，这个结果只能用爱因斯坦狭义相对论来解释——高速运动的 μ 子寿命延长了。

言之凿凿，不容辩驳，然而静心想一想，却发现漏洞百出，没有一个推论基础是坚实的，或多或少、或明或暗存在臆想成份。μ 子固有寿命是数学方法推算出来的，不是测量出来的，μ 子一出生就接近于光速运动，根本没有经历静止状态，怎样知道其静态下的寿命？当然知道了 μ 子两个或两个以上速度对应的寿命，用数学方法或许能够推算出静态下的固有寿命，但问题是连一个多大运动速度对应有多长寿命的数据都没有，怎样推算？为什么不直接测算 μ 子当下运动速度下的寿命，这不更有条件吗？为什么舍近求远去推算更不具备条件的静态固有寿命？海水不可用斗量，或许科学大佬数学水平有那么高、能力有那么强，不用数据也能算出 μ 子的固有寿命，可喜可贺！但笔者仍然有些狐疑：真的对吗？怎么证明是对的而不是错的？假如有人推算出 μ 子的寿命为 220×10^{-6}s，这直接符合 μ 子穿越大气层的实验结果，当然被学界认可的 μ 子的固有寿命 2.2×10^{-6}s 在加上相对论时间膨胀后也能穿越大气层的实验结果，但这里多了一个环节，要证明推算出的 μ 子的固有寿命 220×10^{-6}s 是对的，首先要证明相对论时间膨胀的理论和公式是对的，所以这个实验不应该算作是相对论验证性实验，如果硬要作为相对论验证性实验，那就是循环论证。

相对论很多所谓的验证其实是自说自话，既是运动员，又是裁判员，有个故事很能说明这种现象：有一个人找号称半仙的算命先生算命，报上自己的生辰八字，算命先生扳弄手指，一番操作后煞有介事地说：照你八字算，你有 58 岁寿缘，还有两三年阳寿。那人活过 59 岁后找给自己算命的那位算命先生：你不是说我只有 58 岁阳寿的吗，我现在 59 岁了，活得好好的，你算得不准，还妄称半仙呢！算命先生说：按你的生辰八字算，你原本只有 58 岁阳寿，只因你后来诚心信佛，多做善事，阎王爷给你增加了 20 岁阳寿，这可是皆大欢喜的事啊！

科学大佬算 μ 子的寿命和算命先生算命都是胡诌，要说算命先生还强点，起码问了生辰八字，后来也给了增加的阳寿数，增加的阳寿数准不准，还可验证。科学大佬对 μ 子的生辰问都不问，便给出了 μ 子的毫无实际用处的固有寿命，明明算得不准，却自圆其说，说是时间膨胀了，运动粒子的寿命延长了，延长多少也不说个数，你想验证也叫你无法验证。

钟慢效应的确是有的，其实很简单，钟慢效应的产生是单位时间秒长不同的缘故，在现在的原子时计时规则中，单位时间标准是不同的，故而产生钟慢效应。钟慢不等于"时慢"，只有钟慢，没有"时慢"，时间不会膨胀，也不会收缩。钟快钟慢是相对而言的，宇宙中既有钟慢现象，也有钟快现象，高空的钟比地面的钟慢，日面上的钟却比地面的钟快。研究大量实验资料后发现，原子钟走时数与内在光速相关联。内在光速快，表现为钟快，内在光速慢，表现为钟慢，二者有如下关系：$c_1t_2 = c_2t_1$。须特别注意，此式中两个内在光速（c_1、c_2）所用的单位时间标准是统一的，而式中两个时间（t_1、t_2）是表观时间，所用的单位时间标准是不统一的，各自用了各自的标准。钟慢效应有人为的因素，并不一定要产生的。如果改变现行的单位时间确定规则，钟慢效应是可以消除的，例如，如果我们把 GPS 卫星处的铯_133 原子辐射的那条特定电磁波振荡 9192631765.9 个周期持续的时间为 1 秒，则实现了两处单位时间长度的一致，两处单位时间相等，这样就消除了钟慢效应，两处的原子钟走时数就一样了。

钟的快慢与时间长短不是等价关系，钟的读数大并不一定表示时间长，钟的读数小也并不一定表示时间短，原因还是因为钟慢效应，单位时间标准不统一，好比是异分母分数比较大小，分子大，分数并不一定大。钟的快慢、寿命的长短、衰老的快慢更是不同范畴的概念，在相对论中，钟慢好像意味着寿命延长、衰老慢，这都是臆想的，笔者看不出它们之间有什么坚实可靠相关联的逻辑链条。

地球人可能永远也走不出太阳系。外星人可能是有的，但不太可能来到地球，因为不管外星人的科技多么发达，也没有力量改变自然规律和宇宙法则。外星人光临地球的所有传说都不可信。从相对论中孳生出来的时间机器、时空弯曲、时空隧道、虫洞等，都是痴人说梦，是不折不扣的伪科学。

最后，为了打破钟慢效应神秘性，我们可以将钟慢效应概念作个通俗化的扩展。钟慢效应并非为相对论所专有，经典物理学其实也有钟慢效应，单摆周期公式 $T = 2\pi\sqrt{\dfrac{1}{g}}$ 就是一个重力加速度下的钟慢效应公式，摆钟快慢变化就是"钟慢效应"的具体表现。计算可知，在地面走时准确的摆搬到 100 米高楼处，不做调整的话，每天要慢 1.356 秒。当然适当调整摆长，又可使摆钟走时准确。

10、速度与速度变换

速度深入考究起来很复杂，牵涉的概念很多，要想面面俱到、精确表达清楚绝非容事，一来笔者学识水平有限，二来其中许多问题和内容本来就很混乱，学界都没有搞清楚，如绝对参考系、绝对速度，相对参考系、相对速度。笔者的思想原始朴素，一些观点只是一家之言，不一定正确，初衷是提供不同的思路。简约化的语言表达方式，深究起来可能问题和漏洞多多，好处是言简意赅，不会因过于注重旁枝细节内容而冲淡了主题核心内容，思路清晰明确。

现时一些物理概念比较模糊和混乱，需作明确化和厘清。

速度是通过的路程与通过该路程所花费时间的比值。这实际隐含了参考系的概念，路程在哪个参考系，相应的速度就是相对该参考系的速度。人在地面上走，在地面上走的这段路程长度与所花费时间比值就是人走这段路的速度；人在行驶的火车上走，在火车上走的这段路程长度与所花费时间比值就是人在火车上走这段路的速度；人在行驶的火车上走，人在火车上走的路程对应火车在地面通过的路程（火车与地面始末位置重合），人在空间上通过地面路程长度与所花费时间的比值就是人相对地面的速度，也就是人在火车上行走的速度与火车在地面上行驶的速度的叠加。一个物体的速度就是这个物体通过的路程与通过这段路程时间的比值，不应该混合其它物体的速度，物体通过的路程长度也应该是该物体自身通过的路程长度，不应该把实际上是其它物体通过的路程长度算作该物体通过的路程长度。这是不言而喻的道理，然而在现行物理学知识体系中是存在这些混淆不分现象的。上面所说的人在运动的火车上走，人相对地面运动速度和运动路程，似乎是混合了火车的运动速度和运动路程的，这是表面现象，人相对地面的速度的确借助了火车的速度和路程，但人也确实自身在空中通过了那么长的路程，计算速度是有那么多的。

在现在的物理学概念中，相对速度最是含糊不清。按笔者的理解，相对速度是两个独立速度的矢量和，例如，A 物体向东运动的速度为10m/s，B 物体向东运动的速度为20m/s，则 A 与 B 的相对速度为10m/s；如果 B 物体向西运动的速度为20m/s，则 A 与 B 的相对速度为30m/s。

如果 A 物体在赤道地面上以10m/s 速度向东运动，火车以30m/s 速度向东运动，B 物体在火车上以20m/s 的速度（以地面的单位时间作标准）向火车头方向运动，求：①，B 物体向东发射的光与 A 物体的相对速度；②，B 物体与自身向东发射的光的相对速度。

解：相对地心参考系，火车上 B 物体向东发射的光速 c_v 的计算：

$$c_v^2 = 299792458^2 - 464^2 + (464+30+20)^2$$

解之得 $c_v = 299792458.0000815564$ m/s

内在光速相对"绝对空间"各向同性，即各方向的内在光速都一样。在以太密度折射率的作用调节下，可变的内在光速转化为不变的传播光速。相对以太而言，传播光速各向同性，光在各方向上的传播速度一律统一为299792458m /s。至于具体相对某物体，光的传播速度变不变？那要看具体情况是怎样的。如果光穿越的以太媒介相对该物体静止，没有运动速度，则光相对该物体的传播速度不变，为299792458m /s。如果光穿越的以太媒介相对该物体有运动速度，则光相对该物体的传播速度可变，二者的相对速度用伽利略变换计算。对于地面的传播光速，如果我们能够求得地面以太相对地面的运动速度，我们就可以用矢量求和法则算出光在地面上的传播速度 $\vec{c} = \vec{c_0} + \vec{v_y}$，若地面以太相对地面的运动速度 $\vec{v_y} = 0$，则光在地面上的传播光速不变，任何方向上的传播光速皆为299792458m /s，相对地面任何静止的物体的速度皆为299792458m /s。假如混合以太相对地面的运动速度为242m/s，即 $v_y = 242m/s$，方向由东向西，则光由东向西传播，相对地面的速度为（299792458 ＋242）m/s；光由西向东传播，相对地面的速度为（299792458 - 242）m/s。因而，在本题中，我们假设地面混合以太相对地面的运动速度为0，则①，B 物体向东的光与在地面上向东以10m/s 的速度运动的 A 的相对速度为：299792458 -10 = 299792448（m/s）；②，B 物体与自身向东发射的光的相对速度为 299792458 - 20 - 30 = 299792408（m/s）

相对速度的两个速度是各自独立的两个速度，彼此并不融合，并不影响，并不渗透。

两车一前一后向东行驶，前车车速20m/s，后车车速30m/s，两车相对速度为10m/s（30m/s - 20m/s）。后车的人测得前车的速度是以后车的单位时间为标准测得的前车速度，约为20m/s，不是两车的相对速度。前车的人测得后车的速度是以前车的单位时间为标准测得的后车速度，约为30m/s，同样不是两车的相对速度。

现在物理学在很多情况下，特别是在处理有关光速的问题上，把在一物体上测得的另一物体的速度当作两物体的相对速度，这是不对的。

有关光速的概念最为混乱，光相对人的速度也叫光速，相对汽车的速度也叫光速，无论光相对什么，两者相对速度都叫光速，在这样操作下，把原本不该称为光速的相对速度，通过概念的转换，就混称为光速。既然有了光速的名份，便名正言顺地享受光速不变的待遇，如此一来，光速不变成了燎原之火，所有的光速都成了不变的光速。

光速是什么？顾名思义，光速应该是光自身的传播速度，现在把别的物体的运动速度混杂进来了，还能叫光速吗？光速不变，最多也就是光自身的传播速度不变，不可能是光与任何其他物体的相对速度不变。我就是不能弄明白：人向着光走与背着光走，人与光的光的相对速度怎么可能一样？又是怎样做到的？

超光速的概念很模糊，有歧义。什么是超光速？笔者认同光速是宇宙最高速，但里面有一个潜在的问题：光速自身变不变？如果光速可变，即有无穷多个光速，此光速超彼光速算不算超光速？仔细玩味，无论算与不算，语义上都存在悖论。如果光速不变，那只有一个光速值，这个光速值就是 299792458m /s。如果"超光速"中的光速特指299792458m /s，那就最好不要问有没有超光速这样有歧义的问题，最好直接问有没有光速超299792458m /s。这样一改，有些隐藏的问题就可能暴露了，例如，光的速度为299792458m /s，人行走的速度为1m/s，问人向着光走、背着光走，人与光的相对速度是多少？如果象现在这样，光速是个泛化的概念，并不特指299792458m /s，人们很可能就会根据光速不变原理、便会脱口而出：都是光速。如果光速特指299792458m /s，他们在计算相对速度说299792458m /s 的时候，或多或少总会感到别扭的。能感到别扭总归算是好事，溺水的人还有微弱的脑电波总比没了脑电波有希望。现在"超光速"中"光速"这个概念，既泛指又特指，是一种掩盖真像、模糊是非的做法。

速度上相对性原理是错的，因为它违反了能量守恒原理。举例来说，手枪在地面上射击，子弹出膛速度为 $200m/s$ ，然后把手枪拿到以 $30m/s$ 速度行驶的火车上射击，根据相对性原理，相对运动火车子弹出膛速度也是 $200m/s$ ，这是不对的，因为这是违反能量守恒原理的。子弹相对运动火车的速度应该用机械能转化与守恒定律重新计算，算多少是多少。

伽利略变换在有些情形下是对的，在有些情形下是错。如上面所说的这个例子，由于速度上相对性原理是错的，子弹在地面射击出膛速度 $200m/s$ ，在运动火车上子弹射击出膛速度就不是 $200m/s$ ，所以子弹相对地面的速度不能用伽利略变换计算： $200m/s+30m/s=230m/s$ 。但如果这里所说的子弹出膛速度 $200m/s$ 不是相对地面的，原本就是相对运行中的火车的，则子弹相对地面的速度就可以用伽利略变换计算： $200m/s+30m/s=230m/s$ ，因为该处所说的 $200m/s$ 不是根据相对性原理照本宣科过来的，是实际用地面的单位时间标准在火车测量到的，或是按能量守恒定律计算得到的，总而言之，在此情形下没有违反能量守恒原理。

相对速度用伽利略变换公式计算，不涉及各个速度自身的变化。相对速度有大量的超光速现象，不存在光速不变，两束光反向运动，它们的相对运动速度就是两者速度之和。

融合性速度叠加和外力作用造成的速度变化用机械能转化与守恒定律公式计算，换句话说，正确和正宗的速度计算方法是机械能转化与守恒定律。我们不妨把此方法称为能量守恒定律变换。洛仑兹速度变换只是对能量守恒定律变换片面和扭曲性模仿。所谓片面，是指洛仑兹速度变换只有动能部分，只有速度叠加造成的速度变化计算，没有势能部分，没有力的作用造成的速度变化的计算，而能量守恒定律变换兼顾了两方面对速度造成的影响。所谓扭曲性，一是洛仑兹变换遵从光速不变，而能量守恒定律变换光速可变；二是物体的速度 v 在洛仑兹变换中是该物体相对当下所在参考系的速度，按相对性原理的说法，各参考系平权，故对物体的速度没有特殊性规定。而在能量守恒定律变换中是有特殊规定的，物体的速度必须是相对"绝对参考系"的"绝对速度"，参考系不能任意选择，拿地球来说，v 是相对地心参考系的速度。

我们现在来解析一下洛仑兹因子 $\sqrt{1-\dfrac{v^2}{c^2}}$ ，进行简单的数学变换： $\sqrt{1-\dfrac{v^2}{c^2}}=\sqrt{\dfrac{c^2-v^2}{c^2}}=\dfrac{\sqrt{c^2-v^2}}{c}$ 。$\sqrt{c^2-v^2}$ 是什么？不知道，因为我们受到了光速不变的影响，思想无形中受到了禁锢。如果思想没有受到影响，认为光速可变，根据能量守恒原理，我们可以得到同一引力层面下光速叠加变化公式： $c_j^2+v^2=c_v^2$ ，c_j 是光源在静态情形下发射的光速值，对地球参考系而言，是假定地球不自转的情况下赤道地面的物体发射的光速；c_v 是光源动态情形下发射的光速值，对地心参考系而言，是在地球赤道地面以速度 v 绕地心运动的物体发射的光速。

可见 c_v 有无穷多个，不同的物体运动速度 v 对应有不同的光速 c_v。洛仑兹因子公式 $\sqrt{1-\dfrac{v^2}{c^2}}$ 中的光速 c 实际上是地球赤道地面静止的物体发射的光速，这个光速已被测出确定下来，其值为 $299792458 \text{m}/\text{s}$，用 c_0 表示。一般情况下，由于 $v \ll c$，无论是 $\sqrt{c^2-v^2}$ 还是 $\sqrt{c^2+v^2}$，都与 c 相差不大，远小于各自对应的伽利略变换 c－v、c＋v 的计算值，也就是说，这样的计算方法更接近于"光速不变"。在有些实验和现象好似表明光速不变的情况下，学界作出了伽利略变换错误、洛仑兹变换正确的结论。殊不知，仅就吻合性和精确性而言，用能量守恒定律变换的计算比用洛仑兹变换的计算也要更胜一筹。

洛仑兹变换是根据光速不变原理和相对性原理推导出来的，这两个所谓的原理都未被证实，最多也只能算是假设，所以洛仑兹变换的基础并不坚实，可靠性是值得怀疑的。所谓的推导，并没有严密的数理逻辑性，这里举一个推理过程中的简单明显的逻辑错误：我们知道，如果 A 是 B 的 γ 倍，那么正常的推理是：B 是 A 的 $\dfrac{1}{\gamma}$ 倍，可在洛仑兹变换推导过程中采用的是 A 是 B 的 γ 倍，同时 B 是 A 的 γ 倍，这不知是哪里的逻辑？一句运动是相对的，就能颠倒黑白，不要逻辑吗？

尽管在一些情况下，用洛仑兹变换计算结果与用能量守恒定律变换计算结果高度吻合，但二者是有根本区别的，洛仑兹变换是光速不变假设下的数学游戏，没有机理，没有物理意义。能量守恒定律变换的计算方法是有物理意义的，其意义寓于原理之中，无需说明。洛仑兹变换能做的，能量守恒定律变换也能做到，并且更全面更精确。至于光速不变问题，这个问题尚未完全落实，即使光的传播速度确实不变，也有另外的调节机制和途径使光的传播速度达到不变，主要是通过保持以太与内在光速相对密度的稳定来调节到光的传播速度不变，这实际上是另类性质的问题了。

洛仑兹变换横空出世，自身来历不明，却还要恣意扩展，就像偷渡客，自己的身份都没解决，却找女人生了一群孩子，孩子的身份都得到了认同。钟慢效应是相对论最引以为傲的成果，动钟变"慢"是根据洛仑兹变换来计算的，然而笔者用经典物理学知识也能计算出来。两厢比较，笔者的方法更简单更准确，思路更清晰，更容易被人理解和接受。产生钟慢效应的原因根本不是时间变慢，而是单位时间标准不同造成的。尺缩效应更是没影的事，完全是自说自话，别说没有真实缩短，甚至连效应都没有。没有一个实验确实证实了动尺缩短，一些似乎与尺缩效应沾得上边的验证性实验都可以用别的理论作出更好的解释。从尺缩效应推演出许多悖论，这些悖论充分说明了尺缩效应的荒谬性，不知为什么却还能死而不僵，胜过沙漠中的胡杨树！

也许有人会疑问：光源的运动速度是矢量，光源发射的光速也是矢量，为什么算出的光速相对空间来说是各向同性的？不违反矢量合成法则吗？这个问题简单地说，光速计算公式 $c_v{}^2 = c_j{}^2 + v_d{}^2$ 中每项都是速度的平方，速度虽是矢量，平方后就不是矢量了。内核是能量问题，能量是标量，不是矢量。原来的速度矢量性被抹去，改头换面变为能量，再经过重新组装和分配，由发光体发射出光子，各个方向都可以发射光子，各个方向的光速都是一样的，各向同性。

速度变换有两种形式，一种是速度真正发生了变化，一种是速度并没有真正变化，只是由于单位时间标准不同而造成速度值不同，此情形下的速度变换是把一种单位时间标准下的速度换算成另一种单位时间标准下的速度，通常情况下是把非地面时间标准下的速度变换为地面时间标准下的速度。实际上我们已经把地面单位时间标准作为了整个宇宙通用的单位时间标准，因而地面时间标准衡量下的速度也就成了宇宙的标准速度。一般情况下，若不作特别说明，我们所说的速度就是地面时间标准下的速度，也就是宇宙单位时间标准下的速度。

造成速度变化的形式又有两种，一种是力的作用造成速度变化，如上抛的物体在地球引力的作下速度逐渐变慢；一种是速度叠加造成的变化或相对运动的物体碰撞造成的速度变化。物体受力作用下的速度变化可以通过 $F = ma$、$v^2 - v_0{}^2 = 2as$ 等公式组合计算。速度叠加，如枪在地面上射出的子弹速度为 v_z，把枪拿到以速度 v_h 运动的火车上射击，求子弹相对地面的速度，这就要运用能量转化与守恒定律计算。需要特别注意的是，不仅是子弹 v_z 与火车 v_h 两个速度的叠加，实际上是三个速度，还有地球自转速度 v_d 参与叠加。我们往往忽略了地球自转速度的叠加，忽略了地球自转速度的叠加，计算的速度根本就不正确，或者说根本无从计算。

计算速度变化方面的知识，现在基本完备和完善，但仍有两个问题，一个是光速不变原理，一个是相对性原理。这两个问题可以归结为一个问题：速度不变。光速不变说的是光的速度不变，相对性原理说的是普通物体的速度不变---从一个惯性参考系变换到另一个惯性参考系，速度不变。这两个原理都是错误的，废除这两个原理，速度计算上的物理天空将是一片朗朗乾坤。物体速度、包括光速的变化用机械能转化与守恒定律计算。至于速度变换，在掌握钟慢效应相关知识后将变成简单的数学计算问题。

速度变换本质上就是单位时间标准的变换。各参考系的单位时间标准是不同的，同一速度以不同的单位时间标准进行测量具有不同的速度值，在此参考系测得的速度值不等于在彼参考系测得的速度值，在各参考系测得的速度值为该参考系的实测速度，是以该参考系单位时间标准为标准测得的速度，带有该参考系的烙印。两参考系的速度可以进行等价换算。研究表明，A 参考系的光速（内在光速）与 A 参考系单位时间标准秒长 s_A 的乘积等于 B 参考系的内在光速与 B 参考系单位时间标准秒长 s_B 的乘积：$c_A s_A = c_B s_B$。

有了两个参考系单位时间长度关系式，速度变换成了简单的数学问题。譬如要把在火车参考系上测得的速度变换成地面参考系的速度，由于在火车参考系上的速度是以火车参考系单位时间标准 s'_h 为标准测得的速度，而地面上的速度是以地面参考系单位时间标准为标准 s_0 测得的速度，二个时间标准是不同的。假如地面的光速为 c_0，火车在地面上行驶的速度为 v_h，根据机械能转化与守恒定律可算出火车上的光速 c_h，根据公式 $c_0 s_0 = c_h s'_h$，可算出地面单位秒长 s_0 与火车单位秒长 s_h 之比为 $\frac{s_0}{s'_h} = \frac{c_h}{c_0}$，即 $s_0 = \frac{c_h}{c_0} s'_h$，也就是地面参考系的秒长是火车参考系的 $\frac{c_h}{c_0}$ 倍，反过来说就是，火车参考系的秒长是地面参考系的秒长的 $\frac{c_0}{c_h}$ 倍。假如在火车上测得某物体的运动速度为 v'_h，显然 $v_{h'}$ 是以火车单位时间标准为标准测得的速度，现在要变换成以地面单位时间标准为标准的速度 v_d，则只须将 v'_h 乘以地面单位秒长 s_0 与火车单位秒长 s'_h 的比值 $\frac{c_h}{c_0}$ 即可：$v_d = \frac{c_h}{c_0} v'_h$。同理，若将以地面参考系单位时间标准为标准测得的速度变换为以火车参考系单位时间标准为标准下的速度，则可由 $v_d = \frac{c_h}{c_0} v'_h$ 变换可得：$v'_h = \frac{c_0}{c_h} v_d$。

可想而知，钟点数 t 与秒长 s 成反比例关系：$s'_A t'_A = s'_B t'_B$，可以推导出内在光速 c 与钟点数 t 间的函数关系式：$t'_A c_B = t'_B c_A$。二者的差值 $t_v - t_j = \Delta t$ 就是这段时间产生的钟慢效应。

利用钟点数变化与光速变化关系式 $t'_A c_B = t'_B c_A$ 也可推导出速度变换公式：

$$v_d = \frac{L}{t_d} = \frac{L}{\frac{c_0 t'_h}{c_h}} = \frac{L c_h}{c_0 \times \frac{L}{v'_h}} = \frac{c_h}{c_0} v'_h 。$$

下面具体举例进行速度变化与速度变换方面的计算，领略蕴藏于其中的科学真谛。

例 1，火车在赤道上由西向东行驶，地面上静立的观察者测得火车的速度为 $100m/s$，一人在火车上向车头方向行走，火车上静立的观察者测得这个人的行走速度为 $10m/s'$。求车上行者相对地面的行进速度（v_h）？（忽略火车高度造成的光速影响）

解：火车的速度 $100m/s$ 所使用的是地面的时间标准，而火车上人行走的速度 $10m/s'$ 使用的是火车上的时间标准。在这种情形的下，若要求车上行走的人相对地面的速度，是不能直接用伽利略变换公式计算的：$v = 100 + 10 = 110(m/s)$。要计算，先要把地上车上两个不同的时间标准统一起来，即把车上的时间标准折算成地面上的时间标准，在统一时间标准后才能计算人相对地面的速度。

怎样统一两个参考系的时间标准呢？根据能量守恒原理和相关实验数据，可以推理归纳出如下公式：$c_j^2 = c_v^2 - v^2$，c_j：地面光源相对地心参考系没有运动速度（地球不自转、光源相对地面无运动）情形下发射的光速；c_v：地面光源相对地心参考系以 v 速度运动的情形下发射的光速。

地球在自西向东自转，赤道地面自转速度为464m/s，即赤道地面静止的物体相对地心的运动速度为464m/s。假如赤道地面静止的光源发射的光速为299792458m/s，则根据公式 $c_j^2 = c_v^2 - v^2$ 可计算出地球不自转时赤道地面静止光源发射的光速为 $c_j^2 = c_v^2 - v^2 = 299792458^2 - 464^2$，解之得 $c_j = 299792457.999641$m/s。

须特别注意的是，$c_j^2 = c_v^2 - v^2$ 公式中的 v 是相对地心参考系的，如果不是相对地心参考系的，要变换为相对地心参考系的。如火车向东的行驶速度 $100m/s$，则换算成相对地心参考系的速度为 $100m/s$＋464m/s=564m/s。

本例中，已知地面的光速 $c_0 = 299792458m/s$，地球赤道处自转速度 $v_d = 464m/s$，火车的速度 $v_h = 100m/s$，火车上人行走速度 $v_r' = 10m/s'$；

设地球停止自转时地面上发射的光速为 c_j，地面上测得火车发射的光速为 c_v；车上秒长相当于地面上秒长的的倍数为：$c_v s_h' = c_0 s_0$。

计算地球不自转状况下的地面光速 c_j：

根据公式 $c_j^2 = c_v^2 - v^2$ 得：

$$c_j^2 = c_0^2 - v_d^2 = 299792458^2 - 464^2$$

解之得：$c_j = 299792457.999641m/s$。

因为 c_0 和 v_d 都是以地球在自转状态下地面处的单位时间标准为标准的速度，由此推算

108

出的 $c_j = 299792457.999641 m/s$，也是以 c_0 和 v_d 共同的单位时间标准为标准的速度。

动系有无数个，静系只有一个，要通过已知动系的速度推算另一动系速度，可以绕开静系，

直接进行动系间速度的计算。根据公式 $c_j{}^2 = c_0{}^2 - v^2$ 有：

$$c_j{}^2 = c_0{}^2 - v^2 \qquad （1）$$

$$c_j{}^2 = c_v{}^2 - (v_d + v_h)^2 \qquad （2）$$

由（1）、（2）得：$c_0{}^2 - v^2 = c_v{}^2 - (v_d + v_h)^2$。

注意：v_d、v_h、v_r' 之间的方向性，确定方向标准，与标准一致者取"＋"号，方向相反，则取"－"号；

另外，题中 $v_r' = 10m/s$，是在车上测得的速度，也就是说是以火车单位时间标准（秒长）为标准的速度，它的

单位时间标准与地面的单位时间标准不一致，要将 v_r' 变换为以地面处的单位时间标准为标准的速度，首先要根

据机械能转化与守恒定律计算出火车上的光速，再根据 $c_0 s_0 = c_h s_h'$ 由 v_r' 推算出 v_r。

代入已知数据：$299792458^2 - 464^2 = c_v{}^2 - (464 + 100)^2$，解之得：

$c_v = 299792458.000171 m/s$。

$299792458.000171 m/s$ 是地面时间为标准计算出的火车发射的光速值。

计算地面的秒长是火车秒长的倍数：

$$\frac{s_0}{s_h'} = \frac{c_h}{c_0} = \frac{299792458.000171}{299792458} = 1 + 5.704 \times 10^{-13}$$

火车上人行走速度 $10m/s'$ 相当于以地面上的时间标准折算的速度（v_r）为：

$$v_r' c_v = v_r c_0$$
$$v_r = \frac{v_r' c_v}{c_0} = \frac{10 \times 299792458.000171}{299792458} = 10 + 5.704 \times 10^{-12} m/s$$

车上行者相对地面的速度 v：

$$v = v_0 + v_r = 100 + (10 + 5.704 \times 10^{-12}) = 110 + 5.704 \times 10^{-12} \, m/s 。$$

本题解法最大特点是以地球无自转的假想状态作为所有绕地球作圆周运动的共同参考系，并以此为桥梁，把动系 a 与动系 b 联系起来，打破了参考系可以任意选择的观念。如果选择不当，就无法对物体的运动进行准确的描述，更不可能用精确的数学公式来表达。圆周运动是非惯性运动，在同一个参考系中，自身作圆周运动的物体是没有资格作为其它作圆周运动的物体的参考系的。因此，本题没有根据地面的光速（c_0）和火车的速度（v_0）来求火车上的光速（c_v）：$c_v{}^2 = c_0{}^2 + v_0{}^2 = 299792458^2 + 100^2$。

例 2，一列火车在赤道地面上向东行驶，速度为100m/s，手枪在车厢内水平射击，假如射出的子弹匀速直线运动，在火车上测得子弹速度为$200m/s'$，（1），问这个速度相当于地面的速度是多少？（2），在车尾朝车头方向射击，击中离射击点 200m 处的物体，问从地面参考系看，子弹在空中飞行了多少时间？多少米？

解：火车的速度100m/s 是在地面上测到的，是以地面的时间为标准的。子弹的速度$200m/s'$是在车上测到的，是以车上的时间为标准的。这两个时间标准是不一样的。要计算子弹相对地面的速度，首先要把车上子弹的速度换算成以地面时间标准为标准的速度。

考察钟慢效应有个口诀：光快钟快，光慢钟慢。所谓光快，就是光的传播速度快，数值大。所谓钟快，就是秒的时长较短，钟走的快，数值大。有了这些知识作铺垫，就容易对相关问题进行推理分析和计算了。

（1），仿照例 1 的计算，可得车上$200m/s'$速度相当于在地面上的速度为：

$$v = \frac{v' c_v}{c_0} = 200 \times \frac{299792458.000171}{299792458} \, (m/s)$$

（2），a，从地面参考系看，子弹在空中的飞行速度为：

$$v = 100 + 200 \times \frac{299792458.000171}{299792458} = 300 + 1.14079 \times 10^{-10} \, (m/s)$$

b，以火车为参考系，子弹飞行的时间为$t' = \dfrac{L'}{v'_h} = \dfrac{200}{200} = 1$（$s'$），根据例 1 的计算可知：$\dfrac{s'_h}{s_0} = \dfrac{c_0}{c_h}$

$$s'_h = \frac{c_0 s_0}{c_h} = \frac{299792458 s_0}{299792458.000171}$$

可想而知，速度值与单位秒长的关系为：$\dfrac{v'}{v}=\dfrac{s'_h}{s_0}$。火车单位秒长测得的子弹速度 $v'=200m/s'_h$ 相当于以地面单位秒长测得的速度为：$v=\dfrac{v's_0}{s'_h}$。

将 $s'_h=\dfrac{c_0 s_0}{c_h}$ 代入 $v=\dfrac{v's_0}{s_h}$ 中，得 $v=\dfrac{v's_0}{s'_h}=\dfrac{v's_0}{\dfrac{c_0 s_0}{c_h}}=\dfrac{v'c_h}{c_0}$。

将相关数据代入计算得：$v=\dfrac{v'c_h}{c_0}=200\times\dfrac{299792458.000171}{299792458}$（m/s）

以地面为参考系，子弹飞行的距离为：

$$L=vt=100+\dfrac{200\times 299792458.000171}{299792458}=300+1.14079\times 10^{-10}(m)。$$

以火车为参考系（即以火车的单位时间标准为标准），子弹飞行的距离为：

$$L=v't'=200+\dfrac{100\times 299792458}{299792458.000171}=300-5.7039\times 10^{-11}(m)。$$

此题没有计算子弹自由落体产生的速度，同时忽略了高度对光速造成的影响，也没有考虑空气阻力对子弹速度的影响。

例3，火车在赤道地面上向东行驶，速度 $v_h=100m/s$，火车中部置一光源，（1）在车厢内，位于光源前面静立的 A 观察者及光源后面静立的 B 观察者分别测得的光速是多少？（2）当人在火车上以 $v'_r=10m/s'$ 的速度向着光源走动和背着光源走动时，求人与光的相对速度？（3）a，在车头地面静立的 A 和车尾地面静立 B 测得的光速分别是多少？b，A、B 以 $v_r=10m/s$ 速度向火车跑去，地面静立的观察者 C 测得 A、B 相对光的速度分别是多少？c，A、B 以 $10m/s$ 速度向火车跑去，两人分别测得的光速又是多少？

解：（1），火车上的光源发射的光速为：

$$c_h=\sqrt{(299792458^2-464^2)+(464+100)^2}=299792458.000171\text{m/s}$$

这是用能量守恒原理算得的光速值，所用时间标准是统一的，都是地面的时间标准。运动的火车上观测的速度值用的是火车上的时间标准，所以要想知道火车上测得的光速值就要把地面单位时间标准的光速值变换为火车单位时间标准的光速值。再次重申，A 测得的光速是以 A 所在参考系单位时间标准为标准测得的光本身的

111

速度，不是 A 与光的相对速度。B 测得的光速是以 B 所在参考系单位时间标准为标准测得的光本身的速度，不是 B 与光的相对速度。A 与 B 都在同一列火车上，是同一个参考系，同一个时间标准。

火车上的单位时间秒长与地面上的单位时间秒长之比等于它们对应光速之反比，即 $c_h s_h' = c_0 s_0$，A、B 在火车上测得的光速是一样的，都是 $c_h' = 299792458 \text{m} / s'$。虽然火车上测得的光速值与地面上测得的光速值一样大，但这是表面现象，在此情形下，火车上的光速值实际要大些，之所以测的光速一样大，是因为光速增大的同时，其单位秒长同步缩短了。

（2），计算人与火车上的光的相对速度 v_{rg}：

人在火车上以 $v_r' = 10 m / s'$ 的速度行走是以火车上的单位时间标准为标准得到的速度，根据能量守恒原理计算出的火车上发射的光速 $c_h = 299792458.000171 \text{m}/s$ 是以地面单位时间标准为标准得到的速度。计算人与光的相对速度，要看以何处的单位时间标准作为统一标准？如果以地面上的单位时间标准作为统一标准，则要把以火车上单位时间标准下的速度变换为地面上单位时间标准下的速度。如果以火车上的单位时间标准作为统一标准，则要把以地面上单位时间标准下的速度变换为火车上单位时间标准下的速度。统一时间标准变换速度后，再用伽利略变换进行相对速度的计算，并说明以何处的单位时间标准为标准。

在以上的讨论中我们知道，在任何参考系中实地测量（即以所在参考系的单位时间标准为标准），所测得的光速值一律都是 $299792458 \text{m} / s$，计算可知，当以火车上的单位时间标准作为统一标准，当人向着光走时，人与光的相对速度为：

$$v_{rg}' = 10 + 299792458 = 299792468（\text{m}/s'）。$$

当人背着光走时，人与光的相对速度为：

$$v_{rg}' = 299792458 - 10 = 299792448（\text{m}/s'）。$$

以地面上的单位时间标准作为统一标准，当人向着光走时，人与光的相对速度为：

$$v_{rg} = 299792458.000171 + 10 \times \frac{299792458}{299792458.000171} \approx 299792468.000171（\text{m}/s）。$$

当人背着光走时，人与光的相对速度为：

$$v_{rg} = 299792458.000171 - 10 \times \frac{299792458}{299792458.000171} \approx 299792448.000171 \text{(m/s)}。$$

（3），a，站于车头方向路基面观察者测得的光速为：

$$c_{v1} = 299792458.000171\, m/s$$

站于车尾方向路基观察者测得的光速为：

$$c_{v2} = 299792458.000171\, m/s$$

b，火车头地面上的 A 与火车相向运动，A 的运动方向与射向其的光线方向相反，二者的相对速度为：

$$c_{v1} = 299792458.000171 + 10 = 299792468.000171 (m/s)$$

车尾地面上的 B 与火车同向运动，其与射向其的光线却是反向运动的，二者的相对速度为：

$$c_{v2} = 299792458.000171 + 10 = 299792468.000171 (m/s)$$

笔者认为：相对速度不是测量得到的，而是计算得到的。

c，A、B 要进行测量，首先要有时间标准，而时间标准与光速相关联，因而要获得时间标准，就要先计算出 A、B 作为光源所发射的光速。

A 运动（v_g）方向与地球自转方向相反，其作为光源体发射的光速 c_g 为：

$$c_g{}^2 = (c_0{}^2 - v_d{}^2) + (v_d - v_g)^2 = (299792458^2 - 464^2) + (464 - 10)^2$$
$$c_g = 299792457.999985\, m/s$$

A 测量到光速 v_1' 为：

$$v_1' = 299792458.000171 \times \frac{299792458}{299792457.999985} \approx 299792458.000186\, m/s'$$

B 运动（v_y）方向与地球自转方向相同，其作为光源体发射的光速 c_y 为：

$$c_y{}^2 = (c_0{}^2 - v_d{}^2) + (v_d + v_y)^2 = (299792458^2 - 464^2) + (464 + 10)^2$$
$$c_y = 299792458.000016\, m/s$$

B 测量到光速 v_2' 为：

$$v_2' = 299792458.000171 \times \frac{299792458}{299792458.000016} \approx 299792458.000155 m/s'$$

例 4，火车在赤道地面上向东行驶，速度为 $100m/s$，车上一警察向车头跑动，速度为 $10m/s'$，开枪射击离 $100m$ 远处的歹徒，在地面上测得子弹速度为 $300m/s$，问：（1），车上静立的观测者测得子弹与火车的相对速度是多少？（2）a，在地面上测量，运行中的子弹发射的光线相对于子弹的速度是多少？b，在火车上测量，运行中的子弹发射的光线相对于子弹的速度又是多少？

解：（1），a，在地面上测得子弹速度为 $300m/s$，火车在地面上行驶速度为 $100m/s$，根据伽利略变换，子弹相对车的速度为 $v = 300 - 100 = 200(m/s)$，需要特别注意的是，这个速度也是以地面的时间为标准的。

题目中问的是：车上测得的子弹速度是多少？则要把这个速度（$200m/s$）换算成以车上的时间标准为标准的速度。

根据例 1 的计算可知：车上发射的光速（以地面单位时间标准为标准）为：

$$c_v = 299792458.000171 m/s$$

地面的光速为 $c_0 = 299792458m/s$。计算车上测得的子弹速度为：

$$v_h' = 200 \times \frac{299792458}{299792458.000171} = 200 - 1.1408 \times 10^{-10}(m/s')$$

（2），a，要计算出子弹发射的光的速度，先要计算出子弹相对地心参考系的速度。子弹相对地面的速度为 $300m/s$，则相对地心参考系的速度为 464m/s＋$300m/s$=764m/s。根据公式 $c_j{}^2 = c_v{}^2 - v^2$ 可计算出子弹发射的光速 c_z： $c_z{}^2 = (c_0{}^2 - v_d{}^2) + (v_d + v_h)^2 = $（$299792458^2$-$464^2$)＋（464+300)^2，解之得 $c_z = 299792458.000614$m/s 。

此光速值在地心参考系是各向同性的，在本例中，子弹是向东运行的，要计算子弹与子弹发射的光线的相对速度，那要看光线是那个方向的光线？若光线是向东的，与子弹的运行方向相同，则二者的相对速度为 299792458.000614m/s - 300m/s = 299792158.000614m/s；若光线是向西的，与子弹的运行方向相反，则二者的相对速度为 299792458.000614m/s ＋300m/s = 299792758.000614m/s 。

b，在火车上测量，即是以火车上的单位时间标准为标准，把以地面时间标准为标准的速度换算成以火车上的时间标准为标准的速度，再按伽利略变换计算即可。

地面上的光速299792458m /s，火车上的光速299792458.000614m/s，根据参考系秒长与对应光速相互

关系式 $\dfrac{s'}{s_0} = \dfrac{c_0}{c_h}$ ，可推得火车的秒长是地面秒长的 $\dfrac{299792458}{299792458.000614}$ 倍。上面计算出在地面参考系向东的光

线与火车上向东射击的子弹的相对速度为299792158.000614m/s，只需把地面的秒长 s_0 变换为火车的秒长 s'_h

即可，计算可得：在火车上，子弹向东发射的光线与东向运行的子弹的相对速度为

$299792158.000614 \times \dfrac{299792458}{299792458.000614} \approx 299792158.000000 \text{m/s}'$。同理可计算出在火车上，子弹向西发

射 的 光 线 与 东 向 运 行 的 子 弹 的 相 对 速 度 为

$299792758.000614 \times \dfrac{299792458}{299792458.000614} \approx 299792758.000000 \text{m/s}'$。

从上面实例的计算中可以看出，内在光速与光源的运动速度是相关的，关系式为：$c_v{}^2 = c_j{}^2 + v^2$。在上面
的计算中，我们用到了地球的自转速度，但是没有用到过地球的公转速度，为什么这样呢？因为公转速度是相
对太阳的，不是地球系统所能考察的，它要到太阳系统才能考察，迈克尔孙-莫雷实验中把地球的公转速度拉到
地球系统中来考查，已经超越了地球系统的权属范围，发生错误是必然的，说得更直白点，在地球参考系考查
光速，却错用了在太阳参考系考察才有的的光源速度（地球公转速度）。

11、Sagnac 效应与中日双向时间传递实验

1913 年萨格纳克发明了一种以他的名字命名的干涉仪，如图，并用此干涉仪作实验发现了 Sagnac 效应。

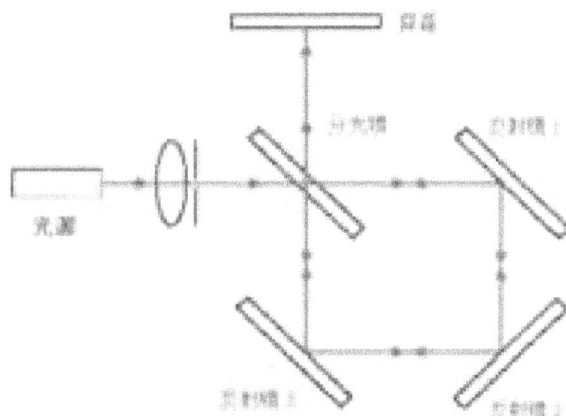

Sagnac 效应通常的解释是：将同一光源发出的一束光分解为两束，让它们在同一个环路内沿相反方向循行
一周后会合，然后在屏幕上产生干涉，当在环路平面内有旋转角速度时，屏幕上的干涉条纹将会发生移动，这

就是 Sagnac 效应。Sagnac 效应中条纹移动数与干涉仪的角速度和环路所围面积之积成正比。

笔者对 Sagnac 干涉仪产生干涉条纹及其移动现象进行了重新审视与研究，有了一些前人未有的新发现。解析思路如下：

根据干涉条纹及其移动产生的条件 Sagnac，我们自然会想到 Sagnac 干涉仪产生干涉条纹及其移动的原因可能是顺反两个方向光传播的路程长短不同所致。下面分析比较光在两个相反方向传播的路程。

画一个半径为 r 的虚线圆，圆心为 0，四等分圆周，等分点依次为 a、b、c、d，连接 a、b、c、d，则 abcd 为圆内接正四边形，设正四边形边长为 L，在 a 点上安装分光镜，分光镜以 A 表示。以 b、c、d 点为切点安装反光镜，分别相应以 B、C、D 表示，反光镜与虚线圆相切。正方形连同 A、B、C、D 镜逆时针转动

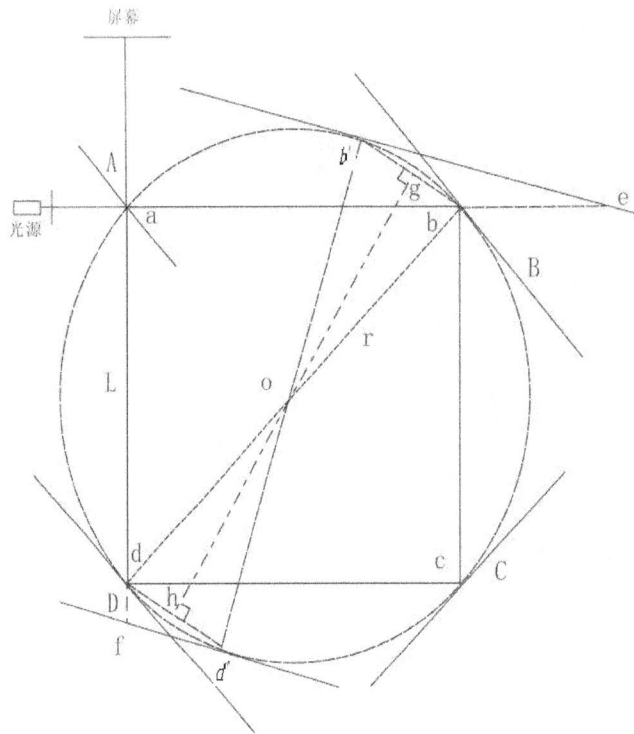

产生"Sagnac 效应"原因分析示意图

先考察光线传播方向与其干涉仪转动方向相反情形下的光程。

光线从 A 镜向 B 镜传播，在此过程中，B 镜随干涉仪一起逆时针转动。当光线从 A 镜发射时，原本射向 B 镜 b 点处，由于干涉仪的转动，光在 b 点原空间处并未遇到反射镜，只得沿原传播方向继续向前传播，直到遇到 B 镜。设光在 B 镜的入射点为 e，当光线射到 e 点时，B 镜也从 b 点转动到了 b' 点。

连接 bb'，b、b'、e 三点组成了一个三角形 $\Delta bb'e$。

根据弦切角定理，$\angle eb'b = \overset{\frown}{bb'}$ 弧所对的圆周角 = $\overset{\frown}{bb'}$ 弧所对的圆心角的一半。

求 $\overset{\frown}{bb'}$ 弧所对的圆心角：设 Sagnac 干涉仪转速为 n 圈/秒，$be = x_1$

则 $\overset{\frown}{bb'}$ 弧所对的圆心角为 $\omega_1 = 360^0 n(\dfrac{L+x_1}{c})$，式中 c 为光速。

故 $\angle eb'b = \dfrac{1}{2}\omega_1 = \dfrac{1}{2} \times 360^0 n(\dfrac{L+x_1}{c}) = 180^0 n(\dfrac{L+x_1}{c})$

求 $\angle beb'$ 的角度：

由几何关系知识得：$\angle b'eb = 180^0 - \angle b'be - \angle eb'b$

$\angle b'be = 180^0 - \angle b'ba = 180^0 - (45^0 - \angle eb'b) = 135^0 + 180^0 \text{n} \left(\dfrac{L+x_1}{c}\right)$

将 $\angle b'be = 135^0 + 180^0 \text{n} \left(\dfrac{L+x_1}{c}\right)$、$\angle eb'b = 180^0 n(\dfrac{L+x_1}{c})$ 代入 $\angle b'eb = 180^0 - \angle b'be - \angle eb'b$ 得：

$\angle b'eb = 180^0 - \left[135^0 + 180^0 \text{n}\left(\dfrac{L+x_1}{c}\right)\right] - 180^0 \text{n}\left(\dfrac{L+x_1}{c}\right) = 45^0 - 360^0 \text{n}\left(\dfrac{L+x_1}{c}\right)$

求弦 bb' 的长度：

过圆心 o 作弦 bb' 的垂线，垂足为 g，则 $bg = b'g$

$bb' = 2bg = 2r \cdot \sin bog = 2r \cdot \sin 180^0 n(\dfrac{L+x_1}{c})$。

在 $\Delta beb'$ 中，根据正弦定理，有

$\dfrac{bb'}{\sin b'eb} = \dfrac{be}{\sin eb'b}$

将 $bb' = 2r \cdot \sin 180^0 n(\dfrac{L+x_1}{c})$，$\angle b'eb = 45^0 - 360^0 n(\dfrac{L+x_1}{c})$，$be = x_1$，$\angle eb'b = 180^0 n(\dfrac{L+x_1}{c})$ 代入上

式中得：

$$\frac{2r \cdot \sin 180^0\, n(\frac{L+x_1}{c})}{\sin[45^0 - 360^0\, n(\frac{L+x_1}{c})]} = \frac{x_1}{\sin 180^0\, n(\frac{L+x_1}{c})}$$

再考察光的传播方向与干涉仪转动方向相同情形下的光程。

光线从 A 镜向 D 镜传播，在此过程中，D 镜随干涉仪一起逆时针转动。当光线从 A 镜发射时，原本射向 D 镜 d 点处，由于干涉仪的转动，光在 d 点原空间处并未遇到反射镜，只得沿原传播方向继续向前传播，直到遇到 D 镜。设光在 D 镜的入射点为 f，当光线射到 f 点时，D 镜也从 d 点转动到了 d' 点。

连接 dd'，d、d'、f 三点组成了一个三角形 $\Delta dd'f$。

求 $\angle dd'f$ 的角度

根据弦切角定理，$\angle dd'f = \overset{\frown}{dd'}$ 弧所对的圆周角 $= \overset{\frown}{dd'}$ 弧所对的圆周角的一半。

求 $\overset{\frown}{dd'}$ 弧所对的圆心角：设 $\overset{\frown}{df} = x_2$

则 $\overset{\frown}{dd'}$ 弧所对的圆心角为 $\omega_2 = 360^0\, n(\frac{L+x_2}{c})$

故 $\angle dd'f = \frac{1}{2}\omega_2 = \frac{1}{2} \times 360^0\, n(\frac{L+x_2}{c}) = 180^0\, n(\frac{L+x_2}{c})$

求弦 dd' 的长度：

过圆心 o 作弦 dd' 的垂线，垂足为 h，则 $dh = d'h$，

$dd' = 2dh = 2r \cdot \sin \angle doh = 2r \cdot \sin \frac{1}{2}\angle dod'$

$= 2r \cdot \sin 180^0\, n(\frac{L+x_2}{c})$

求 $\angle dfd'$ 的角度：

要求出 $\angle dfd'$ 的角度，先要求出 $\angle fdd'$ 的角度，要求出 $\angle fdd'$ 的角度，先要求出 $\angle d'dc$ 的角度。

由几何关系推理可得：$\angle d'dc = 45^0 - 180^0 n(\dfrac{L+x_2}{c})$

$\angle fdd' = 180^0 - 90^0 - (45^0 - 180^0 n(\dfrac{L+x_2}{c})$

$= 45^0 + 180^0 n(\dfrac{L+x_2}{c})$

继而推理可得：$\angle dfd' = 135^0 + 360^0 n(\dfrac{L+x_2}{c})$

在 $\Delta fdd'$ 中，根据正弦定理，有

$$\dfrac{dd'}{\sin \angle dfd'} = \dfrac{df}{\sin \angle dd'f}$$

将 $df = x_2$ $dd' = 2r \cdot \sin 180^0 n(\dfrac{L+x_2}{c})$，$\angle dfd' = 135^0 + 360^0 n(\dfrac{L+x_2}{c})$，$\angle dd'f = 180^0 n(\dfrac{L+x_2}{c})$ 代入

上式中得：

$$\dfrac{2r \cdot \sin 180^0 n(\dfrac{L+x_2}{c})}{\sin[(135^0 + 360^0 n(\dfrac{L+x_2}{c})]} = \dfrac{x_2}{\sin 180^0 n(\dfrac{L+x_2}{c})}$$

与 $\dfrac{2r \cdot \sin 180^0 n(\dfrac{L+x_1}{c})}{\sin[45^0 - 360^0 n(\dfrac{L+x_1}{c})]} = \dfrac{x_1}{\sin 180^0 n(\dfrac{L+x_1}{c})}$ 比较，经简单的数学分析可知，两式是不同的，即 $x_1 \neq x_2$。

$(L+x_1)$、$(L+x_2)$ 只是光从分光镜 A 分别出射，分别沿顺时针方向到第一个反光镜 B 及沿逆时针方向到第一个反光镜 D 的光程，比较可知，$(L+x_1)$ 与 $(L+x_2)$ 的长度是不同的，对应的每段光程都不相同。每次反射都严格遵守反射定律，虽然每段光传播的路程都可依次列出求解方程，但方程的求解相当困难，如果只是想找出 Sagnac 干涉仪产生干涉条纹及其移动的原因，则只需定性分析比较两个方向光程的大小即可，而不必求出两个方向光程的具体数值。光沿着与干涉仪转动方向的顺、反方向传播一周回到分光镜 A，二者的回射点都已不是出射点 a，顺、反两个方向的光束在分光镜的回射点也不重合，两个方向的光束的传播轨迹也都不是完美

119

闭合的正四形。光束沿与干涉仪转动方向顺、反传播"一周"的路程长短不同。以前，我们总认为两束光是沿同一个环路循环传播，只是方向不同，上面的分析可知，两束光传播的环路根本不同，每个方向的光束都有独自的传播环路。

顺、反两个方向的光束在分光镜的回射点到屏幕的距离也是不同的，在屏幕的落点也不同，这多少有点类似于杨氏双缝干涉。

Sagnac 干涉仪产生 Sagnac 效应的原因有两个：一是光在屏幕上的落点不同，由于光束的光斑有一定大小，光斑有相互重叠部分；二是顺、逆传播的两束光传播的路程长短不同。

转动的 Sagnac 干涉仪产生干涉条纹移动的现象完全可以用经典光学理论作出合理的解释，根本不存在什么神秘的"Sagnac 效应"，所谓的"Sagnac 效应"完全是多余无用的名词。相对论用多谱勒效应来解释"Sagnac 效应"更是错上加错，因为多谱勒效应的传统解释是频率的改变，而干涉条纹的产生的一个必要条件是两光束的频率相同的相干光。

下面我们解析中日双向时间传递实验。

随着世界经济科技一体化的发展，时间的统一性显得越来越重要，双向卫星时间比对（TWSTFT）是目前国际上最先进的时频比对技术之一。国际权度局（BIPM）为了改善世界范围内的时间同步，正在推广执行全球双向卫星时间频率传递计划。陕西天文台与日本邮政省通信综合研究所共同实施了"中日高精度时-频比对的共同研究"项目，实验取得了丰硕成果，实验确认"Sagnac 效应"为 87ns。

科学是释疑解惑的，而不是制造困惑，"Sagnac 效应"就像鬼魅，其机理并没有弄清楚，我们总不能把发现后一时不能解释的现象取一个新名词，然后便万事大吉了，这不符合科学精神。科学不承认神秘，在神秘现象的背后一定蕴藏着科学道理，只是这个科学道理暂时尚未被人们发现和破解。笔者对该实验双向时间传递所表现的时间差异性进行了深入研究，笔者是这样考虑的：时间=距离÷速度，既然时间不同，那么距离与速度二个中至少有一个不同。距离与速度这两个因子到底是哪个影响了时间变化呢？我们先分析速度，速度在这里是传播光速。从上面光速的计算中，可知双向传递中的光速是一样的，从中我们还可以领悟到光速的绝对性。再来分析距离，分段分析，先看西安至卫星段，这里面包含两种情形，一种情形是西安到卫星，另一种情形相反，从卫星到西安。两种情形看起来都是指的同一段，距离好像是一样的，实际上却大有考究，从动态的角度看，它们的距离根本不相同。光信号从西安到卫星，光信号与卫星"同向"运动，这相当于一道追及算术题，光信号实际走的距离要比其从地面发射时发射点（西安）与卫星的距离长。而光信号从卫星传播到西安，光信号传播方向与地球自转方向"相反"，相当于二者合走那段星地距离，光信号走的距离要比初先那段星地距离（卫星与西安）小。同理，在东京至卫星这段中，光在双向传递中走的距离也是不同的。总而言之，光信号在同一段路程的双向传递中所走的距离是不同的。

思路上找到了双向传递中造成时间差异的原因，这还只是一种可能，起码要进行计算验证，理论值与实验值吻合，才有正确的可能性，否则连正确的可能性也是没有的。

下面进行中日双向时间传递时间差异的计算：

1，基本数据：

西安、东京、卫星地心连线穿过地面点的经纬度分别为：

①西安：东经 $j = 109 \cdot 22^0$，北纬 $w = 34.37^0$

②东京：东经 $j = 139.75^0$，北纬 $w = 35.60^0$

③卫星地心连线穿过地面点：东经 $j = 148^0$，纬度 $w = 0^0$

西安、东京、卫星地心连线穿过地面点的坐标位置分别为：

①西安的坐标：

$$X_x = R \cdot Cos(w) \cdot Cos(j) = R \cdot Cos34 \cdot 37 \times Cos109 \cdot 22 = -0 \cdot 271721635403885R$$
$$Y_x = R \cdot Cos(w) \; Sin(j) = R \cdot Cos34 \cdot 37 \times Sin109 \cdot 22 = 0 \cdot 779402144123700R$$
$$Z_x = R \cdot Sin(w) = R \cdot Sin34.37 = 0 \cdot 564534897582796R$$

②东京的坐标：

$$X_d = R \cdot Cos(w) \cdot Cos(j) = R \cdot Cos35.60 \times Cos139.75 = -0.620584902035977R$$
$$Y_d = R \cdot Cos(w) \cdot Sin(j) = R \cdot Cos35.60 \times Sin139.75 = 0.525363899578428R$$
$$Z_d = R \cdot Sin(w) = R \cdot Sin35.60 = 0.582122970157289R$$

③卫星地心连线穿过地面点（用 C 表示）的坐标：

$$X_w = R \cdot Cos(w) \cdot Cos(j) = R \cdot Cos0 \times Cos148 = -0.848048096156426R$$
$$Y_w = R \cdot Cos(w) \cdot Sin(j) = R \cdot Cos0 \times Sin148 = 0.529919264233205R$$
$$Z_w = R \cdot Sin(w) = R \cdot Sin0 = 0$$

2，计算光信号传递中两点的距离：

① 计算光从西安到卫星的距离：

设光从西安发射时，卫星与地心连线穿过地面点为 c ，当光到达卫星时，由于地球自转，经度增加，设此时卫星与地心连线穿过地面点为 c' ，c' 点经度为：$j = (148 + \frac{360t_1}{24 \times 3600})^0 = (148 + \frac{t_1}{240})^0$ ，纬度仍为 $w = 0^0$ 。

初步计算可知，信号在西安与卫星间的传播时间约为 0.128 秒，代入 $\frac{t}{240}$ 中，经度增加的度数约为 $\frac{t}{240} = 0.00053^0$ ；东京与卫星间的传播时间约为 0.124 秒，代入 $\frac{t}{240}$ 中，经度增加的度数约为 $\frac{t}{240} = 0.000515^0$ 。通体进行分析考虑，按此增加的度数代入进行粗略计算，对两点的传播时间精确计算影响不大。

$$X_{c'} = R \cdot Cos(w) \cdot Cos(j) = R \cdot Cos(148 + \frac{t_1}{240})^0 = R \cdot Cos(148 + 0.00053)^0$$
$$= -0.848052998003R$$

$$Y_{c'} = R \cdot Cos(w) \cdot Sin(j) = R \cdot Sin(148 + \frac{t_1}{240})^0 = 0.529911419558R$$

$$Z_{c'} = R \cdot Sin(w) = 0$$

计算西安（A）到 C' 点的距离（弦）AC' ：

$$AC' = \sqrt{(X_{c'} - X_A)^2 + (Y_{c'} - Y_A)^2 + (Z_{c'} - Z_A)^2}$$

$$= 5380018.52245m$$

弦 AC' 所对应的圆心角为 $\angle AOC'$

$$\angle AOC' = arcCos(\frac{OA^2 + OC'^2 - AC'^2}{2 \times OA \cdot OC'}) = 49.95055543^0$$

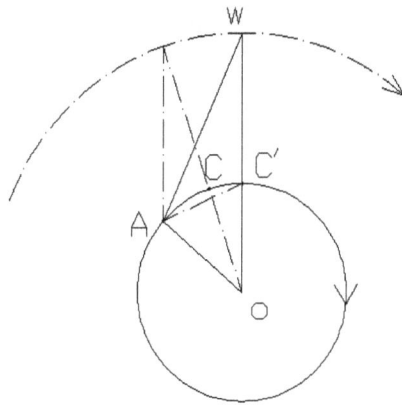

在ΔAOW中：

$$\frac{WA}{Sin\angle AOC'} = \frac{WO}{Sin\angle WAO}$$

$$\angle WAO = \frac{180^0 - \angle AOC'}{2} + \angle WAC' = 65.02472228^0 + \angle WAC'.$$

在$\Delta WAC'$中，

$$\frac{WA}{Sin\angle AC'W} = \frac{WC'}{Sin\angle WAC'}$$

$$\angle AC'W = 180^0 - \frac{180^0 - \angle AOC'}{2} = 114.97527772^0$$

$$WO = 42164000m$$

$$WC' = 42164000 - 6371000 = 35793000m$$

解之得：

$$Sin\angle WAC' = 0.845482011449543$$

$$WA = 38375740.86915m$$

② 计算光从东京到卫星的距离：

设光从东京发射时，卫星与地心连线穿过地面点为D，当光到达卫星时，设此时卫星与地心连线穿过地面

点为D'，D'点经度为：$j = (148 + \frac{t_2}{240})^0 = 148.000515^0$，纬度仍为$w = 0^0$。

D'点的坐标为：

$$X_{D'} = R \cdot Cos(w) \cdot Cos(j) = R \cdot Cos148.000515^0 = -0.848052859273R$$

$$Y_{D'} = R \cdot Cos(w) \cdot Sin(j) = R \cdot Sin148.000515^0 = 0.529911641578R$$

$$Z_{D'} = R \cdot Sin(w) = R \cdot Sin0^0 = 0$$

计算东京到 D' 点的距离（弦）BD'：

$$BD' = \sqrt{(X_{D'} - X_B)^2 + (Y_{D'} - Y_B)^2 + (Z_{D'} - Z_B)^2}$$

$$= 3981897.96566m$$

弦 BD' 所对应的圆心角为 $\angle BOD'$

$$\angle BOD' = arcCos(\frac{OB^2 + OD'^2 - BD'^2}{2 \times OB \cdot OD'}) = 36.42013116^0$$

在 ΔBWO 中,

$$\frac{WB}{Sin\angle BOD'} = \frac{WO}{Sin\angle WBO}$$

$$\angle WBO = \frac{180^0 - \angle BOD'}{2} + \angle WBD' = 71.78993442^0 + \angle WBD'.$$

在 $\Delta WBD'$ 中,

$$\frac{WB}{Sin\angle BD'W} = \frac{WD'}{Sin\angle WBD'}$$

$$\angle BD'W = 180^0 - \frac{180^0 - \angle BOD'}{2} = 108.21006558^0$$

$$WO = 42164000m$$

$$WD' = 42164000 - 6371000 = 35793000m。$$

解之得：$Sin\angle WBD' = 0.913252512172146$

$WB = 37229993.55877m$

③ 计算光从卫星传到西安的距离：

当光从卫星发射时，西安用 A 表示，卫星与地心连线穿过地面点为 C；当光传到西安时，西安随地球自转到达了 A'。

A' 的坐标为：

$X_{A'} = R \cdot Cos(w) \cdot Cos(j) = R \cdot Cos34.37^0 \cdot Cos109.22053^0$
$= -0.271728845053R$

$Y_{A'} = R \cdot Cos(w) \cdot Sin(j) = R \cdot Cos34.37^0 \cdot Sin109.22053^0$
$= 0.779399630600R$

$Z_{A'} = R \cdot Sin(w) = R \cdot Sin34.37 = 0.564534897583R$

则 $A'C$ 的长度（弦长）为：

$X_w = R \cdot Cos(w) \cdot Cos(j) = R \cdot Cos0 \times Cos148 = -0.848048096156426R$
$Y_w = R \cdot Cos(w) \cdot Sin(j) = R \cdot Cos0 \times Sin148 = 0.529919264233205R$
$Z_w = R \cdot Sin(w) = R \cdot Sin0 = 0$

$A'C = \sqrt{(X_c - X_{A'})^2 + (Y_c - Y_{A'})^2 + (Z_c - Z_{A'})^2}$

$= \sqrt{(-0.8480480962R - X_{A'})^2 + (0.5299192642R - Y_{A'})^2 + (0 - Z_{A'})^2}$
$= 5379946.36332m$

$A'C$ 所对应的圆心角为 $\angle A'OC = arcCos(\dfrac{OA'^2 + OC^2 - A'C^2}{2 \times OA' \cdot OC}) = 49.9498395^0$；

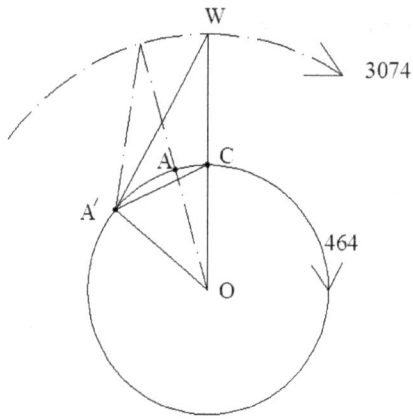

在 $\triangle WA'O$ 中：

$$\frac{WA'}{Sin\angle A'OC} = \frac{WO}{Sin\angle WA'O} \qquad (1)$$

$$\angle WA'O = \angle WA'C + \angle CA'O = \angle WA'C + \frac{180^0 - \angle A'OC}{2} = \angle WA'C + 65.02508025^0$$

在 $\triangle WA'C$ 中：

$$\frac{WA'}{Sin\angle A'CW} = \frac{WC}{Sin\angle WA'C} \qquad (2)$$

而 $\angle A'CW = 180^0 - \angle A'CO = 180^0 - \frac{180^0 - \angle A'OC}{2} = 114.9749198^0$

解之得：

$Sin\angle WA'C = 0.845485946775$

$WA' = 38375673.90892m$

④ 计算信号从卫星传到东京的距离：

当光从卫星出发时，东京用 D 表示，卫星与地心连线穿过地面点为 B；当光传到东京时，东京转到了 D'。

D' 经度为： $j = 139.75^0 + 0.000515^0 = 139.750515^0$，纬度仍为： $w = 35.60^0$。

D' 的坐标为：

$$X_{D'} = R \cdot Cos(w) \cdot Cos(j) = R \cdot Cos35.60^0 \times Cos139.750515^0$$
$$= -0.620589624216R$$
$$Y_{D'} = R \cdot Cos(w) \cdot Sin(j) = R \cdot Cos35.60^0 \times Sin139.750515^0$$
$$= 0.525358321464R$$
$$Z_{D'} = R \cdot Sin(w) = R \cdot Sin35.60^0 = 0.582122970157 \cdot R$$

设光到达东京时的新坐标位置（从动态的观点看）为 D'，卫星与地心连线穿过地面点为 B，则 $D'B$ 的长度（弦长）为：

$$D'B = \sqrt{(X_B - X_{D'})^2 + (Y_B - Y_{D'})^2 + (Z_B - Z_{D'})^2}$$

$$= \sqrt{(-0.848048096156426R - X_{D'})^2 + (0.529919264233205R - Y_{D'})^2 + (0 - Z_{D'})^2}$$
$$= 3981876.58531m$$

$D'B$ 所对应的圆心角为 $\angle D'OB = arcCos(\dfrac{OD'^2 + OB^2 - D'B^2}{2 \times OD' \cdot OB}) = 36.41992878^0$

在 $\Delta WD'O$ 中：

$$\frac{WD'}{Sin\angle D'OB} = \frac{WO}{Sin\angle WD'O} \qquad （1）$$

$$\angle WD'O = \angle WD'B + \angle BD'O = \angle WD'B + \frac{180^0 - \angle D'OB}{2} = \angle WD'B + 71.79003561^0$$

在 $\Delta WD'B$ 中：

$$\frac{WD'}{Sin\angle D'BW} = \frac{WB}{Sin\angle WD'B} \qquad (2)$$

而 $\angle D'BW = 180^0 - \angle D'BO = 180^0 - \dfrac{180^0 - \angle D'OB}{2} = 108.20996439^0$

解之得：

$Sin\angle WD'B = 0.913253413942$

$WD' = 37229978.42773m$

3，光在卫星与地面各点间传播的速度：

与本问题相关的是表观光速，是相对地球的速度。根据"光速的变与不变"中的分析，由于以太是运动的，有一定的运动速度，粗略计算为 $242m/s$，方向与地球的公转方向相同，故此，光从西安到卫星的速度与其反方向卫星到西安的速度是不同的。同理，光从卫星到东京与从东京到卫星的速度也是不同的。光速（c_x）计算公式为：$c_x = c_0 + v_y \cdot \cos a$。$c_x$：光相对地球的速度；$c_0$：基本光速，即光相对以太的速度--- $2997992458m/s$；v_y：以太相对地球的运动速度；a：光与以太二者运动方向的夹角。由于 v_y 相对光速来说很小，根据太阳以太与地球以太粗略计算出混合以太的运动速度为 $242m/s$，而实际上还应该比这个速度值小得多，再加上夹角 a 的影响作用，实际光速变动的范围很小，就在基本光速 $299792458m/s$ 附近波动，故此在下面的计算中统一用 $299792458m/s$ 作为各段的实际光速值，对时间的计算结果不会造成可观的影响。

4，计算光在卫星与地面各点间传播时间：

①，计算光从西安到卫星的传播时间 t_1：

$$t_1 = \frac{WA}{c_0} = \frac{38375740.86915}{299792458} = 0.1280076928s$$

②，计算光从东京到卫星的传播时间 t_2

$$t_2 = \frac{WB}{c_0} = \frac{37229993.55877}{299792458} = 0.1241858912s$$

③，计算光从卫星到西安的传播时间 t_3

$$t_3 = \frac{WA'}{c_0} = \frac{38375673.90892}{299792458} = 0.1280074695s$$

④，计算光从卫星到东京的传播时间 t_4

$$t_4 = \frac{WD'}{c_0} = \frac{37229978.42773}{299792458} = 0.1241858407s$$

5，光在双向时间传递中单边距离及时间计算：

① 西安→卫星→东京

a，距离 s_{xd} :

$$s_{xd} = WA + WD' = 38375740.86915 + 37229978.42773 = 75605719.29688m$$

b，时间 t_{xd}

$$t_{xd} = \frac{s_{xd}}{c_0} = \frac{75605719.29688}{299792458} = 0.2521935335s$$

② 东京→卫星→西安

a，距离 s_{dx} :

$$s_{dx} = WB + WA' = 37229993.55877 + 38375673.90892 = 75605667.46769m$$

b，时间 t_{dx}

$$t_{dx} = \frac{s_{dx}}{c_0} = \frac{75605667.46769}{299792458} = 0.2521933606s$$

6，双向传播时间差的计算

方法一：

$$\Delta t = t_{xd} - t_{dx} = 0.2521935335s - 0.2521933606s = 172.9 \times 10^{-9}s$$

129

方法二：

a，距离差 Δs：

$$\Delta s = s_{xd} - s_{dx} = 75605719.29688 - 75605667.46769 = 51.82919m$$

b，时间差 Δt：

$$\Delta t = \frac{\Delta s}{c_0} = \frac{51.82919}{299792458} = 172.88357 \times 10^{-9} s$$

计算表明，光信号从西安经卫星传到东京比反向从东京经卫星传到西安的时间长 $172.9ns$，与资料通常介绍的单向 $Sagnac$ 效应值 $87ns$ 基本上是一致的，$172.9 \div 2 \approx 86.5ns$。数值的吻合说明计算方法可能是对的。如果计算方法正确，则说明虚无飘渺的所谓 $Sagnac$ 效应是一个多余而无用的概念，起码在中日双向时间传递相关计算中用不着。双向时间差异是由距离差异造成的，而距离的差异则是由光与受光体（地球或卫星）间不同的相对运动造成的。

需要说明的是，计算出的 $172.9ns$ 的意义本来是很明确的，光信号从西安经卫星传到东京比反向从东京经卫星传到西安的时间长 $172.9ns$，或者说，光信号从东京经卫星传到西安比从西安经卫星传到东京的时间短 $172.9ns$，根本不需要 $\div 2$，$\div 2$ 意思反而不明确了，但为了照顾历史，这里 $\div 2$，以迎合原来 $87ns$ 所谓的 $Sagnac$ 效应值。

这个例子对于我们领悟光速的绝对性和相对性是很有助益的，它揭示了蕴藏于其中的深刻道理：时空并不是相对的，而是绝对的，当然，这是相对中的绝对，把相对性原理无条件扩大化是错误的。

12、万有引力公式的修正与完善

万有引力形成的机理现在不明了，说法莫衷一是，但基本倾向于物体形成引力场，引力是通过引力子为媒介而产生的一种相互吸引的作用力。在这里笔者提出另外一种新观点：宇宙中的所有物体都在其平衡位置运动或振动，无论物体的大小和运动的快慢。但运动是绝对的，平衡有序只是相对的。宇宙中充满了矛盾，物体内部也时刻在矛盾运动着，平衡随时可能被打破，宇宙被扰动，牵一发而动全身。从道理上讲，我们向上抛一块拳头大的石头，就打破了整个宇宙的平衡。当然，影响并不是同时发生的，而是以有限的速度（光速）传递的。影响作用也不是大小一样的，而是随着距离的平方而递减的。维系宇宙外在矛盾运动的是能量转化和守恒定律，任何物体运动都不能违反这个定律。当运动平衡打破时，宇宙立即采取措施予以制止，加以修复，达成新的平衡。运动平衡打破时，物体抵抗和力图恢复原先平衡状态的表现就是引力。

从个体的角度考察引力：一切物体都在运动，各运动物体都处在动态平衡中。运动自由的物体将处在平衡位置运动，不自由的受迫物体（主要指物体中的一部分）则努力争取平衡位置，物体这种表现出的争取平衡位置的倾向和行为就是引力。举例来说，行星作为整体，它是"自由"的，它在自己的平衡位置绕太阳运动。地球的平衡位置就是它的运行轨道，地球上各物体的初级平衡位置就是地球的中心。地球上这么多物质不可能都能占据中心位置，怎么办呢？上帝解决这个问题采取了竞争上岗的办法，能力强者占据权力中心---平衡位置，弱者被排挤至边缘地带。竞争中能力的强弱主要是依据物体的比重，比重大的靠中心，比重小的靠边站。当然也不尽然，所以在地壳中有重金属矿物。物体虽然被迫排挤到边缘，但它要回到中心的努力并没有放弃，一有机会就要向中心（向往的平衡位置）运动。这就是苹果往下掉的原因。

物体为什么要向往中心呢？这是上帝的规定。上帝要求每个系统各物体间的位能尽量保持最低状态。笔者这里所谓的"上帝"，实际上指的是自然法则。位能最低状态是什么状态？位能最低状态就是所有物体都在中心位置上。这显然是矛盾的，也是不可能的，也就是这个矛盾孕育了引力的产生。与物体向系统中心运动相抗衡的因素有两个：一是物体的运动，运动具有扩张的性质，这个性质也体现在宇宙对原平衡状态的维护上。从这里我们可以看到引力和斥力并不是一成不变的，在一定条件下是可以相互转化的；二是其它物体的支持作用。

假如我们把A、B两个天体作为一个系统来考察，为了减少系统的位能，A、B将会相互靠近，直至合为一体。我们把物体相互接近的行为想象为由它们之间的引力所引起。但实际上宇宙中有无穷多个天体，只有两个天体的封闭系统是不存在的，每个物体都与其它物体发生着相互作用，相互影响。当A物体向B物体接近，以减少与B物体的位能时，可能增加了与C物体的距离，扩大了与C物体的位能，C物体必然要阻止A物体向B物体的运动。我们同样可以把C物体对A物体向B物体运动的阻碍看作是C物体对A物体的引力，或者看作是B物体对A物体引力的反引力。物体的运动的动力来自于系统位能最小化的趋势，这是引力的成因。物体的运动也是不自由的，要受到许多天体和因素的制约。这种制约既可看作是引力，也可看作是斥力，问题是从哪个角度去看。这也是只有万有引力，没有万有斥力的原因。

万有引力是宇宙的主宰力量，万有引力定律是牛顿在开普勒天文学三大定律的基础上总结出来的。事实表明万有引力定律是相当精确的，不但成功地解释了天体运动的许多现象，还成功地预测和发现了一些新天体。但是，随着科学的深入发展，万有引力定律也暴露出了问题，主要是精度问题，如万有引力定律对水星43"/世纪的额余进动无法解释。

关于引力的传递速度问题，现在尚无定论，但主流观点倾向于以光速传递。牛顿没有讨论引力的传递速度问题，但在其理论中确有引力速度无限大之嫌。观测实验证实，牛顿理论在精度上的确存在问题，现代主流观点把牛顿理论的精度问题主要归罪于引力速度无限大。对这个问题，笔者是这样认识的：引力也是一种物体对物体的作用，这种作用不是凭空施加给受力物体的，而是通过某种无形的传递物质施加给受力物体。引力源物质不是突然产生的，也不可能突然消失，它始终存在着，并且不间断地以有限速度向周围散发着引力传递物质（引力子或引力场），这等于说，引力源将表达自己引力作用的物质载体早已撒布在了周围空间，无论受力物体在空间何处，将会立即受到引力源预设在那里的引力物质载体的作用，这样看起来，引力作用速度好像是无限大的。引力作用与引力物质载体的传递速度是两个不同的概念，引力作用的瞬时性与引力物质载体的传递速度的有限性其实并不矛盾。

牛顿用他自己创立的理论推测地球的形状，认为地球是一个两极压缩、赤道隆起的扁球体，现代观测证明，地球形状的确如此。笔者进行具体计算，发现理论值与实际观测值并不很吻合。根据牛顿理论思想，液态球体球面上每一点的引力加速度与向心加速度之和（$\frac{GM}{r^2}+\frac{v^2}{r}$）都应该彼此相等，可实际上并不相等。下面进行极地和赤道对比计算来讨论相关问题。

现代观测值是：地球的极半径为 $r_j = 6356\,km$，赤道半径为 $r_z = 6378\,km$，赤道自转速度为 $v_z = 464\text{m/s}$。计算表明，极地的引力加速度与向心加速度之和与赤道引力加速度与向心加速度之和不相等。

若赤道半径 r_z 和自转速度 v_z 为现代观测值不变，那么极地半径 $r_j{}'$ 理论值应为多少呢？

$$\frac{GM}{r_z{}^2}+\frac{v_z{}^2}{r_z}=\frac{GM}{r_j{}'^2}$$

$$\frac{(6.67\times10^{-11})(5.9742\times10^{24})}{6378000^2}+\frac{464^2}{6378000}=\frac{(6.67\times10^{-11})(5.9742\times10^{24})}{r_j{}'^2}$$

解之得：$r_j{}' = 6367\,km$

实际观测值比理论计算值小：$r_j{}' - r_j = 6367 - 6356 = 11(km)$。结合地球演化史，一个可能的原因是，在地球形成与演化的早期，地球整体上处于熔融状态，固化地壳尚未形成，那时的地球自转速度比现在快。

若赤道半径 r_z 和极地半径 r_j 为现代观测值不变，那么赤道自转速度 $v_z{}'$ 理论值应为多少呢？

$$\frac{GM}{r_z^2} + \frac{v_z'^2}{r_z} = \frac{GM}{r_j^2}$$

$$\frac{(6.67 \times 10^{-11})(5.9742 \times 10^{24})}{6378000^2} + \frac{v_z'^2}{6378000} = \frac{(6.67 \times 10^{-11})(5.9742 \times 10^{24})}{6356000^2}$$

解之得：$v_z' = 658 m/s$

比较一下，可以看出，理论计算值比实际观测值大：$v_z' - v_z = 658 - 464 = 214(m/s)$

可以推测，在地壳固化阶段，地球的自转速度还是比较快的，但在地壳固化后，由于种种原因，地球的自转速度逐渐减慢了，而固化后的地球形状再也变不回去了，两极不能按理论计算值外凸，形成了既成事实，因而只好保持原来固化时的形状。这样看来，不是牛顿理论不正确，有些理论与实际不吻合的现象是由历史的原因造成的。

在地壳固化阶段，一年的天数有多少呢？

$$\frac{x}{365} = \frac{658}{464}$$

解之得：$x = 518$ 天。

地球的自转速度总体上一直在逐渐减慢，一年的天数在逐渐减少，很多证据证明了这一点，并且自转速度减慢现象还将持续下去。

沿着这个思路继续推演，我们可以得到许多有现实意义的东西。地核也不是正球体，而是像地球一样一个略扁的球体。地核不是静止地位于地球中央，而是围绕中心打圈圈。中间地幔是熔融状态的岩浆，它是流动的，在地幔与地壳相接处可能有位置不断变动的空腔，空腔中充满了各种成分的高压气体，其主要成分为水蒸气、含硫化合物、二氧化碳等。地壳内的岩浆如地壳外的海水一样具有潮汐现象，地幔的潮汐运动与地核的运动合成强大的内营力，强力冲击着脆弱的地壳，使地壳发生板块运动，在一些地方发生地震。地幔的潮汐运动与地核运动在中低纬度地区表现得尤为剧烈，所以该区域的板块运动更加显著，地震更加频繁。

由于地球自转速度变慢，地壳内部的岩浆应该向两极回流，但固化的地壳阻挡了这种回流。岩浆对阻挡其回流的两极地壳形成巨大的压力，从压力方面看，两极地区也应该有较多地震发生，但实际上，两极地区很少发生地震，特别是大地震，为什么呢？因为两极地壳受到岩浆的压力虽大，但这种压力是静态平稳的压力，不

133

像中低纬度地区的地壳受到岩浆汹涌澎湃的冲击力。把两极地区很少发生地震归因于厚厚的冰雪覆盖，我认为这种观点太表面化了，冰雪覆盖仅仅起次要作用。

由于地球内部有复杂的运动，特别是中央部位有液态铁核的环形运动，造就了地球磁场的变动，乃至于地球磁极的颠倒。

怎样修正完善万有引力公式呢？笔者认为经典公式大体是不变的，修正只须在原公式的基础上进行有针对性的局部的修整即可。我们分析一下牛顿的万有引力公式 $F = \dfrac{GMm}{R^2}$，M、m 和 R 都是变量，即不同的天体有不同的质量，两个相互作用的天体可以有不同的作用距离 R。各物理量之间的函数关系是在大量天文观察资料的基础上总结出来的，并经过了严密的数学推导，变量本身已经涵盖和表达了与力的变化关系。公式中只有 G 是常量，叫引力常数。从哲学上讲，世界是变化的，一切皆变，没什么东西能永远保持不变，所以从本质上说，G 应该是变化的，如果说牛顿万有引力公式有问题需要修正的话，那问题很可能就出在这"不变"的 G 上。

相对性原理是被大量实验事实所精确检验过的物理学原理。相对性原理认为所有惯性参考系都是等价的，物理规律对于所有的参考系都可以表为相同的形式。什么是相同的形式？以万有引力公式为例来说，在地球上的形式为 $F = \dfrac{GMm}{R^2}$，在水星上的形式也是 $F = \dfrac{GMm}{R^2}$。但务请注意，公式的形式虽然相同，但在地球参考系中和在水星参考系中的 G 值是不同的，地球的 G 为 G_d，水星的 G 为 G_s。为什么不同？怎样的不同？下面我们讨论这个问题。

行星围绕太阳作圆周运动，行星受到太阳的万有引力作用与行星绕太阳作圆周运动的离心力是相等的，用公式表达为：$\dfrac{GMm}{R^2} = \dfrac{mv^2}{R}$。根据相对性原理，从地球参考系看来，两力是相等的，从非地球（以水星为例）参考系看来，两力也是相等的。我们已经讨论过了，所谓参考系的不同，实质上是参考系中单位时间标准的不同，参考系的变换实质上是单位时间标准的变换。在地球参考系，离心力公式中的 v 是以地球参考系的单位时间标准为标准测出的速度，而在水星参考系，离心力公式中的 v 是以水星参考系的单位时间标准为标准测出的速度，虽然实际速度同为一个，但因不同参考系所使用的单位时间标准不同，故而表观速度值是不同的。参考系单位时间标准实际长短与光速函数关系式为 $s_v c_v = s_0 c_0$。若以 s_0 为换算标准，则 $s_v = \dfrac{c_0}{c_v} s_0$，设 $s_0 = 1$，则 $s_v = \dfrac{c_0}{c_v}$。

可想而知，单位时间秒长长，钟走的时数就小，单位时间秒长短，钟的走时数就大，推理可得单位时间秒长与钟走时数关系式为 $s_v t_v = s_0 t_0$。根据此关系式 $s_v t_v = s_0 t_0$ 和单位时间秒长与光速关系式 $s_v c_v = s_0 c_0$ 可推理推导得钟走时数与光速关系式 $\dfrac{t_v}{c_v} = \dfrac{t_0}{c_0}$，$t_v = \dfrac{c_v}{c_0} t_0$

在推导出两参考系钟走时数与光速关系式 $\dfrac{t_v}{c_v} = \dfrac{t_0}{c_0}$ 的基础上，以地球与水星为例，下面进行这两个参考系的速度变换。

设在地球参考系中，近日点时地面赤道处的光速为 c_0（$c_0 = 299792458m/s$），单位时间标准为 s_0（$s_0 = 1$），测得水星上某物体的速度为 v_{ds}；设在水星参考系中，近日点时水星赤道处的光速为 c_s，单位时间标准实际长短为 s_s（以 s_0 为标准），测得水星上该物体的速度为 v_s'，将水星参考系上的速度 v_s' 变换为以地球参考系单位时间标准的速度 v_{ds}：

$$v_s' = \frac{L}{t_s'} = \frac{L}{\dfrac{c_s t_0}{c_0}} = \frac{c_0}{c_s}\frac{L}{t_0} = \frac{c_0}{c_s}v_{ds}$$

将 $v_s' = \dfrac{c_0}{c_s}v_{ds}$ 等号两边平方得 $v_s'^2 = \dfrac{c_0^2}{c_s^2}v_{ds}^2$。

常数不常，万物皆变，万有引力常数 G 也是可变量，并且变化是有其内在规律性的。下面以推算水星的万有引力常数值为例推导万有引力常数变化公式。

设地球在近日点的引力常数为 G_d，水星近日点时的引力常数为 G_s，水星的质量为 m_s，太阳的质量为 M_r，水星近日点时到太阳的距离为 R_s，根据相对性原理有：

$$\frac{G_s M_r m_s}{R_s^2} = \frac{m_s v_s^2}{R_s} = \frac{m_s \dfrac{c_0^2}{c_s^2}v_{ds}^2}{R_s}$$

$$\frac{G_s M_r}{R_s} = \frac{c_0^2}{c_s^2}v_{ds}^2$$

设 $G_s = \gamma G_d$，则 $\dfrac{G_s M_r}{R_s} = \dfrac{c_0^2}{c_s^2}v_{ds}^2$ 变换为 $\dfrac{\gamma G_d M_r}{R_s} = \dfrac{c_0^2}{c_s^2}v_{ds}^2$。因无论从地球参考系量度，还是从水星参考系量度，水星到太阳的距离都一样，故有 $v_{ds}^2 = \dfrac{G_d M_r}{R_s}$，与上式比较可得：$\gamma = \dfrac{c_0^2}{c_s^2}$。

水星的速度都是从地球参考系的角度上观测到的，所以水星的万有引力常数一定要根据地球的万有引力常数为标准进行变换：

$$F = \frac{G_s M_r m_s}{R_s{}^2} = \frac{c_0{}^2}{c_s{}^2} \cdot \frac{G_d M_r m_s}{R_s{}^2} = \frac{\gamma G_d M_r m_s}{R_s{}^2}$$

显然，要得到 G_s 值，先要求出 c_s 值，光速是以地面的光速值为标准的，我们可以通过能量转化和守衡定律计算出日面的光速 c_r，然后以 c_r 为桥梁，再通过能量转化和守衡定律计算出 c_s 值。

设太阳赤道面上的光速为 c_r；太阳赤道面上的引力常数为 G_r，$G_r = \gamma G_d = \dfrac{c_0{}^2}{c_r{}^2} G_d$；太阳半径 $R_0 = 6.96 \times 10^8 \text{m}$；太阳赤道处的自转速度为 v_{rz}，$v_{rz} \approx 2000 \text{m/s}$；地球的质量 $m_d = 5.9742 \times 10^{24} kg$；地球赤道半径 $r_0 = 6378000 \text{m}$；太阳到地球的平均引力常数 （$\overline{G_{rd}}$）等于太阳处的引力常数与地球处的引力常数乘积的平方根，$\overline{G_{rd}} = \sqrt{G_r G_d} = \sqrt{\gamma G_d{}^2} = \dfrac{c_0}{c_r} G_d$；$R_{rd}$：（近日点时）太阳中心到地球中心的距离，$R_{rd} = 1.471 \times 10^{11} \text{m}$，$R'_{rd}$：太阳中心到地面的距离，$R'_{rd} = (1.471 \times 10^{11} - 6378000) \text{m}$；$r'_{dr}$：（近日点时）地球中心到太阳表面面的距离，$r'_{dr} = R_{rd} - R_0 = (1.471 \times 10^{11} - 6.96 \times 10^8) \text{m}$；$v_{dz}$：地球赤道面处自转速度；$v_{dz} = 464 \text{m/s}$；$v_{dg}$：地球位于近日点时的公转速度，$v_{dg}{}^2 = \dfrac{\overline{G_{rd}} M_r}{R_{rd}} = \dfrac{\frac{c_0}{c_r} G_d M_r}{R_{rd}} = \dfrac{c_0 G_d M_r}{c_r R_{rd}}$。

设地球静止（公转速度为 0、自转速度为 0）时的地面光速为 c_{dj}，则 $c_{dj}{}^2 = c_0{}^2 - v_{dz}{}^2 - v_{dg}{}^2$；设考察的某光子的质量为 m_g，根据能量转化和守恒定律可得：

$$\frac{1}{2}m_g c_{dj}{}^2 + m_g \overline{g_r} h_{rd} = \frac{1}{2}m_g c_{rj}{}^2 + m_g \overline{g_d} h_{dr}$$

$$c_{dj}{}^2 + \frac{2\sqrt{G_r G_d} M_r}{R_0 R'_{rd}}(R'_{rd} - R_0) = c_{rj}{}^2 + \frac{2\sqrt{G_r G_d} m_d}{r'_{dr} r_0}(r'_{dr} - r_0)$$

$$(c_0{}^2 - v_{dz}{}^2 - v_{dg}{}^2) + \frac{2\sqrt{\frac{c_0{}^2}{c_r{}^2}G_d G_d}M_r}{R_0 R'_{rd}}(R'_{rd} - R_0) = c_r{}^2 - v_{rz}{}^2 + \frac{2\sqrt{\frac{c_0{}^2}{c_r{}^2}G_d G_d}m_d}{r'_{dr} r_0}(r'_{dr} - r_0)$$

$$c_0{}^2 - v_{dz}{}^2 + \frac{2c_0 G_d M_r}{c_r R_0} - \frac{3c_0 G_d M_r}{c_r R'_{rd}} = c_r{}^2 - v_{rz}{}^2 + \frac{2c_0 G_d m_d}{c_r r_0} - \frac{2c_0 G_d m_d}{c_r r'_{dr}}$$

（1）

去分母整理后可看出，这是一个一元三次方程，利用公式法解之得：

c_r=299793089.1866551867796m/s=c_0+631.1866551867796m/s。

日面赤道处 $\gamma = \dfrac{c_0{}^2}{c_r{}^2} = 0.9999957892$

$G_r = \gamma G_d = 6.6699719139 \times 10^{-11}$（$m^3 kg^{-1} s^{-2}$）

可见，万有引力"常数"虽然从道理上说是变的，但一般情况下变化非常之小，所以通常情况下可视作不变的，作常数处理。

同理可计算出水星表面发射的光速值 c_s。

a，计算水星出在公转轨道上赤道表面处的光速为 c_s：

水星的质量 $m_s = 3.302 \times 10^{23} kg$；水星半径 $r_{s0} = 2440000m$；太阳到水星的平均引力常数

$$\overline{G_{rs}} = \sqrt{G_r G_s} = \sqrt{\frac{c_0{}^2}{c_r{}^2}G_d \frac{c_0{}^2}{c_s{}^2}G_d} = \frac{c_0{}^2}{c_r c_s}G_d;$$

水星平均公转速度 $v_{sg}{}^2 = \dfrac{\overline{G_{rs}}M_r}{R_{rs}} = \dfrac{\dfrac{c_0}{c_r}\sqrt{\dfrac{c_0{}^2}{c_r{}^2}G_d \dfrac{c_0{}^2}{c_s{}^2}G_d}M_r}{R_{rs}} = \dfrac{c_0{}^2 G_d M_r}{c_r c_s R_{rs}};$

水星自转速度 $v_{sz} = 3m/s$ ；水星至太阳的平均距离为 $R_{rs} = 5.791 \times 10^{10}\,m$ ，太阳中心到水星表面的距离为

$$R'_{rs} = R_{rs} - r_{s0} = (5.791 \times 10^{10} - 24400000)\ m；$$

水星中心到太阳表面的距离为 $r'_{sr} = R_{rs} - R_0 = (5.791 \times 10^{10} - 6.96 \times 10^8)\ m$ 对照（1）式可得：

$$\frac{1}{2}m_g c_{sj}{}^2 + m_g \overline{g_r} h_{rs} = \frac{1}{2}m_g c_{rj}{}^2 + m_g \overline{g_s} h_{sr}$$

$$c_{sj}{}^2 + \frac{2\sqrt{G_r G_s}\,M_r}{R_0 R'_{rs}}(R'_{rs} - R_0) = c_{rj}{}^2 + \frac{2\sqrt{G_r G_s}\,m_s}{r'_{sr} r_0}(r'_{sr} - r_0)$$

$$(c_s{}^2 - v_{sz}{}^2 - v_{sg}{}^2) + \frac{2\sqrt{(\frac{c_0{}^2}{c_r{}^2}G_d)(\frac{c_0{}^2}{c_s}G_d)}\,M_r}{R_0 R'_{rs}}(R'_{rs} - R_0) = c_r{}^2 - v_{rz}{}^2 + \frac{2\sqrt{(\frac{c_0{}^2}{c_r{}^2}G_d)(\frac{c_0{}^2}{c_s}G_d)}\,m_s}{r'_{sr} r_{s0}}(r'_{sr} - r_{s0})$$

$$c_s{}^2 - v_{sz}{}^2 + \frac{2c_0{}^2 G_d M_r}{c_r c_s R_0} - \frac{3c_0{}^2 G_d M_r}{c_r c_s R'_{rd}} = c_r{}^2 - v_{rz}{}^2 + \frac{2c_0{}^2 G_d m_s}{c_r c_s r_{s0}} - \frac{2c_0{}^2 G_d m_s}{c_r c_s r'_{sr}}$$

（2）

去分母整理化简后可看出，这是一个一元三次方程，代入数据解之得：

$c_s = 299792464.\ 8601605629\ 03337m/s$

水星表面处的万有引力常数为：

$$G_s = \gamma G_d = \frac{c_0{}^2}{c_s{}^2} G_d = 6.66999969474 \times 10^{-11}(m^3 kg^{-1} s^{-2})$$

a，计算水星在位于近日点（$R_{rs} = 4.60012 \times 10^{10}\,m$）和远日点（$R_{rs} = 6.98169 \times 10^{10}\,m$）处时赤道面

处的光速：按照上面的计算方法，同样可以计算出在水星在近日点处的光速值为

$c_{s_j} = 299792467.\ 8278448609\ 74789m/s$ ，万有引力"常数"

$$G_{s_j} = \frac{c_0{}^2}{c_{s_j}{}^2} G_d = 6.6699995627 \times 10^{-11}(m^3 kg^{-1} s^{-2})；$$

水星在位于远日点时的光速为 $c_{s_y} = 299792462.\ 9051497864\ 9564568m/s$ ，万有引力"常数"

$$G_{s_y} = \frac{c_0{}^2}{c_{s_y}{}^2} G_d = 6.6699997817333465 \times 10^{-11} \text{m}^3\text{kg}^{-1}\text{s}^{-2} 。$$

计算可知，水星在近日点和远日点的万有引力"常数"的几何平均值 $\overline{G_{s_{jy}}} = \sqrt{G_{s_j} G_{s_y}}$ 比其算术平均值

$\overline{G_{s_{jy}}} = \dfrac{G_{s_j} + G_{s_y}}{2}$ 稍大，笔者认为几何平均值应该更准确。

例 1：计算水星因"钟慢效应"所造成的百年进动角值。

从上面的计算中可知，在一个周期内水星处的平均光速为 $\overline{c_s} = \sqrt{c_{js} c_{ys}} = 299792465.33 m/s$，相对地面光速 $299792458 m/s$ 来说，光速变快了，光速变快意味着万有引力"常数"变小，同时也意味着单位秒长变短，水星地球两处秒长变化率为：

$$k = \frac{299792465.33 - 299792458}{299792458} = 2.445025 \times 10^{-8} 。$$

即水星上的 1 秒比地面上的 1 秒短了 2.445025×10^{-8} 秒。秒长变短，意味着以此变短的单位秒长衡量下的速度值变小。由于速度值变小了，现在再以未变小的速度值原本可以转一圈的时间却跑不了一圈了，留下了一段小缺口，只有继续跑完了这段小缺口才是跑完一整圈，这就要比原先的时间多一点点。每秒减小的速度为 $\Delta v = 47870 \times 2.445025 \times 10^{-8} = 1.17043^{-3}(m/s)$，在地球 100 年的时间内由于速度减慢总计少跑的距离为：

$\Delta l = 1.17043 \times 10^{-3} \times 100 \times 365 \times 24 \times 3600 = 3691068 m$。 以水日平均距离计算，对应的进动角为

$a = \dfrac{3691068}{57909050000} \times \dfrac{180}{\pi} \times 3600 = 13.147''$，相应在近日点的角度为 $\dfrac{3691068}{46001200000} \times \dfrac{180}{\pi} \times 3600 = 16.551''$。

此值与水星进动角观测值不吻合，说明水星因钟慢效应所造成的进动仅仅是总进动的一个组成部分，并没有囊括所有因素造成的进动，这样反而为修正其它因素造成的进动预留了空间。

光速或许表面上不变，但不管怎样，实质上是可变的，引力常数也是可变的，修正牛顿万有引力公式只需修正万有引力公式中的引力常数值 G。

先驱者号宇宙探测器 10 号和 11 号都出现了速度异常降低现象，有一股奇怪的力量在将这两艘太空船往回拽，使先驱者号探测器运行速度减慢。科学家试图解释引起异常的原因，但至今尚无确证的答案。笔者认为，先驱者号探测器行为异常的原因可能是万有引力常数变化引起的。下面粗略计算先驱者 10 号宇宙探测器异常加速度变化率，看是否能与资料公布的异常加速度变化率相吻合。

根据前面推导出的万有引力常数变化公式 $G_k = \frac{c_0^2}{c_k^2} G_d$，要计算出某点及其运动状态下的 G_k 值，则要知道该点该运动状态下的光速值 c_k。在这里我们计算先驱者 10 号离太阳取 1.5×10^{11} m、10^{12} m、5×10^{12} m 和 10^{13} m 四个距离，由于没有距离与速度的确切可靠的数据，因而根据收集到的资料进行酌情处理。探测器从地球发射后（即离太阳 1.5×10^{11} m）的速度取为 14000m/s。由于可以进行人工调控，探测器在接下来两个点（10^{12} m、5×10^{12} m）的运行速度皆取 13000m/s。假如探测器在到达离太阳 5×10^{12} m 处时运行速度 13000m/s，过后不再进行速度人工调控，任由探测器作除太阳引力作用下的"惯性"运动。在一定范围内，在不大偏离真实情况和影响计算结果的情况下在此对速度进行了酌情处理，并非真实数据和情形。另外为顺便解决问题，抓主要矛盾，也为计算简便起见，这里只考虑太阳的作用，忽略其他一切天体的影响。

根据运动学公式：$v_t^2 - v_0^2 = 2as$，可以求出探测器在离太阳 10^{13} m 处时的运动速度 v_t，探测器在 5×10^{12} m 处的速度为 v_0，$v_0 = 13000$m/s；a：加速度，在这里实际上是探测器在 5×10^{12} m 到 10^{13} m 这段距离内的平均引力加速度 $\overline{g}$，而 $\overline{g_{k_1 k_2}} = \sqrt{\frac{G_{k_1} M_r}{R_{k_1}^2} \frac{G_{k_2} M_r}{R_{k_2}^2}}$。这里有两种计算方法，一种是把 G 当作不变量处理的计算方法，在此情况下 $G_{k_1} = G_{k_2} = G_d = 6.67 \times 10^{-11}$ m³kg⁻¹s⁻²，代入相关数据可计算得探测器在离太阳 5×10^{12} m 至 10^{13} m 内的平均引力加速度为 $\overline{g_{k_3 k_4}} = \frac{G_d M_r}{R_{k_3} R_{k_4}} = 2.653326 \times 10^{-6}$ m³kg⁻¹s⁻²，继而可计算出先驱者 10 号探测器在离太阳 10^{13} m 处的运行速度为 $v_t = 11935.9431\ 9691578$m/s。另一种是把 G 当作可变量处理的计算方法，在此情形下，$\overline{g_{k_3 k_4}} = \sqrt{\frac{G_{k_3} M_r}{R_{k_3}^2} \frac{G_{k_4} M_r}{R_{k_4}^2}} = \sqrt{\frac{\left(\frac{c_0^2}{c_{k_3}^2}\right) G_d M_r}{R_{k_3}^2} \frac{\left(\frac{c_0^2}{c_{k_4}^2}\right) G_d M_r}{R_{k_4}^2}}$，代入相关数据可计算得探测器在离太阳 5×10^{12} m 至 10^{13} m 内的平均引力加速度为 $\overline{g_{k_3 k_4}} = \frac{c_0^2 G_d M_r}{c_{k_3} c_{k_4} R_{k_3} R_{k_4}} = 2.6533260763 \times 10^{-6}$ m³kg⁻¹s⁻²，继而可计算出先驱者 10 号探测器在离太阳 10^{13} m 处时的运行速度为 $v_{k_4} = 11935.9431\ 649711$m/s。

将两种不同方法的计算结果进行比较可以看出，用 G 可变计算出的探测器受到太阳的引力加速度比 G 不变计算出的引力加速度大，用 G 可变计算出的探测器的运行速度却比 G 不变计算出的运行速度小。从计算结果看，探测器的确受到了一股牛顿理论未曾预料到的神秘的回拉力量，使运行速度"额外"降低。这里有个问题作个澄清，所谓的在太阳系边缘出现神秘的回拽力，使探测器运行速度超额减小的现象，不是探测器运行到太阳系边缘的时候才出现的，而是探测器一发射就有了，并且从绝对量来说，先期的绝对量是更大的，后期由于距离越来越远，自身的引力加速度也相应变得越来越小，相对自身（按 G 不变计算）变化率越来越大，但总的来说，引力加速度的绝对值是越来越小的。

要计算先驱者 10 号在离太阳不同位置发射的光速值，根据机械能转化与守恒定律有：

$$\frac{1}{2}mc_r^2 - \frac{1}{2}mv_{rz}^2 = \frac{1}{2}mc_k^2 + m\overline{g}h - \frac{1}{2}mv_t^2$$

数学变形：

$$c_r^2 - v_{rz}^2 = c_k^2 + 2\frac{\overline{G_{rk}}M}{R_0 R_k}(R_k - R_0) - v_t^2$$

$$c_r^2 - v_{rz}^2 = c_k^2 + 2\frac{\overline{G_{rk}}M}{R_0} - 2\frac{\overline{G_{rk}}M}{R_k} - v_t^2$$

由于 $\overline{G_{rk}} = \sqrt{G_r G_k}$

又 $G_r = \frac{c_0^2}{c_r^2}G_d$ ， $G_k = \frac{c_0^2}{c_k^2}G_d$

故有： $\overline{G_{rk}} = \sqrt{G_r G_k} = \frac{c_0^2}{c_r c_k}G_d$

将 $\overline{G_{rk}} = \frac{c_0^2}{c_r c_k}G_d$ 代入 $c_r^2 - v_{rz}^2 = c_k^2 + 2\frac{\overline{G_{rk}}M_r}{R_0} - 2\frac{\overline{G_{rk}}M_r}{R_k} - v_t^2$ 中并变形整理得：

$$c_k^3 - (c_r^2 - v_{rz}^2 + v_t^2)c_k + 2\frac{c_0^2}{c_r}\frac{G_d M_r}{R_0} - 2\frac{c_0^2}{c_r}\frac{G_d M_r}{R_k} = 0$$

说明：c_r：太阳表面光速值，通过地面光速 $c_0 = 299792458\text{m/s}$，根据机械能转化与守恒定律及万有引力常数变化公式精确算出地球离太阳 $1.5 \times 10^{11}\text{m}$ 处太阳表面的光速值为 $c_r = 299793089.18532784846\,6452\text{m/s}$ ； M_r：太阳质量， $M_r = 1.989 \times 10^{30}\text{kg}$ ； R_0：太阳半径， $R_0 = 6.96 \times 10^8\text{m}$ ； R_k：先驱者 10 号所在位置与太阳的距离； G_d：地面万有引力常数值， $G_d = 6.67 \times 10^{-11}\text{m}^3\text{kg}^{-1}\text{s}^{-2}$ ； $\overline{G_{rk}}$：太阳表面处的万有引力常数与先驱者 10 号所在处的万有引力常数的平均

值；v_{rz}：太阳自转速度，$v_{rz} = 2000m/s$；v_t：先驱者 10 号探测器在所在位置的运行速度。

将相关数据代入方程计算，先驱者 10 号在所取 4 个点（离太阳的距离从内至外依次为$1.5 \times 10^{11} m$、$10^{12} m$、$5 \times 10^{12} m$、$10^{13} m$）

发射的光速依次分别为

$c_{k_1} = 299792456.6428633936\ 58556m/s$、

$c_{k_2} = 299792454.0901782649\ 46274m/s$、

$c_{k_3} = 299792453.7361565355\ 58335m/s$、

$c_{k_4} = 299792453.6476510026\ 47809m/s$

值得特别注意的是先驱者 10 号离太阳 $1.5 \times 10^{11} m$ 处发射的光速值 $c_{k_1} = 299792456.6428633936\ 58556m/s$。地球基本上离太阳这个距离绕太阳公转，我们知道地面的光速值是 $c_0 = 299792458m\ /s$，这是怎么回事呢？光速的差异是怎么造成的呢？从比较以地面光速为基础计算日面光速方程式和以算出的日面光速为基础计算离太阳$1.5 \times 10^{11} m$ 处先驱者 10 号探测器发射的光速方程式可以看出，造成光速差异的原因主要是光源运动速度不同，在地球上发射，光速叠加了地球的公转速度，同时也叠加了地球的自转速度，而先驱者号探测器发射上空后则没有了地球的公转速度和自转速度，其运动速度只有 $v_t = 14000m/s$。因而造成了两种情况下的光速值不同。在这里我们可以看出，在同一位置，不同来源的光速是可以不同的。在地面上空，只要不接触地面，来自太阳的光线的速度与地面光源发射的光线的速度是不同的，地面光源发射的光速比阳光传到地面上方的光速大。

地面光源发射的光速 $c_0 = 299792458m\ /s$，若以万有引力常数 G 不变来计算，根据机械能转化与守恒定律则可以计算出太阳表面发射的光速值为 $c_{k_1} = 299793089.1866551867\ 796m/s$，这与用 G 可变计算出的太阳表面发射的光速值 $c_r = 299793089.1853278484\ 66452m/s$ 是有差别的。真实的速度只有一个，为了便于比较，更清楚地了解万有引力"常数"变与不变对光速的变化造成的影响作用，有必要对太阳表面光速进行统一。在

142

这里将用万有引力常数可变方法计算出的光速值 $c_r = 299793089.1853278484\ 66452m/s$ 作为太阳表面统一的光速值。探测器在飞行途中各点的光速在此基础上再采用 G 不变来计算，并将计算的光速值与对应的各点用 G 可变计算出的光速值进行比较。用 G 不变方法光速计算公式为：$c_r{}^2 - v_{rz}{}^2 = c_k{}^2 + \dfrac{2G_dM_r}{R_0} - \dfrac{2GM}{R_k} - v_t{}^2$，（$v_{rz}$：

太阳自转速度，$v_{rz} = 2000m/s$；v_t：探测器的运动速度）。用 G 不变计算，探测器在上述各点发射的光速值从内至外分别依次为 $c_{k_1} = 299792456.6415338232\ 55619m/s$、$c_{k_2} = 299792454.0888488363\ 44319m/s$、

$c_{k_3} = 299792453.7348271169\ 34359m/s$、$c_{k_4} = 299792453.6463216791\ 76538m/s$。

两厢比较，各个点 G 可变方法计算出的光速值比 G 不变计算出的光速值

（$c_{k_1} = 299792456.6428633936\ 58556m/s$ 与 $c_{k_1} = 299792456.6415338232\ 55619m/s$、

$c_{k_2} = 299792454.0901782649\ 462737m/s$ 与 $c_{k_2} = 299792454.0888488363\ 443187m/s$、

$c_{k_3} = 299792453.7361565355\ 58334929m/s$ 与 $c_{k_3} = 299792453.7348271169\ 34359m/s$、

$c_{k_4} = 299792453.6476510026\ 47809m/s$ 与 $c_{k_4} = 299792453.6463216791\ 76538m/s$）

都稍大，相差 $\Delta \approx 1.33 \times 10^{-3} m/s$。两种计算方法的前提条件和所采用的基本数据是一样的，可想而知，各点不同方法造成的光速差异纯粹是由万有引力常数 G 不同造成的。虽然相差不大，但意义不同，影响和适用性也不同。如果用 G 不变计算出的光速再套用公式 $G_k = \dfrac{c_0{}^2}{c_k{}^2}G_d$ 反过来计算 G 变化的值，做法明显是矛盾的，同时违反了能量守恒原理。而在 G 可变计算光速的方程中本来就是作为光速的因变量因子 $G_k = \dfrac{c_0{}^2}{c_k{}^2}G_d$ 来求解光速的，

计算出光速后再套用 $G_k = \dfrac{c_0{}^2}{c_k{}^2}G_d$ 来计算 G_k 理所当然，一点问题都没有，也不违反能量守恒原理。先驱者号探测器远离太阳时万有引力常数变大既没有违反物理学原理，特别是能量守恒原理，又能合理解释其受到额外的回拉力的所谓异常现象。

根据计算出的光速值及万有引力常数变化计算公式 $G_k = \dfrac{c_0{}^2}{c_k{}^2}G_d$，可计算出先驱者号探测器在上述各点的

万有引力常数依次分别为 $G_{k_1} = \dfrac{c_0{}^2}{c_{k_1}{}^2}G_d = (1+9.054124\times10^{-9})G_d$、$G_{k_2} = \dfrac{c_0{}^2}{c_{k_2}{}^2}G_d = (1+2.60838\times10^{-8})G_d$、

$G_{k_3} = \dfrac{c_0{}^2}{c_{k_3}{}^2}G_0 = (1+2.84456\times10^{-8})G_0$、$G_{k_4} = \dfrac{c_0{}^2}{c_{k_4}{}^2}G_d = (1+2.87408\times10^{-8})G_d$。可以看出，距离太阳越远，

光速越低，万有引力"常数"G越大，但在这个过程中，变化是越来越小的。计算可知，光速无论怎么变小，

也不会低于 $c_{k_\infty} = 299792453.3m/s$。相应地，在太阳系万有引力"常数"G增得再大，也不会大于

$$G_{k_3} = \dfrac{c_0{}^2}{c_{k_3}{}^2}G_d = (1+3.2\times10^{-8})G_d。$$

牛顿第二定律公式为 $F = ma$，对于重力来说，$F = mg$，g 为重力加速度，若F是点上的重力，g则是点

上的重力加速度；若F是某段高程的平均重力，g则是该段高程的平均重力加速度。平均重力加速度是高低两

个重力加速度的几何平均值，公式为 $\overline{g_{k_1}g_{k_2}} = \sqrt{g_{k_1}g_{k_2}}$。重力加速度g的计算公式为 $g = \dfrac{GM}{r^2}$，可以看出，g与

G成正比，G增加或减少多少，g就同比例增加或减少多少。从 r_{k_1} 到 r_{k_2} 这段高度的平均加速度计算公式为

$$\overline{g_{k_1k_2}} = \dfrac{\overline{GM}}{r_{k_1}r_{k_2}}。$$

经计算，先驱者 10 号探测器从地球上发射上空后，其发射的光速为

$c_{k_1} = 299792456.642863393658556m/s$，较之地面上发射的光速 $c_0 = 299792458m/s$ 约慢了1.36m/s，这是

具有突变跳跃性的变化。根据万有引力常数变化公式 $G_k = \dfrac{c_0{}^2}{c_k{}^2}G_0$，万有引力常数G也相应发生了突变跳跃性

变化，继而重力加速度也同比例发生了跳跃性变化，变化率为

$$k = \dfrac{c_0{}^2}{c_k{}^2} - 1 = \dfrac{299792458^2}{299792456.642821^2} - 1 = 9.054\times10^{-9}。$$这是万有引力常数G及引力加速度g因光源速度转换引

起的一次性突变，等于它们跃上了一个新台阶。在此之后，随着探测器渐渐远离太阳，万有引力常数G及引力

加速度g又转入正常的渐变模式。

推理可知，某段距离内的重力加速度增长率应为该段距离内的平均重力加速度与起始点重力加速度之比，

实际上也就是该段距离内的万有引力"常数"平均值与起始点处万有引力"常数"值之比。该段距离万有引力

"常数"平均值为 $\overline{G}=\dfrac{c_0{}^2}{(\overline{c})^2}G_d=\dfrac{c_0{}^2}{(\sqrt{c_{k_1}c_{k_2}})^2}G_d=\dfrac{c_0{}^2}{c_{k_1}c_{k_2}}G_d$。从先驱者号探测器发射后万有引力"常数"G 及引力加速度 g 又转入正常的渐变模式时算起，此时的万有引力"常数"值为

$$G_{k_1}=\frac{c_0{}^2}{c_{k_1}{}^2}G_d=\frac{299792458^2}{299792456.6428633937^2}G_d，$$ 以离太阳 10^{13}m 为计算终点，终点处的万有引力"常数"值

为 $G_{k_4}=\dfrac{c_0{}^2}{c_{k_4}{}^2}G_d=\dfrac{299792458^2}{299792453.6476510026^2}G_d$。 在这段距离内的重力加速度变化率为：

$$\gamma=\frac{\sqrt{G_kG_{k_1}}}{G_{k_1}}-1=\frac{\dfrac{c_0{}^2}{c_{k_1}c_{k_4}}G_d}{\dfrac{c_0{}^2}{c_{k_1}{}^2}G_d}-1=\frac{c_{k_1}}{c_{k_4}}-1=\frac{299792456.6428633937}{299792453.6476510026}-1=9.990953\times10^{-9}$$

这个重力加速度变化率与资料上介绍的重力变化率是基本一致的，实际上，由于光速变化越来越小，光速再低也不会低于 299792453.3m/s，所以引力常数增加到一定量值后几乎不再变化。

从万有引力常数 G 的变化公式 $G_k=\dfrac{c_0{}^2}{c_k{}^2}G_d$ 可以看出，万有引力常数与光速具有互为因果的函数关系，c_k 变则 G_k 变，G_k 变则 c_k 变。所以从某方面说，关键是求解光速。关于光速，现在存在很多问题，光速变不变是最大问题。光速不变目前还是一个假设，没有充分的理由和证据证明光速不变，光速变不变关乎相对论是否成立，光速不变，则相对论可能成立；光速可变，则相对论肯定不成立。若光速可变，接下来的问题是如何变？笔者认为，光自身速度的变化绝对不能用伽利略变换来计算，而要用机械能转化与守恒定律来计算。由于光速太快，一般情况下变化很小，譬如说光源运动速度 10000m/s 发射的光速也只是比光源静止时发射的光速增加了 0.16678m/s，故认为光速不变。光速既然可变，这又涉及到另一个隐性问题，——光速标准问题。我们把地面的光速值确定为 299792458m /s，而没有界定前提条件，即这个光速是在什么条件下的光速值，既然光速是可变的，发射的环境条件不同，发射的光速自然是不同的。对地面发射的光速影响比较大的是太阳，地球围绕太阳公转轨道是椭圆形，二者距离时远时近，公转速度时快时慢，所以地面光源发射的光速也时刻处于变化之中，只是这种变化相对比较微小而已。在光速可变的前提下，地面光速笼统地说 299792458m /s 不是一个科学而精确的数值，而是一个粗糙而模糊的数值，为了科学与精确，地面光速 299792458m /s 应作进一步的界定和精确化。

扩展思路，联想到千克原器神秘减轻现象，既然光速可变，进而使得引力常数 G 可变，由 G 变化，进而引

起引力加速度的变化，引力加速度的变化进而引起从重力方面进行考测的表观质量变化，环环相扣，合情合理，所谓的神秘其实一点都不神秘。

通过外推和挖掘，引力常数 G 的可变性还可解释更多的所谓神秘现象，譬如黑洞，现在科学界认为是存在黑洞的，还获得了诺贝尔奖，笔者却深不以为然。在光速可变的前提下，光速不是一个固定值，如果质量巨大的星体能够把速度慢（如 299792458m /s ）的光吸住，那么速度更快的光速却不见得能够吸得住，反正光速又没有上限，当光速快到某一数值后就不能被吸住了，这样也就不存在黑洞了。另外，质量巨大的星体，体表势能很低，光速很快，根据万有引力变化计算公式 $G_k = \dfrac{c_0^2}{c_k^2} G_d$ ，光速（c_k）越快，万有引力常数（G_k）将变得越小，也就是使得星体对光的引力变得越小，因此应该不存在引力大到光都逃离不了的程度。用万有引力常数变化公式 $G_k = \dfrac{c_0^2}{c_k^2} G_d$ 还可解释外围星系的运转速度与内围星系运转速度差不多的所谓"奇怪"现象。简单地说，外围星系的光速减小，那么万有引力常数 G_k 就变大，再根据公式 $v^2 = \dfrac{GM}{R}$ ，由于 G 变大，运转速度 v 自然随之变大，所以暗物质的假设是多余的，没有必要的，暗物质不存在。

如此相类似，库仑公式中的静电力常数也须修正，K 也是变量。库仑定律公式与万有引力公式又有所不同，电性分正负，电场有正电场负电场之分，作用力有引力和斥力之分，而质量都一样，没有正负之分，作用力有引力，没有斥力，因此，库仑定律公式的修正与万有引力公式的修正有所不同。

带电粒子在电场中要受到电场力的作用，作用力的大小与电场强度成正比，与带电粒子自身所带电量成正比。除此之外，经典物理学再没有告诉我们作用力还与什么因素有关了。这是片面静态的观点，笔者对这个问题进行了研究，认为带电粒子所受到电场力的大小还与其在电场中的运动方向及速度有关。电场的运动速度是确定的，即相对场源以光速传播。当带电粒子的运动方向与电场方向相反时，无论带电粒子的运动速度多大，其所受到电场力都一概以静电力计算。有人做过这样的实验：车速都为 $100m / s$ 两辆车对撞的损坏程度与车速为 $100m / s$ 一辆车撞墙的损坏程度是一样的。由此笔者类比推测：当带电粒子运动方向与电场方向相反时，带电粒子所受电场力跟其在静态条件下所受到电场力是一样的，可套用库仑定律公式计算。

当带电粒子运动方向与电场方向相同时，运动速度越大，它与电场相对速度就越小，所受到电场力就越小；带电粒子运动速度越小，它与电场相对速度就越大，所受到电场力就越大。当带电粒子的运动速度为 0 时，带电粒子所受到电场力就是库仑定律公式所计算的静电力。这好比两车追尾，两车速相差越大，碰撞越厉害，两车速相差越小，碰撞越轻微。速度影响电磁作用力看来已是确定无疑的，问题是用什么计算公式把影响作用准确地表达出来。这个问题是经典物理学所未考虑的，目前仍未得到很好的解决，笔者认为尚需作进一步深入研究，以更精确的实验来确定。在目前情况下，参照万有引力常数 G 的修正，考虑了速度影响的库仑定律公式修正式可能为：$F = K \dfrac{Qq}{r^2} = (1 - \dfrac{v^2}{c_0^2})\ K_0 \dfrac{Qq}{r^2}$。

c_{k0}：取 K_0 值时特定条件下的场速，一般来说，$c_{k0} = c_0 = 299792458 m / s$；$v$：带电粒子在电场中的运动速度。$K_0$：静电常数。

设 $\gamma = 1 - \dfrac{v^2}{c_{k0}^2}$，则 $F = \gamma K_0 \dfrac{Qq}{r^2}$

γ 为修正因子，至于修正哪一项，从公式自身是看不出来的，既可看作是修正 K_0，也可看作是修正 Q 或者 q。修正 K_0，说明随着 v 增大，静电常数 K_0 随之减小。修正 q，说明随着 v 增大，带电粒子的电量 q 减小。这里须作补充说明，这里所谓电量 q 的减小不是实质性的减少，而是 q 的作用的表现量减小。按照在万有引力常数 G 修正上形成的惯例，我们把 γ 看作是对 K_0 的修正：$K = \gamma K_0 = (1 - \dfrac{v^2}{c_0^2})\ K_0$。

从修正后的公式中可以看出，伴随带电粒子速 v 的增大，作用力 F 就相应减小，又根据牛顿第二定律公式 $F = ma$，对于同一个物体来说，质量可看作是不变的，那么作用力 F 减小意味着加速度 a 减小，反过来看，加速度 a 的减小是由于作用力 F 减小的缘故，以经典物理学观点看来，这是顺理成章的事情。可相对论却不这样认为，他们认为电荷电量不会减小，更不会认为静电常数会减小，既然库仑定律公式 $F = K \dfrac{Qq}{r^2}$，既然等号"＝"右边各项都不变，那等号"＝"左边的作用力 F 自然是不变的了。实验表明，随着运动速度 v 的增加，带电粒子在电场中加速越来越困难，加速度 a 的减小是确定无疑的事情。既然加速度 a 减小，而作用力 F 不变，那只有质量 m 增加了。

可以看出，相对论得出的违反经典物理学基本观点的所谓的质量随运动速度的增大而增大的结论只能算是一个假设，其推理过程并不是无懈可击的，是有漏洞的，不是必然的结论。所谓的实验验证也不是直接的验证，是一些浠里胡涂的伪证，可以说都是站不住和无效的。

"真空"不空，真空也是有性质的，"常数"不常，常数也要受到特定的环境因子的影响，要受到某些空间性质的影响，环境变了，条件变了，"常数"也要作相应的改变。严格地说，"常数"应改称为"系数"，万有引力常数改称为万有引力系数，普朗克常数改称为普朗克系数。当然，既然已经称着"常数"，则说明其有相当稳定性的一面，其变化率是非常低的，在一般情况下仍是可作常量处理的。

非接触性物体间的作用力是物质交换的结果，该说法实质上否定了奇点的存在，从而也否定了宇宙大爆炸理论。作用力的强弱决定于物质交换的快慢，强相互作用、弱相互作用、电磁相互作用和引力相互作用皆出一理。作用都是通过场进行的，不同的作用，交换的介质不同。作用力的强弱决定于介质的性质，所有的介质都有波粒二象性。介质所具能量的大小以其频率为标志，频率大，能量大，作用力就强，反之就弱。几种不同的相互作用可能是一条连续波谱中频率不同的波段。强相互作用的介质波动频率最大，作用力也最强；引力相互作用的介质波动频率最小，几乎为一条直线，作用力也最弱。四种相互作用是统一的，问题的关键是弄清各个相互作用"常数"形成机制和背后的共同基础。

13、有关光学问题的思考

古老的经典物理理论的确不是很完善，有些需要修正的地方，但是经典物理理论所确定的原则和理念却是不容置疑和否定的，如能量转化与守恒原理、频率不变性…。现代物理学，特别是相对论和量子力学，为了"说明"经典物理理论一时难以解释的实验现象，竟不惜抛弃经典理论数百年来所确定的原则和理念，以及人类长期积累起来的经验和逻辑法则，另起炉灶，搞出了一套令地球人瞠目结舌、争议性很大的新理论。相对论已成为现代物理学的正统主流理论，在它巨大"辉煌"的背后，隐匿和交织着逻辑的混乱和荒谬。相对论的荒谬不止在于其理论本身，更在于其对科学思想的毒害，相对论造成的知识与思想的混乱是前所未有的，现在人们在前沿科学领域已分不清何为正确何为错误？爱因斯坦说：理论开始不荒谬，未来就没希望。自相对论开始，荒谬绝伦的东西大行其道，科学基础理论又进入了混乱与黑暗的时代。

在这里，笔者无意于展开对相对论的批判，而是想在经典物理理论的框架下重新思考和探索光的频率、波长和波速三者的关系及相关问题，澄清混乱不堪的物理学天空，还原出一个清晰明朗的物理学图景。

现在的物理学内容到处充斥着矛盾，乱象丛生。例如说，按相对论的解释，光线逆着引力场方向运动，频率降低，波长增长。若是这样，太阳发射的氢红线传播到地球，频率应不断降低，波长应不断增长，即传播到地球的氢红线波长应比其在太阳时的波长长。而资料上又说，实验证实，太阳处的氢红线波长比其传播到地球波长长，地面上的氢红线波长为6562.10埃，太阳处的氢红线波长为6562.113埃，比地面上的氢红线长了约0.013埃。可见，相对论的推论与实验观测事实完全相反。再如，机载原子钟环球飞行实验，飞机的飞行速度都是相对地面参考系的，按相对论的相对性原理，飞机上的原子钟，不论东飞西飞，飞机上的原子钟都应该比地面上静止的原子钟"慢"，而实际结果是，东飞的"慢"了，西飞的"快"了。这样的例子比比皆是，俯拾即是，只是学界不敢正视，或视而不见罢了。

笔者经过反复深入细致的研究后认为，颜色及光谱线与波长没有确定的对应关系，只与频率有确定的对应关系。为什么这样说呢？根据朴素的经典物理学思想观念，频率是不变的，假如有一束红光射入纯净的水中，红光在水中仍是红光，颜色没有变，而光在水中速度是要变小的，波长是要变短的，只有频率保持不变，这说明光的颜色与波长没有直接的对应关系，只与频率有直接的对应关系。

上述中我们说过，按相对论的观点，光线从太阳传播到地球，频率减小波长增长，同种光线在地球处的波长应比在太阳处的波长长。教科书又说，实验表明同种光线在太阳处的波长比在地球处的波长长，如氢红线的波长在太阳处比在地球处长了约0.013埃，明显这是矛盾的。现代光学理论知识非常混乱，没有一个确定的统一的系统的认识，头痛医头，脚痛医脚，顾头不顾尾，到处充斥着矛盾，这里的矛盾是由于对光谱线认识错误造成的。

科学主流根据相对论光速不变理论认为，光谱线的位置变化与波长和频率都存在对应的变化关系，若波长变长，同时也是频率变小；若波长变短，同时也是频率变大。这种认识是错误的，并且造成了非常严重的后果，宇宙大爆炸理论可以说来源于此错误的认识。笔者认为，光谱线只与光频率相联系，二者存在直接的对应变化关系，而与光波长没有直接的对应变化关系。至于本题，根据能量转化与守恒定律，可以计算出太阳处的光速为 $299793089.1m/s$，比地面处的光速 $299792458\ m/s$ 高 2.105×10^{-6}。发射光速的变化是发射频率的变化造成的，即氢红线在太阳处的发射频率比其在地面的发射频率高 2.105×10^{-6}，而与波长没有关系，氢红线在两处的发射波长是一样长的。实际上，根据笔者的研究，在任何位置任何运动状态下同种光线的发射波长都是一样长的。光线发射后频率不变，所以氢红线在太阳处发射后传播到地球上来，其频率仍是在太阳处的发射频率。从太阳的光谱线中我们得到氢红线谱线，再与地面上发射的氢红线谱线进行位置上的比较，测量发现二者位置有变化，变化率约为 2.105×10^{-6}，与两处的光速变化率相一致。

至于光谱线表达的是什么，是频率还是波长，或者别的什么东西，从光谱线位置的变化率本身上是不能作出判断的，就事论事都能表面上作出解释。笔者经过多方面综合性考虑，认为光谱线表达的是频率，不是波长，和波长没有直接关系。因为如果表达的是波长，则要违反能量守恒原理，违反 $E=hf$ 公式。光谱线也不可能是现在物理学隐晦表达的意思：既表达波长，也表达频率。可想而知，一个物理量要同时表达两个不同、乃至相反的物理量是不可能的。假如光谱线移动了，又假如与地球标准的该光谱线位置相比较是增大的，按光谱线同时表达波长和频率，则一面波长变长——红移，一面频率变大——蓝移，这是矛盾的，也违反了 $c=\lambda f$ 的基本公式。

频率的变化反映了光谱线位置的变化，光谱线位置的变化对应地反映了频率的变化，二者具有确定的对应关系。可以这样说，光谱线是光线频率有序的排列线。频率变化有两种表现形式：一种表现形式是光线种间频率的变化，如氢红线与钠黄线，每个种类的光线对应着一个不变的频率，可以这样认为：频率决定光线种类。频率不同，光的种类不同，频率对应着光谱线的基本位置；另一种表现形式是同一条光谱线结构性变化，如氢红线的光谱线，一般来说，不是单一的线，而是有精细结构的，是有很多很多细线组成的，表示着很多很多不同的频率，不过光谱线精细结构间的频率相对来说一般变化不大。光谱线超精细结构反映了光源体在引力场中的位置及运动速度等方面的情况。

地面光速为 $299792458m/s$，根据能量转化与守恒定律，可推算出日面内在光速为 $299793089.18533m/s$，比地面的发射的内在光速值增加了 2.105×10^{-6}。发射的内在光速的变化是由发射频率变化造成的，即该光线在日面发射的频率比其在地面发射的频率高 2.105×10^{-6}。发射波长保持不变，即该光线在日面发射的波长与其在地面发射的波长是一样的，氢红线在地面发射波长为 6562.10 埃，在日面发射的波长也是 6562.10 埃，教科书说 6562.113 埃是不对的，是对谱线"红移"错误解释的张冠李戴。

以上所说的是光线发射时的情况。光线发射后，在传播过程中，频率始终保持不变，传播光速和传播波长是变化的，根据公式 $c = \lambda f$，传播光速与传播波长正比例变化。例如氢红线在日面发射时，速度为 299793089.18533m/s，波长为 6562.10 埃，与它在地面发射的波长一样。在日面发射后向地面传播，根据机械能转化与守恒定律，在传播中，传播光速和传播波长同步减小，传播到地面时光速减小到与地面发射的光速基本差不多一样大，但不是一样大，地面发射的光速是 299792458m /s，而日面发射传播到地面上空的光速是 299792456.64286m/s，其中的差别是光发射时两处光源的运动速度造成的。联想一下，在这里我们似乎看到了量子力学 $pq \neq qp$ 的身影，谁为自变量，谁为因变量，计算结果是不同的。也不是计算造成的问题，而是此时的自身与彼时的"自身"不同造成的。传播波长同步减小到地面发射的氢红线波长的 $\dfrac{299792456.64286}{299793089.18533}$ 倍。所以，太阳发射的氢红线相较于地面发射的氢红线是频率变大，是蓝移，不是红移，波长不但没有变长，反而变短了。

教科书说：波长越长，红移越大。由于科学界搞错了光谱线表达的对象，原本表达的是频率，搞错成表达的是波长，真实的情况应该是频率越高，蓝移越大。对这一实验现象，目前尚没有一个理论能作出合理的解释，若用笔者小小改进的理论就可很容易地对这一实验现象作出合理的解释：

公式：$c = f\lambda$

从而有：$c_r = f_r \lambda_r$ （1）

$c_0 = f_0 \lambda_0$ （2）

将（1）÷（2）得：$\dfrac{c_r}{c_0} = \dfrac{f_r \lambda_r}{f_0 \lambda_0}$ （3）

由于发射波长不变，$\lambda_r = \lambda_0$，则（3）简化为：

$$\frac{c_r}{c_0} = \frac{f_r}{f_0}$$

$$f_r = \frac{c_r}{c_0} \cdot f_0 \quad (4)$$

设 $\dfrac{c_r}{c_0} = k$，代入（4）得：

$$f_r = k f_0 \quad (5)$$

将（5）式等号两边同减 f_0 得：

$$f_r - f_0 = k f_0 - f_0$$

$$\Delta f = (k-1) f_0 \quad (6)$$

从（6）式可以看出，Δf 与 f_0 成正比，频率 f_0 越高，"红移"量 Δf 越大。只要思路正确，有些看起来很复杂很深奥的问题，实际上很容易解决，有时候只是一个很简单的数学问题。

笔者认为，元素的特征谱线反映的是发射的内在频率，即光谱线与内在频率具有对应关系，打个比喻，频率是光谱线位置座位上的主人。

寻找物理量间的关系，有效的方法是从数量的变化上着手进行解析。以氢红线从太阳传播到地球为例，光

151

线在引力场中传播，根据经典物理理论观点，频率发射后始终保持不变，又根据公式 $E = hf$，既然频率 f 不变，h 为普朗克常数，那就是说氢红线从太阳传播到地球过程中，其能量 E 始终保持不变，说得更通俗点，氢红线在太阳处的能量与在地球处的能量是相等的。问题出现了，根据能量转化与守恒定律，太阳处的内在光速 c_r 要比地球处的内在光速 c_0 大，又根据公式 $E = \frac{1}{2}mc^2$，太阳处的氢红线能量（动能）为 $E_r = \frac{1}{2}mc_r{}^2$，而地球处的氢红线能量（动能）为 $E_0 = \frac{1}{2}mc_0{}^2$，由于 $c_r > c_0$，所以 $E_r > E_0$。同一种光线用两个不同的公式计算，得出矛盾性的结论，一个说两处的氢红线能量相同，一个说两处的氢红线能量一个大一个小。问题出在哪里呢？一个可能性的解释是：公式 $E = hf$ 中的普朗克"常数" h 是变量。

普朗克常数 h 可变性的证明性推导：

设光线在地球处的速度、频率、质量和普朗克常数分别为 c_0、f_0、m_0、h_0，同条光线在太阳处的光速、频率、质量和普朗克常数分别为 c_r、f_r、m_r、h_r，对同一条光线来说，用 $E = \frac{1}{2}mc^2$ 和 $E = hf$ 算得的值应该是相等的，即：

$$\frac{1}{2}m_0c_0{}^2 = h_0f_0 \qquad\qquad (1)$$

$$\frac{1}{2}m_rc_r{}^2 = h_rf_r \qquad\qquad (2)$$

（2）÷（1）得：$\dfrac{m_rc_r{}^2}{m_0c_0{}^2} = \dfrac{h_rf_r}{h_0f_0}$ \qquad\qquad （3）

由于内在发射光速的变化是发射频率的变化造成的，即 $\dfrac{c_r}{c_0} = \dfrac{f_r}{f_0}$，而光线的质量 m 与该光线的频率连锁在一起的，有多少频率就相应有多少质量，有多少质量也相应有多少频率，频率增加或减少多少，质量就同比例地相应增加或减少多少。相互变化关系式：$\dfrac{m_r}{m_0} = \dfrac{f_r}{f_0} = \dfrac{c_r}{c_0}$，将其代入（3）并化简得 $h_r = \dfrac{c_r{}^2}{c_0{}^2}h_0$ \quad（4）

（4）是一个非常重要的公式，完全由严谨的推导而来。该公式说明，所谓的普朗克常数实际上不是常数，而是变数，其变化率等于内在光速值变化率的平方。

上面的推导只涉及到两处发射的光线，没有涉及到光线从一处发射传播到另一处的普朗克"常数"的变化，下面推导光线传播中的两处普朗克"常数"变化公式：

a，假如太阳发射的光速为 c_r，传播到地面后光速降为 c_0，频率保持不变，传播到地面后仍是在太阳发射时的频率 f_r，普朗克常数 h 表达的空间属性，在地面上应该使用地面上的普朗克常数 h_0，太阳处的普朗克常数用 h_r 表示。

各物理量间有如下关系式：$\frac{1}{2}m_r c_0{}^2 = h_0 f_r$。

根据 $\frac{1}{2}m_r c_r{}^2 = h_r f_r$ 得 $f_r = \dfrac{\frac{1}{2}m_r c_r{}^2}{h_r}$，代入 $\frac{1}{2}m_r c_0{}^2 = h_0 f_r$ 中得：

$$h_r = \frac{c_r{}^2}{c_0{}^2}h_0 。$$

b，假如光线从地面发射传播到日面。光线到达日面时光速从 c_0 升为 c_r，频率保持不变，传播到日面后仍是在地面发射时的频率 f_0，在日面上应该使用日面上的普朗克常数 h_r。

各物理量间有如下关系式：$\frac{1}{2}m_0 c_r{}^2 = h_r f_0$。

根据 $\frac{1}{2}m_0 c_0{}^2 = h_0 f_0$ 得 $f_0 = \dfrac{\frac{1}{2}m_0 c_0{}^2}{h_0}$ 代入 $\frac{1}{2}m_0 c_r{}^2 = h_r f_0$ 中得：

$$h_r = \frac{c_r{}^2}{c_0{}^2}h_0$$

从 a、b 两个途径得到的光线传播中的普朗克变化公式为 $h_r = \dfrac{c_r{}^2}{c_0{}^2}h_0$，如同光线从两处发射的普朗克变化公式是一样的，都为 $h_r = \dfrac{c_r{}^2}{c_0{}^2}h_0$。

笔者后来发现推导思路有偏差，光线传播中的普朗克变化公式 $h_r = \dfrac{c_r^2}{c_0^2} h_0$ 是错误的，从地面发射的光线传播到日面，只要没有与地面上的物体接触，其速度就不等于地面光源发射的光速；同理，从日面发射的光线传播到地面，只要没有与日面接触，其速度就不等于日面发射的光速。既然从日面传播而来的光速与地面发射的光速不等，那日面的普朗克常数与光线传播到地面后的普朗克常数又是怎样的变化关系呢？笔者研究后推导出如下关系式：$h_r = \dfrac{\dfrac{c_r^2}{c_0^2} h_0}{\dfrac{c_{rd}^2}{c_0^2} h_0}$，$h_r = \dfrac{c_r^2}{c_{rd}^2} h_{rd}$。同一地点不同来源的光速（内在光速）不相同，普朗克"常数"也因而不相同，世界上不存在两片完全相同的树叶，光线也是如此，两条完全相同的光线大概也是没有的。由于普朗克"常数"的可变性，即使光线的频率相同，光线具有的能量也可以是不同的。由于一般情况下，普朗克"常数"变化很小，故而普朗克"常数"作常数来计算，结果仍是相当准确的，但不是绝对准确。在这里，我们似乎看到了隐藏于微观粒子背后所谓的不确定性原理。

下面讨论能量守恒原理、平衡及对称性问题。

机械能转化与守恒定律正确性是不容怀疑的，但也只是转化前后能量的总量相等，并不表示在转化过程中各量的变化是平衡对称的。动能与势能有所不同，动能具有绝对性，势能只具有相对性，因而动能与势能在转化中是有所不同的。地面上的光源发射的光速传播到日面上空，与日面上发射的光速并不相等，前者带有地面光源运动速度方面的信息，包括地球公转运动速度、自转运动速度及光源在地面上的运动速度方面的信息。日面上发射的光速却带有太阳自转运动速度方面的信息。

能量转化与守恒定律总是成立的，地球在轨道位置上在静态条件下发射的光传播到日面上，其速度与太阳在静态条件下（不自转）发射的光的传播速度相等。实际上，两静止的天体发射的光传播到同一地方，速度总是相等的。光速如若不同，那也是两天体运动速度不同造成的。

相同的速度具有相同的作用与影响，光源在地面上或是在日面上，只要是运动速度相同，无论是在地面上，还是在日面上，或是其它什么地方，其对光源的作用和影响就是相同的。计算可知，日面上发射的光传播到地面上（不与地面接触），其速度将比地面发射的光速低约 1.5m/s，因为地面上的光源叠加了地面的公转速度（30km/s）和自转速度（464m/s），而日面上的光源仅叠加了太阳自转速度 2000m/s，故光速有此差异。同理，地面上光源发射的光传播到日面上，只要没有与日面上的物质接触，其速度将比日面上光源发射的光速快约 1.5m/s。可以看出，同一地点来自地面和日面不同来源的光速是不相等的，之所以不相等，是光源不同的运动速度造成的。来自不同光源的光速虽然不相等，但从能量转化上看，每一方都严格遵守了能量转化与守恒定律。

在势能与动能转化过程中，光的势能始终是参与转化的，光子的势能减小，其动能必定等量增加；光子的势能增加，其动能必定等量减小。动能转化为势能却不是这样，光源的运动速度是参与其发射光线的速度合成的：$c_v^2 = c_j^2 + v^2$，光源运动给发射光子增加的能量基本上不参与转化过程，好比是预备部队，对适时的战场态势没有影响。这部分外挂式的能量不参与转化过程，转化只与光子在引力场中的位置变化相关，而与光子发射时的能量没有关系，光子的初始能量高，转化的量也是那么多，光子的初始能量低，转化的量也是那么多。从现量上看，动能与势能的转化并不是完全平衡对称的。在这里，我们好像看到了宇称不守恒的影子，似乎找到了宇称不守恒的原因。笔者隐约感觉到所谓的对称性破缺、宇称不守恒的根本原因是速度上的相对性原理不成立。

根据普朗克公式 $E = hf$，可以看出，无论什么光线，每个频率所含的能量是一样的，而光的质量与频率是对应的，因而光的质量与其能量也是对应的。

光速 c、频率 f 和波长 λ 三者总的关系为 $c = f\lambda$，狭义相对论认为光速是始终不变的常数，频率与波长成反比关系。实际情形并非如此简单，光速、波长和频率都有变的时候，也都有不变的时候。根据能量转化与守恒定律，内在光速是变的，它的变主要是由光源的运动速度及在引力场中的位置引起的。内在光速的变化是由发射频率的变化造成的，而发射时的波长不变。

光速不变有几种情形：在同一引力场面和同一运动状态下，所有种类的光线都有相同的内在光速，不论光线的频率是多少，也不论是红光绿光，所有的光线的内在光速一律相同，从这方面说，光速是不变的。在此情形下，波长与频率成反比，频率大，波长短，频率小，波长长，不同种类的光线具有不同的波长和频率；另一种光速不变是传播光速不变，这种光速不变比较彻底和全面，不但所有种类的光线具有相同的传播速度，而且同一种光线在传播中速度始终不变，一律全部始终是 $299792458 m/s$。传播光速不变或许确有其事，但最多也只能是光线自身的传播速度不变，不可能是与其他物体相对速度（光速）不变，爱因斯坦把它扩大化了。

频率决定光线在光谱图中的基本位置，光线在光谱图中位置变动是频率变化造成的。光线发射之前频率是可变的，如果相关条件不同，同一光线发射的频率就不同。这里所说的相关条件主要是指光源的位置和运动速度。在本文有关章节中说过，光源的运动速度影响内在光速。光源的运动速度不同，内在光速就不同，二者的关系为：$c_v^2 = c_j^2 + v^2$。例如说，光源体在地面上以速度 v_1 或速度 v_2 运动，那么光源体在这两种情形下发射的内在光速就不同，同种原子发射的同条光线的频率就不同，频率与光速及与光源运动速度关系为：$f_v = \dfrac{c_v}{c_0} f_0$。

光线发射后光速的变化是由波长的变化造成的，二者同比例变化。

笔者认为，光源体的位置（位能）决定光谱线的基本位置，所谓的红移蓝移主要是光源体的位置（位能）变动造成的，它影响着普朗克常数的大小变化，但对精细结构变化不造成影响。光源体的运动速度（动能）对普朗克常数的大小变化不造成影响，对光谱线的基本位置变动不造成严重影响，但对精细结构变化要造成严重影响。

例：假如赤道地面光速 $c_0 = 299792458 m/s$，地面静止的光源体发射的氢红线的波长为 $\lambda_0 = 6562.100000$ 埃，又假如该光源体在距地面 $300km$ 作正圆周运动的宇宙飞船上发射氢红线，（1），问发射的氢红线的频率和波长各是多少？（2），宇宙飞船处普朗克"常数" h_k 是多少？（3），氢红线在地面、宇宙飞船处的能量各是多少？（4），氢红线在地面、宇宙飞船处的质量各是多少？

解：（1），地面氢红线频率为

$$f_0 = \frac{c_0}{\lambda_0} = \frac{299792458}{6.5621 \times 10^{-7}} = 456854449033084 Hz$$

根据机械能转化与守恒定律计算宇宙飞船发射的氢红线的速度：

$$c_0{}^2 - v_{dz}{}^2 - \frac{2G_d M_d}{r_d} = c_k{}^2 - v_k{}^2 - \frac{2G_k M_d}{r_k}$$

v_{dz}：地球赤道自转速度，$v_{dz} = 465 m/s$；G_d 地面处万有引力常数值，$G_d = 6.67 \times 10^{-11} m^3 kg^{-1} s^{-2}$，$G_k$ 宇宙飞船处万有引力常数值，由于与 G_d 的值相差微乎其微，故约取 G_d 值代替。M_d：地球质量，$M_d = 5.942 \times 10^{24} kg$；$c_k$：宇宙飞船处发射的光速值，待求。$v_k$：宇宙飞船的绕行速度，$v_k = \sqrt{\dfrac{G_k M_d}{r_k}}$；$r_k$：宇宙飞船到地心的距离，$r_k = 6371000 + 300000 = 6671000\, m$

将相关数据代入 $c_0{}^2 - v_{dz}{}^2 - \dfrac{2G_d M_d}{r_d} = c_k{}^2 - v_k{}^2 - \dfrac{2G_k M_d}{r_k}$ 式中，解之得：

156

$c_k = 299792458.08988111$

发射内在光速的变化是由发射频率变化造成的，发射波长保持不变，故宇宙飞船发射氢红线的波长为

$\lambda_k = \lambda_0 = 6562.100000$ 埃。发射频率为 $f_k = \dfrac{c_k}{c_0} f_0 = 456854449170054Hz$

由于宇宙飞船发射的氢红线比地面上发射的氢红线频率高，故为谱线蓝移。

（2），计算宙飞船处的普朗克"常数"值：

地面的普朗克"常数"为 h_0，宇宙飞船处普朗克"常数为：$h_k = \dfrac{c_k^2}{c_0^2} h_0 = \dfrac{299792458.08988111^2}{299792458^2} h_0$

（3）a，计算氢红线在地面处的能量：根据公式 $E = hf$ 计算，将 $h = h_0 = 6.62606896 \times 10^{-34} j \cdot s$，

$f_0 = 4568544490 33084 Hz$ 代入计算得：

$E = 3.027149084 \times 10^{-19} J$

b，计算氢红线在宇宙飞船处的能量：根据公式 $E = hf$ 计算，分成两种情况，一种是氢红线在地面发射传

播到宇宙飞船上的，这时的氢红线频率为 f_0，宇宙飞船处的普朗克"常数"要用公式 $h_k = \dfrac{c_k^2}{c_0^2} h_0$ 计算。

$E = hf = h_k f_0 = \dfrac{c_k^2}{c_0^2} h_0 f_0 = 3.027149086 \times 10^{-19} J$

另一种是氢红线在宇宙飞船发射的，此时的氢红线频率为 $f_k = \dfrac{c_k}{c_0} f_0$，普朗克"常数"仍为 $h_k = \dfrac{c_k^2}{c_0^2} h_0$，

氢红线的能量为：

$E = hf = h_k f_k = \dfrac{c_k^2}{c_0^2} h_0 \dfrac{c_k}{c_0} f_0 = \dfrac{c_k^3}{c_0^3} h_0 f_0 = 3.0271490867 \times 10^{-19} J$

比较一下，氢红线在地面上发射传播到宇宙飞船上的能量与其在宇宙飞船上发射所具有的能量是不同的，

之所以不同是因为两处发射的频率不同，也可以说是质量不同。仔细想一下，这都是发射之前就决定的了事情，

并不违反发射后的频率不变和质量守恒，也不违反能量守恒原理。

（4），a，计算氢红线在地面上的质量：

$$\frac{1}{2}m_0{c_0}^2 = h_0 f_0$$

将相关数据代入计算得 $m_0 = \frac{2h_0 f_0}{{c_0}^2} = \frac{2E}{{c_0}^2} = 6.73631519796 \times 10^{-36} kg$

b，计算氢红线在宇宙飞船处的质量：

分两种情况，一种情况为氢红线在宇宙飞船发射的，此种情况下，氢红线的频率 f_k 为 $f_k = \frac{c_k}{c_0} f_0$；发射的

内在光速 c_k，普朗克"常数" h_k 按下面公式计算：$h_k = \frac{{c_k}^2}{{c_0}^2} h_0$。将相关数据代入 $\frac{1}{2}m_k{c_k}^2 = h_k f_k$ 中：

$$\frac{1}{2}m_k{c_k}^2 = h_k f_k$$

$$\frac{1}{2}m_k{c_k}^2 = (\frac{{c_k}^2}{{c_0}^2} h_0)(\frac{c_k}{c_0} f_0)$$

$$m_k = \frac{2c_k h_0 f_0}{{c_0}^3} = \frac{c_k}{c_0} m_0 = 6.7363152000 \times 10^{-36} kg$$

另一种情况为氢红线在地面上发射传播到宇宙飞船处，此时的氢红线频率为在地面发射的频率 f_0，此种情

况下的普朗克"常数"要按下面公式计算：$h_k = \frac{{c_k}^2}{{c_0}^2} h_0$。将相关数据代入计算得：

$$\frac{1}{2}m{c_k}^2 = (\frac{{c_k}^2}{{c_0}^2} h_0)f_0$$

$$m = \frac{2h_0 f_0}{{c_0}^2} = m_0 = 6.73631519796 \times 10^{-36} kg$$

计算结果表明，氢红线在宇宙飞船上发射的质量与其在地面上发射后传播到宇宙飞船上的质量不同，说明光线的质量并不因为传播而发生改变。当然，这是在普朗克常数 h 可变的前提下才有的结论。

158

光线在引力场中运动，内在波长的变化总是与内在光速的变化如影随形，内在光速变大，内在波长也变大，内在光速变小，内在波长也变小，二者的关系式为 $\dfrac{c_r}{c_0} = \dfrac{\lambda_r}{\lambda_0}$。至于谁为因谁为果，则没有必要加以区别，就像数学上的两个变量的函数关系，谁是自变量谁是因变量，改变一下函数关系书写方式，则自变量因变量的角色就互换了。

频率的大小变化导致光谱线的移动，即通常所谓的红移和蓝移。比地面发射的同种光线频率大的为蓝移，光谱线向蓝端移动；比地面发射频率小的为红移，光谱线向红端移动。现代物理学认为，红移的原因有很多种，主要有引力红移、多普勒红移和宇宙学红移。笔者认为没那么复杂，红移的原因就是光线发射频率的变化，凡能引起发射频率变化的因素，如光源的运动速度及在引力场中的位置，都能引起光谱线移动。天文观测发现，宇宙天体发射的光线普遍具有红移现象，更有一种特别使人惊讶的现象，竟然发现有红移率超过 1、甚至于 10 的光线，即使按相对论公式计算，天体的运动速率非常接近于真空中的光速，这怎么可能呢？专家把红移的原因主要归结为宇宙膨胀，并进一步发展为宇宙大爆炸理论。笔者认为宇宙膨胀、宇宙大爆炸等理论都是一些充斥着矛盾的非常荒谬的理论。

但怎样解释宇宙普遍存在的"红移"现象、特别是巨大"红移"现象呢？笔者认为，科学界首先就发生了一个张冠李戴性错误。光谱线原本表达的是频率，却错认为表达的是波长，这就把频率变大看作波长变长，把蓝移看作是红移了，所以现在认为的"红移"实际上是蓝移。普遍的蓝移及巨大的频率变化是怎样产生的呢？道理很简单，宇宙中大多数天体发射的光线的速度（内在光速）比太阳系发射的光线的速度（内在光速）快，发射的频率比地球上的同种光线的发射频率大，有些巨大质量高密度的天体，如中子星、白矮星等，发射的内在光速比地球发射的内在光速快上几倍、甚至十几倍，并不是不可能的事。发射内在光速越大，意味着发射频率越大。光线发射后频率保持不变，传播到地球，与地球发射的同种光线的光谱线进行位置上比较，可知两处发射频率大小变化，彼处发射频率越大，意味着蓝移越大。可见，由谱线所谓"红移"推出的宇宙膨胀、宇宙大爆炸理论都是一些无稽之谈。哈勃定律也是错误的。

例，设有一天体位于离银河系中心 1000 光年处，质量（M）为 $10^{32}\,kg$，半径（r）为 $10^7\,m$，求该天体红移值？

笔者原本打算仿照求水星光速的方法来求出该题所考察天体的光速，可查找不到必需的相关数据，如该天体绕行公转速度，想通过 $v = \sqrt{\dfrac{GM}{R}}$ 计算出公转速度，可又不知道质量 M 是多少？这个质量不是银河系的总质量，而应该是其公转轨道内所有天体的质量总和，轨道外的天体质量不应该纳入计算。因而无法比较准确计算出考察天体发射的光速值，也就不能够计算出红移值。若能计算出光速值 c_x，则可根据公式 $z = \dfrac{c_x - c_0}{c_0}$ 计算出"红移"值。z 大于 1，——蓝移；z 小于 1，——红移。虽然不能计算出该天体确切的光速值，但基本可以确定其光速是大于 c_0 的，只是大多大少的问题，因而可以肯定是蓝移。

联想到天文观察到的星系外围天体的绕行速度与内围天体的绕行速度差不多，不符合经典理论的计算。想想，也并没有什么奇怪的事，从公转公式 $v = \sqrt{\dfrac{GM}{R}}$ 来说，外环与内环相比，一是外环万有引力"常数" G 增大了，G 的变化公式为 $G_w = \dfrac{c_n}{c_w} G_n$，内环的光速 c_n 大于外环的光速 c_w，故外环的 G_w 要大于内环的 G_n；二是外环轨道内所有天体的质量总和 M_w 要大于内环轨道内所有天体的质量总和 M_n，$M_w > M_n$。这两个因子都使得外环公转速度 v 增大，只有半径的增大使公转速度 v 减小。这就很自然而合理地解释了所谓的速度"异常"现象，根本不需要"暗物质"假设。同样，本文的观点能够很好解释所谓的红移、乃至巨大"红移"现象，也根本不需要"暗能量"假设。

我们现在讨论一下光谱线的超精细结构及展宽问题。大多数谱线不是一条狭窄的单线，而是具有一定宽度和结构特征的线条。一条谱线不是表示具有单一的频率，谱线宽正是由于不同的频率造成的。也可以这样说，谱线展宽是频率变化的结果。光源运动是发射频率变化的原因之一，在光谱图上表现为光谱线展宽，由于天体的自转运动及运动的方向性，谱线峰值两边的宽度是不对称的。导致光谱线移动的光源运动速度不仅是指宏观光源的运动速度，也包括宏观光源内部发光微粒的运动速度。速度的向量法则说明，各方向的向量速度是不一样的，这也是导致谱线不对称的一个原因。另外，由于发光微粒的运动速度不同，也是谱线变宽的原因之一。笔者猜想，同一光源发出的所有光线，同种的或不同种的，都有相似的谱线结构，如太阳发射的氢红线超精细结构变化与钠黄线的谱线超精细结构变化应差不多。不同光源发出的光线的谱线超精细结构变化应有所不同。就是说，谱线超精细结构说明其光线携带着光源位置及其运动状态等有关特征信息。

普朗克常数 h 与引力常数 G 一样也不是一个固定不变的数值，也是变化的，现代物理学认为能量是间断的，是量子化的，现在经过推导出来的公式 $h_k = \dfrac{c_k^2}{c_0^2} h_0$，这在一定程度上又把量子化的能量给连续起来了，填平了间断与连续的鸿沟，用经典连续的概念解释了令人困惑的能量非连续性问题。原子的能级的确是间断的，能级对应的轨道似乎彼此之间是离散的，其实这并不是绝对的，间断与连续彼此依存。根据电子跃迁的能量量子化表现，可以合理推断：不是电子在轨道任何地方都可进行跃迁，很可能只在某些特殊点上跃迁，如近核点或远核点，并且跃迁时只接收或辐射特定范围的能量子。可以作如下想象：绕核运转的电子的运动轨道都是椭圆，外轨道的近核点与内轨道的远核点彼此重合，如 a 图；也可能轨道的近核端都相切重合，远核端离散，如 b 图。电子在重合点处可实现轨道变换（跃迁），当接受光子时，电子从内轨道进入外轨道，当辐射光子时，电子从外轨道进入内轨道。也许还有其它轨道交接过渡方式，但不管何种情形，有一点是明确的，即电子运动轨迹不是间断的，而是连续的，电子的各个运行轨道是相接的。在原子核与绕核运转的电子之间有电场，当然也有引力场，但电场力比引力大很多个数量级，电场力的作用是主要的。这些微域中的电场、引力场与宏观中的电场、引力场并没有什么本质上的不同，都遵守同样的物理学规律，在场不同位置具有不同势能，绕核运动的电子有不同的运动速度，完全可以想象和理解，跃迁表现出量子化与能量、时空的连续性是一点矛盾都没有的。

a   b

笔者认为玻尔理论基本是正确的，电子绕核运动是有轨道的，只是电子绕核运转得很快，周期很短，电子进动得很快，并且是全方位立体性质的，所以电子的运动看起来没有轨道，完全是随机性的，教科书用"电子云"作形象化描述，实际上电子的轨道淹没了轨道快速变化之中。三个因素凑合促成了电子云现象：椭圆轨道、轨道跃迁和电子进动。单电子原子尚且如此，多电子原子更是如此。事物是普遍联系的，牵一发而动全身，系统外的电子也在运动，位置在发生变化，变化的作用环境时刻影响着电子的运动轨迹。玻尔理论起码有两点认识不是很到位，第一，原子微域同样充斥着变化的电磁场和引力场，在轨道上运动的电子与原子核的距离 R 变化必然伴随着能量的变化；第二，即使同一点，轨道大小不同，电子运动速度不同，所具能量也就不同。有了这两点认识，就可在经典电磁理论的基础上合理地推论出能量是连续的，卢瑟福模型和麦克斯韦电磁理论并没有不可调和的矛盾，二者是可以同时成立的。能量量子化，运动连续化，跃迁在两个相切轨道中进行，从大轨道进入小轨道，或从小轨道进入大轨道，跃迁前后两轨道的能量差等于辐射或吸收的光子能量。电子的行为是确定的，其随机性表现是我们认识的局限性和知识的不完备性所致。电子跃迁与卫星变轨应该有相同的机理，只是一些细节问题尚未搞清楚，特别是定量计算，譬如光速、频率和波长有哪些决定因素，以及三者之间的变化关系？笔者相信，用改进后的轨道理论也能合理解释和计算原子光谱及其精细结构。笔者坚持古老朴素哲学思想，有因必有果，有果必有因，没有无果之因，没有无因之果，因果律是任何科学理论必须坚守的底线，所谓的空间间断说是荒诞无稽的。

下面我们把讲义的内容再扩展一下，谈谈波粒二象性问题。这个问题是几百年来争议最大的问题，也是物理学最根本的问题之一，实事求是地说，这个问题直到现在都没有得到很好的解决。现代物理学对波粒二象性的解释比较凌乱而牵强，其中充斥着幽灵鬼魅。有几个版本，我认为都不正确，什么坍缩、随机与几率、互补原理…，统统都是无稽之谈，统统都是深陷唯心主义泥坑而不能自拔的解释。在这个问题上，爱因斯坦是对的，上帝不掷骰子，因果律不能丢，决定论不能弃。笔者认为，光具有波粒二象性，即光既是粒子，又是波，二者是可以统一的。我对光的二象性的解释是：光是作波形运动（或螺旋形运动）的微粒子。粒子性是本质，波形运动（或螺旋形运动）是其运动形态。不止是光子，象电子等微粒子都具有波粒二象性，只不过有的时候有的情况下某方面的属性表现得充分些，而另一方面的属性表现得隐晦些罢了。

当然，哲学思想不能代替具体的科学，那么我们怎样用波粒二象性解释双缝实验产生的干涉条纹现象呢？要解释这个问题，首先要弄清楚明暗条纹是怎样形成的？狭隘的粒子论者对这个问题张口结舌，明纹尚可回答，暗纹就难于回答了，——光子的叠加为什么反而变暗呢？

对这个问题的解释波动说似乎占了上风，波动说的解释是波峰波谷抵消了。这个解释对吗？我认为非常牵强。如果这样，那么一束阳光照射在昏暗房屋的墙壁上，我们根本就不可能看到光斑。为什么这么说呢？因为阳光各个频率各个相位都有，既有正相位的，又有负相位的，并且二者数目应基本相等，若象波动论所说正负相位两两相消，我们还能看见光斑吗？光都相消了，还能看见什么？可光斑明明在那里呀！以其人之道还治其人之身，这说明波动论相消的解释不正确。

那么应怎样解释干涉条纹才是正确的呢？笔者对这个问题进行了思考，得出了新的结论。坦率地说，笔者的认识不一定正确，或许只能算是尝试性探索。无论如何，对波粒二象性直至目前为止的所有解释我都不满意，认为都不对，对我来说，这个认识从学习了解量子力学的困境中自然而然产生的。既然认为波粒二象性原解释不对而要重新作出新解释，很明显，我不能沿用前人的思路，如果那样的话，我只可能接受和得出前人的结论，因为我并不比前人聪明，也不比前人掌握的知识多，我凭什么作出与前人不同而更合乎实际的结论呢？就像在同一条道路上驾车比赛，我不可能比前人跑得更快更好。每个人都是独特的，我要在这个问题上取得突破，绝不能走老路，必须有新的独特的思维方式，采用与前人不同的思路，我必须退回问题的原处，重新选择方向和道路。

综合各方面相关知识，我认同光波粒二象性结论。前人作出这个结论是被迫无奈的，是强行性的，既然是

162

必须的，那也表示是合理的。虽然如此，二者的矛盾性显然并没有得到解决，这为后来层出不穷的悖论和令人恶心的理论演化埋下了伏笔。我对光波粒二象性的诠释是微粒子（量子）作波形运动（或螺旋形运动）。这个诠释正不正确可以作进一步研究，起码表面上把二者有机结合起来。按这个解释，光不是弥散的，而是放射状的，"光芒"一词比较形象。

我们通常说光直线传播，这里却说作波形（或螺旋形）运动，两种说法其实并不矛盾，直线运动是从宏观上说的，波形（或螺旋形）运动是从微观上说的，就像在两条相隔很近的平行线间画波浪线，如果波浪线很长，从宏观看来这条波浪线就是一条直线。再比如螺纹钢，如果螺纹钢很长很长，螺纹钢上的螺纹也可看做直线。至于为什么是波形（或螺旋形）运动，而不是实实在在的直线运动？它的机理是什么？这是另外值得探讨的问题。光是横波，这里所谓的波形运动（或螺旋形运动）及光在实验上表现出的衍射、干涉现象应该与光的偏振性具有内在的相关性。

光有很多方面的特殊性质，这些特殊性质使我们的定式思维陷入困境，只有辩证思维才能使我们摆脱困境。光是"实体"粒子，它在以太海洋中作波浪型运动前进，类似于人在海洋中作冲浪运动。

笔者对波粒二象性和双缝实验形成明暗相间干涉条纹的机理进行分析探讨，作出了独特的创新性的解释。对于双缝实验，在这里我们主要讨论两个问题：一是干涉条纹形成机制；二是讨论该实验测量光波长的方法是否正确？

对于干涉条纹形成机制，现在是利用波的干涉说来解释的：两列波波峰与波峰（或波谷与波谷）叠加——相长，波峰与波谷叠加——相消。该解释非常形象，道理简单明晰，该解释表面看起来很有道理，而实际上并没有道理，是一种表面化的形而上学的解释，该解释实际上否认了光的粒子性，割裂了波动性与粒子性的联系。双缝实验形成的"干涉"条纹虽然是光波动性强有力的证明，但光的粒子性也是有坚实的实验基础的，是被实验证明了的，所以任何光的波动性或粒子性单方面的解释都不是正确的解释，只有兼顾了这两个特性的解释才有可能是正确的解释。

双缝实验是科学发展史上最著名的十大科学实验之一，特别在量子力学方面占有举足轻重的地位和作用，但对双缝"干涉"条纹形成机制，直到现在学界都没形成普遍认同的解释。主流相对比较认同的哥本哈根解释漏洞百出，匪夷所思，反直觉、反逻辑，充斥着鬼魅色彩，根本不可能是正确的解释。什么坍塌，什么死活叠加，什么量子纠缠，在笔者看来，简直就是胡说八道，令人作呕。其他解释有的更加荒谬，更加不值一提。笔者对双缝实验进行了深入研究，并力图在经典物理学理念基础上作出合理的唯物实在论的诠释。

要解释干涉条纹形成机制，首先要解决光的波粒二象性的问题。光的一些现象表现出粒子性，用波动说似乎没法解释，而另一些现象又似乎只能用波动性来解释，用粒子说解释不了。光兼有粒子性和波动性这两方面的性质，而在传统概念中，这两个性质是完全对立的，这就困扰和难倒了人类。解决这个问题的关键是解决粒子性和波动性的统一性问题。

笔者对光的波粒二象性的解释是：光是作波形运动（或螺旋形运动）的微粒子。粒子性是光的本质，波动性是光的运动形态。这就是说，光是实物粒子，不是经典概念的波。两束光叠加，不可能相消。很简单的道理，若能相消，何必要等到光到达光屏的时候才相消？恐怕早在传播途中就相消掉了！又何必要通过双缝到达光屏时才产生相消？不通过双缝为什么就不能相消，是何道理？如果相消说成立，从道理上讲，两束手电筒的光叠加也能相消，甚至也不用两束手电筒光了，一束手电筒光自身也能叠加相消，世界必然是一片黑暗。可我们的世界仍然是朗朗乾坤，事实表明相消说是没有道理的，"干涉"条纹形成另有原因。

光是作波形（或螺旋形）运动的微粒子，两束光叠加不存在相消现象。双缝实验之所以能产生明暗相间的"干涉"条纹，是因为作波形（或螺旋形）运动的光子由于相位不同，有的被狭缝边缘阻挡而不能通过，在屏幕形成暗区，有的没有被阻挡而通过在屏幕形成明区，这也是单缝形成的衍射条纹，如果双缝中一条缝形成的衍射条纹与另一条缝形成的衍射条纹机缘巧合叠加，则形成了双缝明暗相间的"干涉"条纹。

进一步说明，这个波形指的是余弦波（或正弦波），至于到底是波形还是螺旋形？笔者尚无确定答案，需要作进一步研究，不过，不管是波形运动还是螺旋形运动，最后的结果都一样，都能导致形成明暗相间的"干涉"条纹。

这个解释突破了传统的粒子性和波动性的固有观念，把以经典理论观念看来完全对立的二者揉合在一起。如此一来，双缝干涉实验"干涉"条纹形成就能得到比较合理的解释。至于为什么作波形（或螺旋形）运动？这需作进一步研究，这个问题的答案或许我们可以从电磁波现有知识或原子轨道理论得到启示。

下面简略说明一下双缝实验是怎样形成明暗相间的"干涉"条纹的？

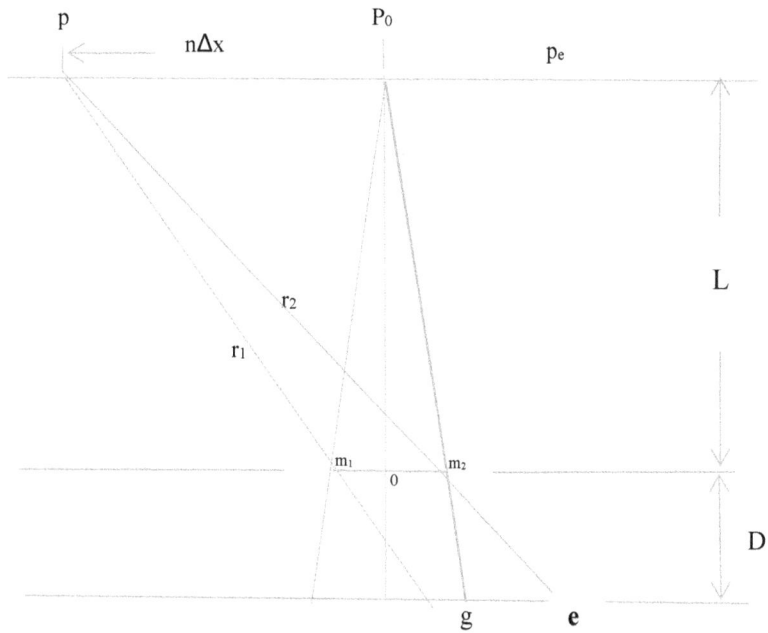

双缝实验"干涉"条纹形成机制示意图

假如双缝是横向排列的两个竖狭缝，现假如有一束自然光光波从单缝的右侧射向双缝中的右缝，由于光是横波，那么竖直振动的光线无论相位如何将全部顺利通过，每条光线通过狭缝后在光屏上形成一个光点，同一个周期不同相位的光线形成的光点上下排列，形成一排，高度范围为两倍振幅。横向振动的光线能否通过狭缝要根据具体情况来确定，假如光线中间平衡线恰好傍着右缝左边缘通过狭缝，显然，光线中间平衡线左侧的光线被左边缘"刮掉"而不能射到屏幕上去，只有平衡线右侧的光线才能射到屏幕上，由于相位不同在光屏上横向排成一排，宽度为一个波振幅范围。正是由于竖直的狭缝边缘对横向振动光线选择性通过，才造就了单缝的衍射条纹，继而在此基础上形成所谓双缝明暗"干涉"条纹。

对于一条光线来说能不能通过狭缝？首先要看偏振方向，其次要看光线到达狭缝边缘时的相位，二者都适合的才能通过。对于一条光线来说，要么通过狭缝，要么被狭缝边缘"刮掉"而不能通过，绝对不可能一边通过一边不通过。一半通过，一半刮掉，是相对于光线众多数量而言的，具体到某条光线能不能通过狭缝，那要看该光线到达狭缝边缘时的相位。

在屏幕上光线数量到达多的区域形成明区，到达少的区域形成暗区，原本要到达暗区的光线在通过狭缝时有些光线被"刮掉"了。明暗两个半区形成一条衍射条纹，光线从发射点到在屏幕上的落点成"直线"。可以看出，明区或暗区的宽度对应的是该光波的振幅，而不是通常所认为的波长。

165

同理，如果光从单缝左侧傍着双缝中的左缝右边缘射向光屏，同样可以产生明暗相间的衍射条纹，可以想象，该情形与上述情形只是左右作了互换，其它的并无实质性差别。

分别来自左右缝的光线形成的衍射条纹相互叠加形成所谓的"干涉"条纹，再次重申：只存在光子在光屏上数量和分布密度的叠加，不存在所谓的"干涉"。由于两列光同源，它们在振动周期、波长和振幅上基本相同，故而形成相对固定、形态重复的明暗条纹。

假如光波是正弦波，光波相位从 0^0 到 360^0 为一个周期。可以想象，达到双缝边缘相位在 $0^0 < \varphi < 180^0$ 范围内的光线可以通过狭缝，相位在 $180^0 < \varphi < 360^0$ 范围内的光线则被边缘阻挡，不能通过狭缝。这样，只有半个周期的光线通过狭缝到达光屏，另半个周期的光线不能通过狭缝到达光屏。等于说，在该周期光波传播途径上，一段有光子，一段没光子，在光屏上，一段有光子落下，一段没光子落下。周而复始，循环往复。对于这个周期而言，有光子落下的是明区，没光子落下的是暗区。

我们再来考察明区。由于光子的运行轨迹是正弦（余弦）曲线，可想而知，光子在光屏内的落点分布也是不均匀的，一段密，一段稀，呈正（余）弦值分布。假如光源每时每刻均匀发射光子，每个周期每个同样的角度发射同样多的光子，譬如说在每 1^0 度角的周期时间内，发射 100 个光子，那么相位角 0^0 到 30^0，有 30^0 的角度差，计有 3000 个光子发射，这些相位（$0^0 < \varphi \le 30^0$）的光子可以全部通过狭缝到达光屏，又假如光屏明区（亮条纹）的宽度为 1.0cm，则这 3000 个光子分布的宽度为 $1.0 \times (\sin 30^0 - \sin 0^0) = 0.5cm$。假如相位角是从 60^0 到 90^0，也是 30^0 的角度差，也是计有 3000 个光子发射，这些光子也都能通过狭缝到达光屏，计算可知，这 3000 个光子的分布范围为：$1.0 \times (\sin 90^0 - \sin 60^0) = 0.134cm$，可见分布密度比上面的大得多。至于偏振方向引起的光子在屏幕上的落点横向分布纵向分布的问题，那是正弦函数余弦函数变换问题，这是处理角度与方法问题，对明暗条纹的形成不产生实质性影响。

上面的处理方式是静态地看待发射点，依次考察不同的发射点，光源实际上变成了动态的发射点，因而不同发射点发射的光线形成的衍射条纹也是动态的并且形态基本相同。

光线通过双缝中的一条狭缝可以形成明暗相间的衍射条纹，同理光线通过另一条狭缝同样可以形成基本一样的明暗相间的衍射条纹。

再次重申：明暗相间的衍射条纹实质上是光子在不同区域落点数不同造成的。由于光线波长、频率、振幅基本相同，因而两条基本一样的明暗相间的衍射条纹叠加形成与原衍射条纹大体相似的明暗相间的"干涉"条纹。"干涉"条纹毕竟是由衍射条纹叠加复合而成的，二者有所不同是完全可以想象的。

光直线传播，三点成一线，在这里这些原理并不是绝对严格成立的，严格地说，光不是直线传播，从微观上说，光曲线传播。可想而知，既然光子作曲线运动，"三点成一线"自然也就不成立了，三点在一个幅度范围内相互变动，可以不在一条直线上。也正是因为光子作曲线运动，才能在狭缝选择性通过下形成明暗相间的衍射条纹，进而复合成"干涉"条纹。

通过作图可知，光屏中部很多的"干涉"条纹是由三条或四条衍射条纹叠加复合而成的。叠加的衍射条纹越多，干涉条纹越清晰。

根据"干涉"条纹形成机理可以反向推知，双缝中的两个单缝都不能过宽，以几个波长或振幅宽为宜。狭缝若过宽，暗区落下的光子过多，明暗条纹分别就不明显，衍射图样就变得模糊，继而使得形成的双缝"干涉"条纹不明显。

双缝实验明暗条纹形成机制新诠释具有颠覆性的科学和历史意义，一扫过去诠释的鬼魅性和笼罩在科学天空上的唯心主义浓密乌云，使现代物理学重新回归于唯物主义范畴之中。每个光子的行动都是确定的，没有飘忽不定的随机性，没有什么坍塌，没有什么纠缠，更没有什么自由意志和神秘莫测的幽灵，不存在处于生死叠加状态薛定谔的猫，决定论又光荣地回到物理学中。

本诠释实质上是支持光的粒子说的，光是粒子不是波，不过作余弦波形运动。正因为作波形运动，光子才在一定条件下产生了衍射现象，这实际宣告了惠更斯-菲涅尔原理对光的衍射干涉的解释不正确。即使惠更斯-菲涅尔理论能成功说明泊松光斑的形成和其它现象，也不能因此就说证实了古老波动说的正确，因为本文用粒子波形运动说同样可以合理说明泊松光斑的形成和其它现象，就象本文对双缝实验中双缝间隔背后中央亮条纹形成的解释。

本诠释是颠覆性的，但也不是天马行空胡思乱想，即使思辩色彩最浓厚的光子作"余弦（正弦）运动"假想，也不是无根无据的突然冒出，也是有科学思想知识传承的，光的电矢量、磁矢量不就是余弦（正弦）曲线吗？学界认为对哥本哈根派解释最强有力支持的贝尔不等式不成立的实验，本诠释也能自然而然地作出唯物主义实在论的合理解释，所谓的纠缠性已经蕴藏于光子曲形运动之中，学界苦苦寻找的所谓隐变量实际上隐藏在粒子的波形运动之中，量子之间相关性呈角度的余弦 $\cos\theta$ 变化，光子作余弦运动是量子之间相关性呈角度的余弦 $\cos\theta$ 变化的本源，两光子原本就是其相位间的余弦关系，当然要表现出它们间的余弦关系来，不关定域性什么事！所谓最大困惑原因就是如此简单。总而言之，本诠释是合理的科学的。

双缝干涉实验既不诡异，更不恐怖。

下面解析教科书双缝实验波长测算方法存在的问题和错误。归纳起来，教科书双缝实验测算方法及公式主要存在下面这些问题和错误：

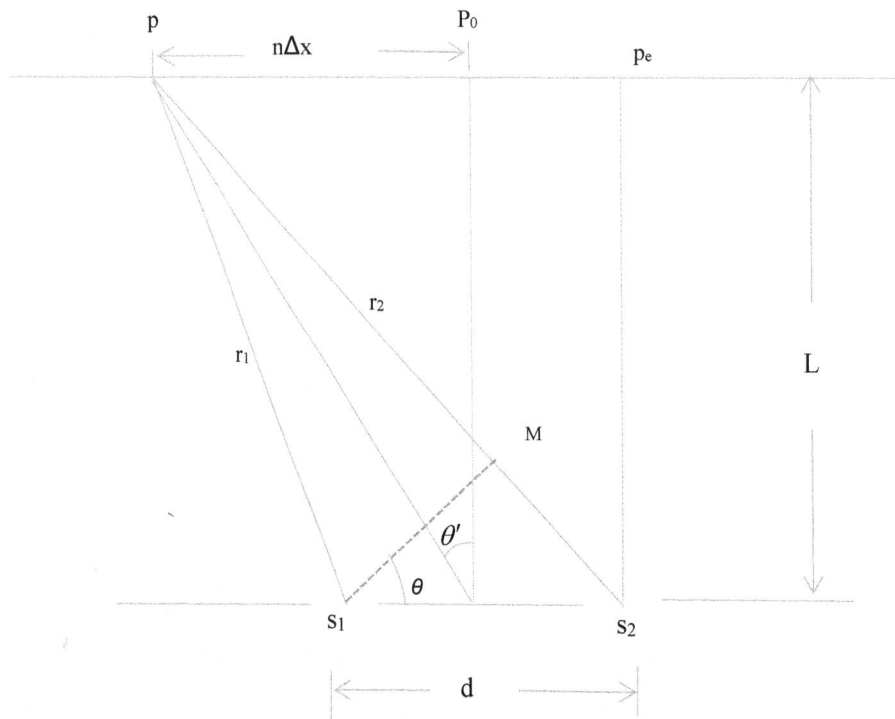

教科书双缝实验测算波长的方法存在问题和错误解析示意图

①从 r_2 上取一点 M，使得 $pM = r_1$，则 $\Delta s_1 pM$ 是一个等腰三角形，等腰三角形两底角不可能是直角，即 $\angle s_1 M s_2 \neq 90^0$，把它作直角处理本来就是错误。教科书说由于顶角 $\angle p$ 很小，故而近似把它作直角处理。下面在尊重这个不合理的假设性的前提条件下进行严密的数学推导，看有什么结果？

从图中可以看出：$\because \angle\theta = 90^0 - \angle s_1 s_2 p$，$\angle s_1 s_2 p = 90^0 - \angle p s_2 p_e$，

$\therefore \angle\theta = 90^0 - \angle s_1 s_2 p = 90^0 - (90^0 - \angle p s_2 p_e) = \angle p s_2 p_e$

$\because \angle\theta' = 90^0 - \angle o p p_0$，$\quad \angle o p p_0 = \angle o p s_2 + \angle s_2 p p_e$，$\angle s_2 p p_e = \angle 90^0 - \angle p s_2 p_e$，

$\therefore \angle\theta' = 90^0 - \angle o p p_0 = 90^0 - (\angle o p s_2 + \angle s_2 p p_e) = 90^0 - \angle o p s_2 - (90^0 - \angle p s_2 p_e)$
$\quad = \angle p s_2 p_e - \angle o p s_2 = \angle\theta - \angle o p s_2$

可见 $\angle\theta \neq \angle\theta'$ ，而在教科书中，在没有作任何说明的情况下，就把这两个角作了相等处理，并用了同一个相同的符号 θ 表示，先从符号上进行模糊化，取消差别，实际上两角根本不相等。

②，在教科书的方法中，认为当 $\angle\theta$ 和 $\angle\theta'$ 很小时，$\sin\theta$ 可近似地看做与 $\mathrm{tg}\,\theta'$ 相等，实际上作了两次近似相等处理了。在 $\angle\theta$ 和 $\angle\theta'$ 很小时这样处理尚无不可，但问题是 $\angle\theta$ 和 $\angle\theta'$ 并不是始终都很小，二者都是个变量，图中的 P 点随着向左移动，s_2p 边（r_2）绕 s_2 点逆时针转动，$\angle s_1ps_2$ 将越来越小，$\angle\theta$ 和 $\angle\theta'$ 都相应地越来越大，甚至于趋近 90^0，可见只有在 pp_0 比较小的时候，$\angle\theta$ 和 $\angle\theta'$ 才比较小，$\sin\theta$ 才略等于 $\mathrm{tg}\,\theta'$，否则二者不能作相等处理。再者，不能机械僵化地处理问题，当 $\angle\theta$ 和 $\angle\theta'$ 都很小时，$\sin\theta$ 与 $\mathrm{tg}\,\theta'$ 虽可近似看做相等，但在此问题上，计算的光波长本身非常微小，角度微小的变化差异也可能造成计算出的光波长产生相对较大的差异，这与我们想比较精准测算出光波长的初衷背道而驰了。

③，s_1、s_2 分别标记的是左缝的中点和右缝的中点，这两个点都是想像中的虚空的点，周围空间都可以透光，在如此情况下，有什么必须的理由只能利用从这两点发出的光线在光屏上汇合叠加形成的干涉条纹来计算波长，而不能利用其它的光线来计算？如此众多的光线都能通过狭缝，这与狭缝中点用来作计算的特定光线是相矛盾的。

④，每个单缝宽虽然很窄，但与教科书的测算方法计算出的可见光数百纳米波长比起来仍是很宽阔的，估计有数百条光线可以并排通过狭缝，参予形成"干涉"条纹的光线占通过狭缝光线总数估计将不会超过数百分之一，对形成"干涉"条纹没有作用的光线相对多了就会削弱"干涉"条纹明暗效果。

⑤，在教科书波长测算方法中，从中央亮条纹（p_0）开始，随着 P 向外扩展，r_2 是连续单调增加，从图中可以看出，根据勾股定理，r_2 长度的计算公式为 $r_2 = \sqrt{(x+\dfrac{d}{2})^2+L^2}$。而 r_1 却不是这样，从 p_0 开始，r_1 先是减小，当动点 P 在光屏上移至与 s_1 相垂直的地方时，r_1 减至最小，后又单调增加，但与 r_2 不同步，r_1 长度的计算公式为 $r_1 = \sqrt{(x-\dfrac{d}{2})^2+L^2}$。显然，$\dfrac{r_2-r_1}{\lambda}$ 一时变大一时变小，也就是 n 一时变大一时变小，而不是象 $\dfrac{p_0p_n}{\Delta x} = \dfrac{n\Delta x}{\Delta x} = n$ 那样，n 单调增大。再者，动点 P、固定点 s_1 和 s_2 三点构成一个动态三角形 $\triangle$，也就是动态线段 r_2 和 r_1 与固定线段 d 构成一个动态三角形 $\triangle$。根据三角形 $\triangle$ 两边之和大于第三边定理，可得 $r_2 - r_1 < d$，

倘若干涉条纹是两条光线光程之差(r_2-r_1)造成的，显然形成的干涉条纹个数 n 不会超过$\dfrac{d}{\lambda}$，而实际上，动点 P 点可以无限制向右移动，形成的干涉条纹个数可以无限制增加（$n\to\infty$）。通过数学几何分析可知，P 点向左移动离p_0点越远，(r_2-r_1)就增加得越慢，到后来，p_1向左移动得再多，(r_2-r_1)的差值几乎就不再增加了。教科书利用双缝实验测算光波长的意思很明显，(r_2-r_1)的差值每增加一个波长，P 点就向左移动增加一个明暗相间的"干涉"条纹，二者步调一致。现在步调显然不一致，这就形成了冲突和矛盾，笔者认为仅凭这一点就能够说明教科书的这种波长测算方法是不正确的。

下面通过精确计算更能说明教科书波长测算方法不正确。

显然的道理，无论r_2与r_1相差多少，对应形成多少个（n）明暗相间的"干涉"条纹，对于同一种光线而言，算出的波长应该是一样的，即无论 n 多大，$\lambda=\dfrac{r_2-r_1}{n}$应该是定值，如果不是定值，说明同一种光线的波长是一个变数，那就说明波长的测算方法是错的。由于教科书几次采用了粗略的计算，推导出的波长计算公式$\lambda=\dfrac{d\Delta x}{L}$问题多多，反映不出用来自两缝光线光程差计算波长的方法的荒谬性。为揭露该方法是错的，我们暂且承认用两缝光线光程差计算波长的方法是对的，只是存在精度的技术性问题，我们将精确计算不同数目（n）"干涉"条纹下的来自两缝光线的光程r_2与r_1：$r_2=\sqrt{(n\Delta x+\dfrac{d}{2})^2+L^2}$、$r_1=\sqrt{(n\Delta x-\dfrac{d}{2})^2+L^2}$，从而按教科书的波长计算方法计算波长：$\lambda=\dfrac{\sqrt{(n\Delta x+\dfrac{d}{2})^2+L^2}-\sqrt{(n\Delta x-\dfrac{d}{2})+L^2}}{n}$，根据计算结果再作讨论。

下面利用网上双缝实验资料数据，用上面教科书的方法初步计算光波长。设双缝平面与光屏距离$L=700mm$，双缝间距$d=0.25mm$，测得"干涉"条纹间距$\Delta x=1.84mm$。

根据教科书波长测算方法给出的粗略光波长公式$\lambda=\dfrac{d\Delta x}{L}$算得$\lambda=6.57142857\ 1\times10^{-7}m$。

根据教科书波长测算方法给出的粗略光波长公式$\lambda=\dfrac{\sqrt{(n\Delta x+\dfrac{d}{2})^2+L^2}-\sqrt{(n\Delta x-\dfrac{d}{2})+L^2}}{n}$计算波长，n 取不同数值，计算的光波长汇总列表如下：

n	r_2 （m）	r_1 （m）	λ （m）
	$\sqrt{(n\Delta x + \dfrac{d}{2})^2 + L^2}$	$\sqrt{(n\Delta x - \dfrac{d}{2})^2 + L^2}$	$\dfrac{r_2 - r_1}{n}$
0	0.7000000112	0.7000000112	中央亮条纹
1	0.700002758	0.7000021009	6.57129×10^{-7}
2	0.7000103414	0.7000090271	6.57149×10^{-7}
3	0.7000227611	0.7000207897	$6.57130333 \times 10^{-7}$
4	0.7000400169	0.7000373884	6.57125×10^{-7}
5	0.7000621084	0.700058823	6.5708×10^{-7}
6	0.7000621084	0.700058823	6.570258×10^{-7}
7	0.7001207967	0.7001161975	$6.56926286 \times 10^{-7}$
8	0.7001573923	0.7001521363	6.5695725×10^{-7}
9	0.7001988212	0.7001929086	$6.56935667 \times 10^{-7}$
10	0.700245083	0.700238513	6.568617×10^{-7}
50	0.706036129	0.706003551	6.5153976×10^{-7}
100	0.723810760	0.723747204	6.3554774×10^{-7}
1000	1.96877119	1.96853753	2.3366182×10^{-7}
10000	18.4134353	18.4131855	2.498166×10^{-8}

从表中可以看出，n 不同，计算出的波长 λ 不同，λ 成了一个变量，基本上随着 n 的增大逐渐减小。这非常奇怪，明明是同一种光线，两边两条光线的光程差每相差一个波长就对应在光屏上形成一个"干涉"条纹，怎么可能因为"干涉"条纹数的不同而计算出的波长不同呢？这只是数学计算，不存在测量误差和精度问题，出现这种情况只能说明教科书波长测算方法不正确。

既然教科书的利用两边光线光程差计算光波长的方法不正确，那如何正确计算光波长呢？笔者在考察斐索流水实验计算干涉条纹时发现：计算单边光路的波数变化得到的干涉条纹移动数比计算两边光路波数差计算得到的干涉条纹移动数要准确。于是，笔者采用发自同一个缝两条不同路径的光程差来计算波长，光程差每相差一个波长，就对应地在光屏上形成一个"干涉"条纹。这样，知道了两条路径的光程及其差值，又知道了"干涉"条纹的条数，就能计算出光波长。譬如第 n_2 级亮条纹的光程为 $r_{n_2} = \sqrt{(n_2 \Delta x + \frac{d}{2})^2 + L^2}$，第 n_1 级亮条纹的光程为 $r_{n_1} = \sqrt{(n_1 \Delta x + \frac{d}{2})^2 + L^2}$，由此可计算出光波长：

$$\lambda = \frac{r_{n_2} - r_{n_1}}{\Delta N} = \frac{\sqrt{(n_2 \Delta x + \frac{d}{2})^2 + L^2} - \sqrt{(n_1 \Delta x + \frac{d}{2})^2 + L^2}}{n_2 - n_1} 。$$

至于所谓的"干涉"条纹，只是来自双缝中一个缝的光线在光屏上形成衍射条纹，奠定了"干涉"条纹的基本轮廓，来自双缝中另一个缝的光线在光屏上形成衍射条纹叠加在前一个缝形成的衍射条纹之上，由于两条光线的频率相一致，且在同一实验条件下，故而各自形成的衍射条纹一样，可以相互重合，形成所谓的"干涉"条纹。"干涉"条纹实质上是衍射条纹的叠加。同时，根据教科书方法中存在的问题加以改进和完善，譬如双缝之间的距离 d（$s_1 s_2$）改为双缝间隔长度 d（$m_1 m_2$）。

理想很丰满，现实很骨感，想当然往往是靠不住的，当笔者代入数据进行具体计算时，却发现新方法犯有教科书方法同样的错误：计算出的波长 λ 值是个变数，条纹数 n 不同，算出的波长 λ 也不同。这说明新方法也不正确，或许双缝实验根本不适合直接用来测算光波长。

失之东隅，收之桑榆，上帝见怜，悯我辛苦，在给我关上一扇门的时候，又给我打开了一扇窗口。当我正为双缝实验不能用来测算光波长而烦恼之时，却发现该实验可用来测算光振幅 A。

每个明暗相间的条纹的宽度实际上双振幅 2A 的映射，从双缝实验"干涉"条纹形成机制示意图中可以看出，$\Delta pm_2 p_0 \sim \Delta gm_2 e$，光屏上 $p_0 p$ 有 n 条"干涉"条纹，单缝光源上 ge 有 n 个与之相对应的 2 倍原始振幅

2A 。根据相似三角形的性质，可得光振幅测算公式为：$A = \dfrac{\Delta x D}{2L}$ ，D：单缝平面与双缝平面的距离。公式正确与否？有待专业人士作严格的审查和验证。

事物是普遍联系着的，波长与振幅肯定有相关性，若双缝实验能测算出光振幅，则在大量相关实验的基础上归纳总结出波长与振幅的函数关系式，这样双缝实验也就可以间接测算出光波长了。

笔者还发现，用斐索流水实验可以测算光波长。详见《论文汇编》之<斐索流水实验证伪了菲涅尔部分拖曳理论>。

14、光行差新解释

科学界把光行差产生的原因说成是观察者与光源之间的相对运动而导致星光方向发生的变化，并用雨行差作比方来说明。

笔者认为这个观点和结论是错误的，比方也不恰当。雨行差本身不是一个真实而科学的表述。垂直下落的雨滴并不会因为观测者向前运动而倾斜，无论观测者的速度有多快，垂直下落的雨滴始终仍是垂直下落。雨行差只是转移考察目标而造成的假象。比方说，一群学生排队，矮的站前面，高的站后面，不能说站前面的学生变矮了，站后面的学生变高了。用雨行差来比喻"光行差"更是错上加错，光行差不是因为观察者与光源之间的相对运动造成的，星光的传播方向看起来好像发生了改变，使恒星的视位置发生了改变，所有这一切都是建立在表面化的想象和推测之中，这明显是一种形而上学的观点，把外因作为了变化的依据。产生光行差的直接原因不是外因，而是内因，是光本身的传播速度和方向确确实实发生了变化，继而在此基础上产生的镜像现象。追根溯源，至于导致星光传播速度和方向发生改变的原因，那是太阳和地球对星光产生的万有引力和以太折射共同作用使然。"光行差"不是一个贴切而科学的概念，但在这里，我们只是约定成俗使用这个表述。

太阳系正上方无穷远处的恒星光芒四射，一部分光向太阳系射来，其中一部分星光射向地球公转轨道外围。光是有质量的，要受引力作用，射向地球轨道外侧的星光在太阳和地球引力作用下将向太阳和地球偏转，星光的运动轨迹将是一条平滑的曲线，其运动速度和方向都相应渐渐发生着变化。把光子想象成一根短短的直棒，直棒在星光运动轨迹曲线任何点处与之相切，小直棒在曲线不同位置上有不同的朝向，也就是说在曲线不同位置上光的传播方向是不同的。

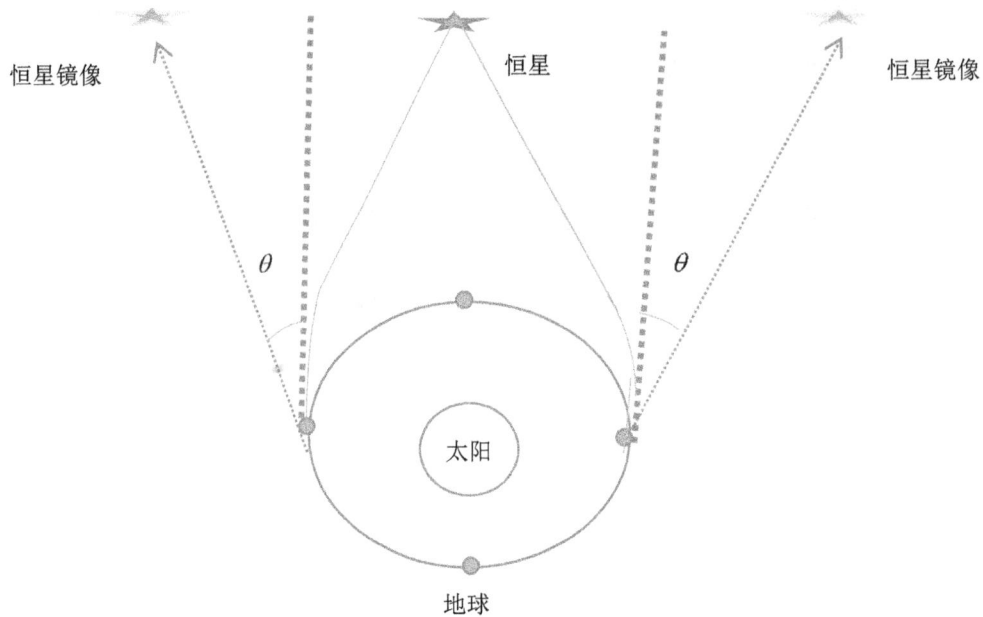

"光行差"形成示意图

世界是普遍联系着的，可以推知，恒星在静态条件下发射的星光不论速度是多少，传播到地面上时，其速度与地球在静态条件下发射的光速是一样的。反过来，太阳或地球在静态条件下发射的光传播到遥远的恒星上，其速度与恒星在静态条件下发射的光速是一样的。根据能量转化与守恒原理，地球在静态条件下（不公转不自转）地面上空光源发射的光速 c_{k_0} 为：$c_{k_0}{}^2 = c_0{}^2 - v_{dg}{}^2 - v_{dz}{}^2 = 299792458^2 - \dfrac{6.67 \times 10^{-11} \times 1.989 \times 10^{30}}{1.496 \times 10^{11}} - 465^2$

c_0：（离太阳 1.496×10^{11} m 时）赤道地面静态光源发射的光速，$c_0 = 299792458\,\text{m/s}$；$v_{dg}$：地球在离太阳 1.496×10^{11} m 时的公转速度；v_{dz}：地球赤道处自转速度。

解之得 $c_{k_0} = 299792456.5206048023$ m/s

此光线在太阳的引力作用下传播到无穷远处的速度 c_{k_∞} 为：

$$c_{k_\infty}{}^2 = c_{k_0}{}^2 - \frac{2GM_r}{R_{k_0}} = 299792456.5206048023^2 - \frac{2 \times 6.67 \times 10^{-11} \times 1.989 \times 10^{30}}{1.496 \times 10^{11}}$$

说明：G：万有引力常数，$G = 6.67 \times 10^{-11}\,\text{m}^3\text{kg}^{-1}\text{s}^{-2}$；$M_r$：太阳质量，$M_r = 1.989 \times 10^{30}\,\text{kg}$

解之得 $c_{k_\infty} = 299792453.5625356339 \text{ m/s}$

同理，遥远的恒星发射的光线在该恒星自身引力场作用下传播到无穷远处基本上也是这个速度。

无穷远是一个模糊的概念，无穷远的远穷远仍是无穷远，无穷远的 $\frac{1}{n}$ 仍是无穷远。假如太阳与恒星的距离为无穷远，取二者距离的中点，则中点到太阳的距离仍为无穷远，中点到恒星的距离也仍为无穷远。从上面的计算中可知，在太阳引力作用下，阳光传播到中点的速度基本为 $299792453.5625356339 \text{ m/s}$。合理推测，在静态条件下发射的星光不论速度是多少，传播到此中点时的速度基本也是 $299792453.5625356339 \text{ m/s}$。星光传播到中点后继续向地球传播而来，此后恒星对其发射的光线的引力作用越来越微乎其微，理论上不为 0，实际效果可看作是 0。随着星光越来越近，太阳和地球对星光线的引力作用力将会变得越来越大，使其加速，速度将会变得越来越快，到达地面上空时，速度从无穷远处中点的 $299792453.5625356339 \text{ m/s}$ 增加到 $c_{k_0} = 299792456.5206048023 \text{ m/s}$。

笔者认为，以太是存在的，没有以太有些问题似乎无法作出合理的解释。以太还存在密度问题。引力强度大的地方，以太密度大，内在光速快。引力强度小的地方，以太密度小，内在光速慢。以太对光有折射作用，以太密度大，折射率大。以太密度小，折射率小。折射率大小变化与光传播方向变化具有对应性。以太密度与光速具有正比例相关性，有些情况下用光速的变化来代表以太密度的变化。从地面上方到无穷远处的平均光速

为： $\bar{c} = \sqrt{c_{k_0} c_{k_\infty}} = \sqrt{299792456.5206048023 \times 299792453.5625356339}$
$= 299792455.0415702144 \text{（m/s）}$

星光在传播中一路发生折射，光的传播方向将一路发生改变，这个方向总的改变角度就是"光行差"。打个比方，有一支圆规，两支脚本来是等长的，圆规头指向正上方，现在有一支圆规脚调长或调短了一些，圆规头的指向将发生改变，不再指向正上方了，光行差的形成有点类似这个道理。

笔者研究认为，光在真空以太中的折射率为以太始末两态平均密度与以太始态密度的比值，转换为光速来计算，也就是对应的始末光速的平均值与始态光速值之比。

笔者研究发现，光行差 θ 的余弦函数等于始末光速的平均值与始态光速值之比：

$$\cos\theta = \frac{\bar{c}}{c_{k_0}} = \frac{299792455.0415702144}{299792456.5206048023}$$

$$\theta = 20.4889143''$$

这个数值只计算了太阳的作用，比教科书公布的光行差 $\theta = 20.49552''$ 稍小也在情理之中。若把地球的作

用归入计算：$c_{k_\infty}{}^2 = c_{k_0}{}^2 - \dfrac{2GM_r}{R_{k_0}} - \dfrac{2Gm_d}{r_0}$，（$m_d$：地球的质量；$r_0$：地球的半径），则计算出的光行差为

$\theta = 21.19837\,2''$。这个数值比 $\theta = 20.4955\,2''$ 大，这也不奇怪，因为此值是把地球的引力场与太阳的引力场重合在一起计算的，实际上二者是不重合的，越到后来两者的引力场方向几乎成 90^0 夹角，合作用就更小了。

以本观点推之，周日光行差是不存在的。周年光行差应基本相等，但以现在认可的光行差计算公式 $\cos\theta = \dfrac{v}{c}$ 计算，算出地球在近日点和在远日点的光行差值相差比较大，明显不是一个常数，这说明现在认可的光行差解释和计算方法都存在问题。

光行差现象说明光子是有质量的，要受到万有引力的作用。同时说明光速是可变的，同样要遵守矢量和法则。

我只是觉得现行教科书"光行差"的解释不正确，在这里提供一种不同的思路，并作粗略计算，并不一定正确，总之这个问题还需作全面深入的研究。

15、多普勒效应新思考

多普勒效应的原始意思是指音调在观测者与声源作相对运动的状态下与二者无相对运动状态下发生改变的现象。后来把音调变化的原因说成是二者相对运动时声波频率变化所引起，并把这一解释扩展到光波等一切波，这种多普勒效应解释明显违反了波的经典理论知识。波的经典理论知识告诉我们，波的频率只与波源的自身特性有关，而与环境条件及波源与观测者有无相对运动无关，也就是说多普勒效应与频率毫无关系。音调变化是客观存在的现象，显然有其它原因影响了音调变化。可想而知，影响音调变化的原因应与音调具有对应的变化关系，什么原因与音调具有对应的变化关系呢？一个显而易见的原因是声音的响度。观测者与声源的距离的变化与声音的响度相关联，又与音调相关联，人们自然会发生联想，声音的响度是音调变化的一个原因。声音的响度是否真是音调变化的原因之一，影响的程度有多大？这得靠科学实验来甄别。影响音调变化的另一个原因比较隐蔽，这个原因就是语速的变化，为了与声音的传播速度相区别，以免发生混淆，我们不妨把语速称之为语音节奏。观测者与声源的距离的变化影响语音节奏快慢变化，继而影响音调变化，并成为音调变化的主要原因，这就是本文的核心思想。

声波频率与音调有没有关系呢？毫无疑问，它们是有关系的，比如说，女人的音调比男人的高，是因为女人的发音频率比男人的发音频率高的缘故。作者进一步研究分析发现，音调、频率的变化是两个不同物体间的比较，甲物体的振动频率高，甲物体的音调就高，乙物体的振动频率低，乙物体的音调就低，这种不同声源间

的音调变化不是原本意义上的多普勒效应。原本意义上的多普勒效应是同一声源在不同运动状态下的音调变化。声波频率与音调有关系，声波频率决定着音调基调，但这种关系是先天的，声源体及其发音状态一旦确定，其发音的固有频率也就确定了，音调也就确定了，并不随声源体的运动状态等外部环境条件的改变而改变。因此可以说同一声源体在不同运动状态下的音调变化与声波频率没有关系，也就是说多普勒效应与频率没有关系。现在物理学把造成多普勒效应的原因说成是声波频率的改变，作者经过深入的探索研究后认为这种解释是错误的。

下面用举例的方式来研究多普勒效应，根据观测者与波源的不同的运动状态和情况进行分析讨论，先研究声波的，后扩展到光波。

一观测者站在笔直的铁路旁，一磁悬浮列车停在离观测者 $1700m$ 的地方，车上架着高音喇叭喊着口号："为人民服务"，语音节奏为 1 秒 1 字音，可视为语速频率 $1Hz$ 。假设空气不流动，声速为 $340m/s$ ，声波频率为 $170Hz$ ，波长为 $340/170=2m$ 。从这些条件中我们得到如下信息：语速频率与声波频率是两个不同的概念，每个字音可能有若干个声波振动，语音节奏不同并不表示声波频率不同，如一个人两次喊"为人民服务"这句口号，第一次用时 5 秒，第二次用 2.5 秒，两次的语速不同，但并不表示两次的声波频率就一定不同，两次的声波频率可能都是 $170Hz$ 。语音节奏相同，也不表示声波频率相同，如一个小女孩与一个大男人都喊"为人民服务"这句口号，用时都是 5 秒，即他们的语速相同，但这并不表示他们喊这句口号的声波频率相同，也许大男人的声波频率是 $170Hz$ ，而小女孩的声波频率是 $200Hz$ ；当声源与观测者无相对运动时，声源与观测者两处的语速频率与声波频率都无变化，都分别为 $1Hz$ 和 $170Hz$ ；观测者接收到的语音响度比声源发出的同字音的语音响度低，但由于传播的距离相同，每个字音响度衰减的幅度相同。

我们现在来考察观测者静止，声源向观测者运动的情形下的多普勒效应。列车以 $170m/s$ 的速度驶向观测者，当喇叭离观测者 $1700m$ 处时开始喊"为人民服务"口号，语音节奏同列车静止时一样，1 秒 1 字音。试分析此情形下多普勒效应及相关问题。

先分析语音节奏方面的情况。当喇叭开始发出"为"字音时，此时列车喇叭离观测者的距离 $1700m$ ，"为"字音从发出至被观测者听到需 5 秒钟。1 秒后喇叭开始发出"人"字音，列车已前进了 $170m$ ，此时喇叭离观测者的距离 $1700-170=1530$ （ m ），"人"字音从发出至被观测者听到需 $1530\div340=4.5$ （秒），观测者接收到该两字音时间间隔为 $5-4.5=0.5$ （秒），而它们发出时的时间间隔却是 1 秒，显然语音节奏加快了。借用一句古诗来形容：海日生残夜，江春入旧年。由于声源与观测者的距离越来越近，观测者听到的字音的响度将一个比一个大。从声波频率方面看，计算可知，"为"字音波阵面与"人"字音波间的距离为 $170m$ ，相当于 85 个完整波长。又从上面的计算知，观测者接收到该两字音时间间隔为 0.5 秒，这样，计算得到观测者接收到的声波频率为：$85 \div 0.5 = 170$（Hz），与喇叭发出的声波频率完全相同。

进行简单的逻辑思维也应得出波频率不变的结论，频率的两个决定因素是时间和次数，不管怎么变，次数总不会变，只要时间标准不作改变，频率怎么可能发生改变呢？再说，当声源把振动传递给介质后，声波将自个儿在空气中传播，怎么有可能再影响到已经脱离了关系的波的频率和波长呢？所以说把音调变化的原因归于频率变化是毫无根据和道理的。

教科书的波频率变化计算公式也从另一个侧面说明了把多普勒效应说成波频率变化是错误的。计算公式中，当波源朝向观测者运动，v_s（波源速度）又恰好等于u（波速）时，公式就会出现分母为0的情况，这是违反数学原理的，分母绝对是不能为0的。$v_s = u$并不违"法"，出现分母为0，只能说明公式不正确，进而追溯到理论的不正确。如果把多普勒效应解释成语音节奏变化，则分母为0的问题就不存在了。在这个问题上，不仅是相对论犯了错误，经典物理学同样犯了错误，否认了波速、波长和频率的客观性和绝对性，把它们纯粹看做是主观性和相对性的东西。波速、波频和波长都是对波自身性质的客观描述，不是相对观察者而言的，更不是观察者的主观感受，与观察者没有关系。教科书对多普勒效应的解释和计算明显是说波速、波频率及波长与观察者的运动状态是相关的，犯了概念混淆不清的错误。如果波速、波频率及波长真的与观察者相关的话，那么对波根本就不能进行描述了，波速、波频率及波长因而都成了多余和无用的概念，因为一百个观察者可能会有一百个不同的观测值，以谁的为准呢？一定要描述也可以，但必须首先说明观察者的运动状态，说上一大堆前提条件，即使这样，但描述的已不是波本身的特性了。

多普勒效应主要涉及绝对性与相对性的关系问题，绝对与相对是一种辩证关系，没有绝对，相对将因为没有共同的基础和统一的标准而变得毫无意义。相对论继承了马赫相对主义衣钵，过分夸大了相对性的作用与范围，忽视和抹杀绝对性。相对论和相对主义思潮是造成现代前沿科学困境和混乱的理论和思想根源，这在用多普勒效应解释和说明宇宙学问题上表现得非常明显。科学界和哲学界在这个问题上应该认真反思，拨乱反正，正本清源。

现在再来考察声源离开观测者情况下的多普勒效应。假如其他条件与上面的都相同，唯列车不是驶向观察者，而是以$170m/s$的速度离开观测者。在这种情形下，观测者接收到的音调变低了，字音之间的时间间隔拉长了，从静止时的1秒拉长到了1.5秒，相邻两个字节间的波数由静止时的170个增加到255个，观测者完整听完"为人民服务"这句口号的时间历时7.5秒，比列车静止时的时间增加了2.5秒。同理，此种情形下多普勒效应也是声源与观测者的实际距离变化引起的，与声音传播中的频率波长没有关系，声波的频率波长仍同静止时的一样，频率$170Hz$，波长$2m$。

利用水波纹来演示多普勒效应的图像给我们留下了深刻的印象，波源运动，在其前方波纹变密，在其后方波纹变疏，这个演示似乎充分表现了波频率和波长的可变性。其实不然，如果一定要用水波纹来比喻说明的话，那一条条水波纹就相当于语句中的一个个字音，即相当于"为人民服务"这句话中的某一个字音："为"、"人"……等，而不是这些字音在空气中传播介质的波动。水波纹的例子演示的是波源在运动时不同条波纹前后距离的变化关系，不是同一条波在前后时刻的变化关系。波的频率由波源的性质决定，波速与波长由介质的性质决定。从个体上看，每个波具有独立性，当有关条件确定后，波的频率和波长也就确定了，与其它波没有关系。波以波源为中心，以固定的速度、频率和波长向外扩展，形成独立向外扩展的同心圆。水波纹图像演示的是波纹的疏密、波纹间的距离和时间间隔的长短。波纹的疏密并不表示频率的高低和波长的长短。物理学把这两个不同的概念和现象给搞混淆了，所以用水波纹来演示波频率和波长的变化是不恰当的。通过具体的计算更容易看清这个问题，频率是由波数和时间两个因素决定的，波纹变密，表示两个相邻的波阵面间的距离缩短，之间的波数减少，就像前面所说的"为"字音波阵面与"人"字音波阵面间的波数从静止状态下的170个减为相向运动状态下的85个，对应的时间从原来的1秒减为0.5秒，频率仍然是170 Hz。波纹变疏，表示两个相邻的波阵面间的距离增长，之间的波数增加，"为"字音波阵面与"人"字音波阵面间的波数从静止状态下的170个增为相离运动状态下的255个，对应的时间从原来的1秒增加到1.5秒，频率也仍然是170 Hz。可见，波纹的疏密并不表示波频率的增减变化。另外，水波不是传统意义上的波，既不是横波，也不是纵波，与孤立波倒是十分相似，用它演示多普勒效应尚无不可，但把水波纹的疏密变化说成是波的频率变化则完全是乱点鸳鸯谱拉郎配了。

以上说的是观测者静止，声源运动的多普勒效应，下面再简单考察一下声源静止，观测者运动下的多普勒效应。假若喇叭安装在铁路边的电杆上，观测者坐在磁悬浮列车上，列车朝向或背离喇叭处运动，在此情况下，多普勒效应又是个什么样的情况呢？同理，多普勒效应也会发生，音调也会发生改变，产生的原因也是因为声源与观测者的实际距离变化引起，与声波传播频率没有关系。这比上面声源运动观测者不动的情形更加好理解，在声波被观测者接收之前，等于二者尚未建立关系，观测者的运动怎么可能影响到声波的频率与波长呢？声波频率是对声波在其介质中传播性质的客观描述，而不是观察者主观感觉的描述。

声源与观测者作相对运动时，音调确实要发生变化，趋近则升高，远离则降低，这是不可否认的事实，笔者不是要否认多普勒效应现象，而是认为科学界对造成这个现象的原因理解错了，解释错了。音调的变化是由于音节之间的时间间隔长短发生变化，音节的频率变化，再加上距离的改变导致音量变化而带来的结果，而不是声波的频率变化导致的结果。声波的频率自始至终都不会发生变化，声波的频率与声源及观察者的运动状态没有关系。

怎样用实验来验证音调的变化不是由声波的频率变化引起的，而是由语音节奏快慢变化及响度变化引起的呢？笔者设计了一个甄别实验，把录音带放得快点或慢点，最好配合对声响进行同步调节。如果音调发生升高或降低变化，说明多普勒效应是语音节奏快慢变化引起的，因为录音带放得快慢只可能影响到语音节奏快慢，而不可能影响到声波的频率变化。如果实验中音调没有发生变化，则音调变化有可能是声波的频率变化引起的，若有此情形发生，则说明物理学对多普勒效应的解释有可能是对的。

弄清了声波的多普勒效应问题，对光波的多普勒效应问题就容易理解了。光是电磁波，具有波动性，人们自然而然地认为光应该具有波的一切特性，应该具有多普勒效应现象。这种思想原本没有错，但什么现象是光的多普勒效应呢？人们找来找去，最后认为光波的红移或蓝移现象就是多普勒效应。从多普勒效应的本义上看，光波的频率与波长是不发生变化的，有没有多普勒效应与光波本身的频率与波长变不变化没有关系，完全是两回事，所以把光波的红移或蓝移说成是多普勒效应现象是错误的。光在宇宙空间的传播中确有红移或蓝移现象，但这些现象都不是多普勒效应。笔者对红移或蓝移现象进行了深入的研究，也找到了致使其发生的原因，主要是遥远的星光在某处和某种运动状态下发射出的某种光线频率与该种光线在地面上发射的频率不同造成的。由于传播过程中频率保持不变，星光传播到地面上，其频率比地面上发射的同种光线频率高——蓝移；若比地面上发射的同种光线频率低——红移。因非本篇内容范围，故在这里不作详述。有没有原本意义上的光波多普勒效应的例子呢？有，罗默利用木星卫星——木卫一的掩蚀进行的光速测量就是一个这样的例子。观察表明，木卫一绕木星公转一周需42.5小时，同时又观察到地球相对木星退行时，下一次木卫一被掩蚀的时间要向后推迟约10分钟，地球相对木星前行时，下一次木卫一被掩蚀的时间却要提前约10分钟，这与上例中字节间的时间间隔的压缩和延伸是相似的问题。必须清楚，音节节奏的快慢变化及木卫一的掩蚀周期变化不是声波与光波的频率变化，波的频率是不变的。

有必要解释一下，光波与声波有所不同，声波是纯粹的波，没有粒子性，而光却具有波粒二象性。声速与声源运动速度没有关系，而光源发射的光速（c_v）与光源运动速度（v）有关系，关系式为：$c_v^2 = c_j^2 + v^2$（c_j：光源静态下的光速）。

以上分析表明，现代物理学对光波的红移或蓝移的多普勒效应的解释是错误的，也就是说宇宙膨胀理论、大爆炸理论及哈勃定律等与此相关的许多理论都是错误的，应该摒弃，物理学、宇宙学等需要进行全面彻底的改造。

16、椭圆轨道公转速度公式推导及相关问题探讨

$v = \sqrt{\dfrac{GM}{r}}$ 是圆形轨道速度计算公式，而天体运行轨道大多数为椭圆，椭圆轨道速度怎样计算呢？

万有引力公式为 $F = \dfrac{GMm}{r^2}$，离心力计算公式为 $F = \dfrac{mv^2}{r}$，天体作圆轨道公转运动时，其所受万有引力等于其作圆轨道运动速度产生的离心力，即，$\dfrac{GMm}{r^2} = \dfrac{mv^2}{r}$，作公式化简和变换，$v = \sqrt{\dfrac{GM}{r}}$。天体作椭圆轨道公转运动时，其所受万有引力基本上不等于其作圆轨道公转运动速度产生的离心力，即 $\dfrac{GMm}{r^2} \neq \dfrac{mv^2}{r}$，因此天体作椭圆轨道运动时速度就不能用 $v = \sqrt{\dfrac{GM}{r}}$ 公式进行计算。那么，椭圆轨道速度是怎样的呢？有没有统一的计算公式呢？

下面，我们不妨用整体逻辑思维方法进行推导。

天体作椭圆轨道运动，其在近拱点端运动所产生的离心力大于其所受到中心天体的万有引力，即 $\dfrac{mv^2}{r} > \dfrac{GMm}{r^2}$，作公式化简和变换，$v > \sqrt{\dfrac{GM}{r}}$。而其在远拱点端运动所产生的离心力小于其所受到的万有引力，即 $\dfrac{mv^2}{r} < \dfrac{GMm}{r^2}$，作公式化简和变换，$v < \sqrt{\dfrac{GM}{r}}$。显然，从"大于"到"小于"，或者从"小于"到"大于"，都必然要经过"等于"阶段。若在椭圆轨道上能找到"等于"的点，即两力相等的半径（r），就能计算出该点的轨道运行速度，即 $v = \sqrt{\dfrac{GM}{r}}$。然后以该点的轨道运行速度（v）和半径距离（r）为基数，根据机械能转化与守恒定律推导出椭圆轨道任一点处的轨道运行速度计算公式。

假设天体运行轨道椭圆方程为 $\dfrac{x^2}{a^2} + \dfrac{y^2}{b^2} = 1$，如图：

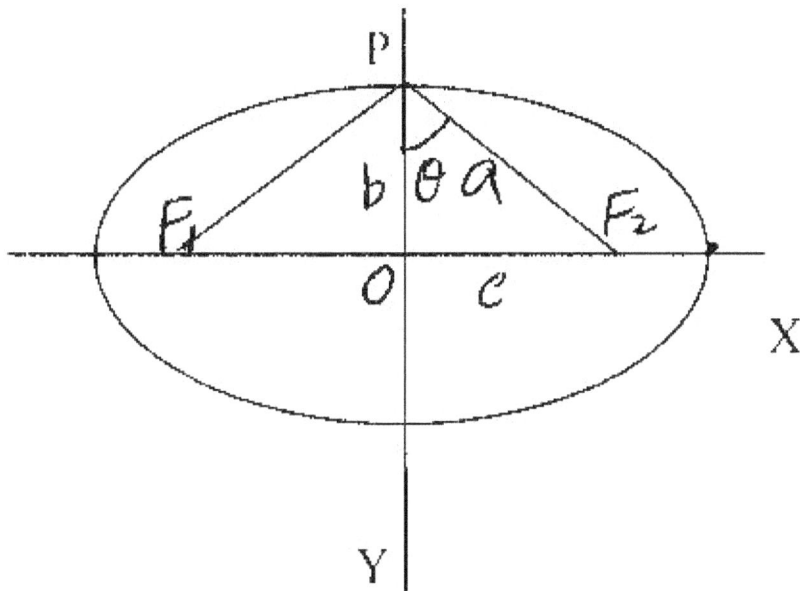

可以想象，万有引力与离心力相等的点应该在椭圆方程的拐点处，即 $y' = 0$。这个拐点在方程中是固定的，

181

并不会随方程坐标变换而移动，也就是说，椭圆方程的原点移动了，而拐点并不会移动。根据开普勒行星运行三定律，中心天体位于椭圆的一个焦点上，现在我们把椭圆方程 $\frac{x^2}{a^2}+\frac{y^2}{b^2}=1$ 的原点从椭圆的中心位置偏移至中心天体所在的椭圆焦点上，即原点从原来的（0，0）移至新位置（c，0）如图：

而拐点在轨道中的位置没有动，根据椭圆知识和坐标变换知识，可知新坐标原点到轨道拐点的距离（r）a，即在椭圆轨道方程拐点处 p'（-c，b），绕行天体所受中心天体的引力与其自身因圆周运动所产生的离心力相等，拐点处的绕行轨道速度为 $v=\sqrt{\dfrac{GM}{a}}$。

知道了天体在拐点处的绕行轨道速度和其与中心天体的距离，便可计算出绕行天体在椭圆轨道任何位置上的公转速度，方法是根据机械能转化与守恒定律。

设椭圆轨道某点处与中心天体的距离为 r，求该点处的绕行轨道速度。

根据机械能转化与守恒定律和上面的讨论，可列方程：

$$\frac{GM}{a}-\frac{2GM}{a}=v^2-\frac{2GM}{r}$$

方程运算变换：

$$v^2=\frac{2GM}{r}-\frac{GM}{a}=GM\left(\frac{2}{r}-\frac{1}{a}\right)$$

a 为椭圆方程半长轴。

下面用数学方法计算椭圆方轨道拐点处与中心天体的距离。

设椭圆方程为 $\frac{x^2}{a^2}+\frac{y^2}{b^2}=1$，将原点移至椭圆右焦点上，即新原点坐标为（c，0），原椭圆方程变换为

$\dfrac{(x'+c)^2}{a^2}+\dfrac{(y'+0)^2}{b^2}=1$，再变换为：$y'=\pm\dfrac{b}{a}\sqrt{a^2-(x'+c)^2}$

对方程 $y'=\pm\dfrac{b}{a}\sqrt{a^2-(x'+c)^2}$ 求导，

$$(y')' = \pm(\frac{b}{a}\sqrt{a^2-(x'+c)^2})'$$

$$= \pm\frac{b}{a}\times\frac{-2(x'+c)}{2\sqrt{a^2-(x'+c)}} = \pm\frac{b}{a}\times\frac{(x'+c)}{\sqrt{a^2-(x'+c)}}$$

令 $(y')' = 0$ ，则 $\pm\frac{b}{a}\times\frac{(x'+c)}{\sqrt{a^2-(x'+c)}} = 0$ 　解之得

$$x' = -c$$

将 $x' = -c$ 代入方程 $y' = \pm\frac{b}{a}\sqrt{a^2-(x'+c)^2}$ ，解之得：

$$y' = \pm b$$

在新坐标方程中，拐点的坐标为 (-c，b)，(-c，-b)，新坐标方程的坐标原点为（0，0），拐点到新方程的坐标原点的距离为：

$$s = \sqrt{b^2+(-c)^2}$$

或： $s = \sqrt{b^2+c^2}$

根据椭圆相关知识， s 即椭圆半长轴 a 。用数学方法都导出的绕行轨道拐点与中心天体的距离跟逻辑思维方法推导的二者距离完全一致，

下面进行具体计算，以检验推导出的公转轨道速度公式是否正确？

计算地球在近日点和远日点的公转轨道速度：

查阅相关资料，比较精确的万有引力常数 $G = 6.67259\times10^{-11}$ $m^3kg^{-1}s^{-2}$ ，太阳的质量 $M = 1.989\times10^{30}kg$ ，地球半长轴 $a = 149597887500m$ ，近日点的距离 $a = 147098074000m$ ，远日点的距离 $r = 152097701000m$ 。

将相关数据代入公式 $v^2 = GM(\frac{2}{r}-\frac{1}{a})$ ，计算得：

近日点的公转轨道速度 $v_j = 30287.241 m/s$

远日点的公转轨道速度 $v_y = 29291.664 m/s$

资料数据：

最大公转速度（即近日点的公转轨道速度） $v_j = 30287 m/s$

最小公转速度（即远日点的公转轨道速度） $v_y = 29291 m/s$

比较可看出，公式计算出的公转轨道速度值与对应的资料数据高度吻合，说明公转轨道速度计算公式 $v^2 = GM(\frac{2}{r} - \frac{1}{a})$ 基本上是正确的。

天体围绕中心天体作椭圆轨道运动，天体所受到中心天体的引力与自身因圆周运动产生的离心力一般情况下是不对等的，二者此消彼长矛盾运动的不平衡性必然带来一些方面的影响。首先使椭圆轨道形状发生改变，在近拱点端，离心力大于引力，使得绕行天体远离中心天体，二者距离增大；在远拱点端，离心力小于引力，使得绕行天体趋近中心天体，二者距离减小。

平衡是相对的，不平衡是绝对的，以动态变化的眼光来审视牛顿理论，绕行天体的公转轨道也不是一个椭圆，其位置、长轴长短及转动、公转周期都在渐渐的发生着变化。现在学界普遍认为绕行天体公转轨道为封闭的椭圆是牛顿理论观点，实际上是学界自己的误解，是以机械的僵化的思维来看待牛顿理论。但牛顿理论也是有错的，也犯了机械僵化的思想错误，它把万有引力常量 G 看做绝对不变的量。万物皆变，实际上 G 也是可变的量。笔者推导，万有引力常量变化公式为：$G_x c_x^2 = G_0 c_0^2$。这或许是解决行星额余进动问题的一道曙光。

接下来，笔者原打算深入考查一下绕行天体与中心天体距离变化、椭圆公转轨道进动，特别是水星"额余"进动等诸多问题，结果越深入研究，越觉得问题复杂，大大超出了我的能力和知识范围。我在这方面相关的天文、物理、数学知识远远不够，好不容易似乎有了点思路，却又是东边日出西边雨，问题层出不穷难以解决，因而不得不放弃。索性连以前写的剪不断理还乱的东西一并删除，开天窗。

17、让实验来裁判

在科学高度发展的今天，像"太阳围绕地球转"、"重物比轻物下落速度快"这样的话已经没人相信了，但科学殿堂是否都打扫干净，贮藏的都是货真价实的东西，没有假冒伪劣的产品了呢？

一道数学题：

在火车车厢中架一门空气炮，炮管水平，当火车静止时，测得空气炮的炮弹速度 $v_1 = 30m/s$ ，问当火车以 $v_2 = 20m/s$ 的速度前进、空气炮向前发射时炮弹相对地面的速度是多少？

这道题太简单了，没人不会做：

相对地面的速度为： $v = v_1 + v_2 = 30 + 20 = 50(m/s)$ 。

道理简单而直观，大家都是这么做的，从来没有人怀疑它的正确性，但它真的正确吗？

根据能量转化与守恒原理，发射后的炮弹能量应该等于发射时获得的所有来源能量之和。我们以地面为参考系，从能量的角度进行分析：

炮弹能量来源：设炮弹的质量为 mkg ，炮弹在发射前处在炮膛中随车而动从而获得的动能为：

$E_1 = \frac{1}{2}mv_1^2 = \frac{1}{2}m \cdot 20^2 = 200m$ （J），炮弹发射时从火药中获得的动能为： $E_2 = \frac{1}{2}mv_2^2 = \frac{1}{2}m \cdot 30^2 = 450m$ （J），

二者合起来的能量：

$E_1 + E_2 = 200m + 450m = 650m$ （J）。

发射后炮弹的能量 $E_h = \frac{1}{2}mv^2 = \frac{1}{2}m \cdot 50^2 = 1250m$ （J）

前后能量对比： $1250m - 650m = 600m$ （J）

发射后炮弹的能量与炮弹来源能量不相等,违反了能量守恒原理,多出的 $600m$ 焦尔的能量是哪里来的呢？是从天上掉下来的吗？显然一个比较合理的推论是合速度没那么大。换句话说，伽利略变换在这种情况下不适用。

那合速度是多少呢？从能量守恒的角度推算，炮弹在 20m/s 运行火车上发射的能量 E 应该等于炮弹随火车运动获得的能量 E_2 加上火药给炮弹提供的能量 E_1 （体现在大炮在地面上发射炮弹的动能上）：

$$E = E_1 + E_2$$

$$\frac{1}{2}mv^2 = \frac{1}{2}mv_1^2 + \frac{1}{2}mv_2^2$$

从而有：$v^2 = v_1^2 + v_2^2$

代入本例数据：$v^2 = v_1^2 + v_2^2 = 30^2 + 20^2$

解之得：$v = 36.06m/s$

这个速度是相对什么的呢？如果是相对火车的，根据相对性原理，炮弹在地面上发射速度$30m/s$，在匀速直线运动运动的火车上的发射速度也应该是$30m/s$；如果是相对地面的，根据相对性原理，在火车上的速度应该是$30m/s$，再根据伽利略变换，相对地面的发射速度应该是$50m/s$，现在是两头都不符合，问题出在哪里呢？

当然最好的回答是实验，惟精确的实验是最公正的裁判。在有大量精确实验数据的基础上，是不难解决这个问题的，归纳出正确的速度叠加计算方法和公式。在实验作出裁判前，笔者从理论上进行了探索。笔者想：任何定理定律都是有适用范围的，牛顿理论实际上是在惯性参考系上建立起来的，适用于惯性参考系。而地面参考系准确地说是一个非惯性参考系，因而牛顿理论并不完全适用。在地球系统，只有地心可以看作是不动的，选择以地心原点、坐标轴自原点指向遥远恒心的地心-恒心坐标系可看作是惯性参考系。本题可退回到地心-恒心参考系（简称地心参考系）进行考查。

设火药为炮弹提供的能量为x，火车静止时发射炮弹，根据能量守恒原理有：

$$x + \frac{1}{2}m \times 464^2 = \frac{1}{2}m(464+30)^2$$

$$x = \frac{1}{2}m(464+30)^2 - \frac{1}{2}m \times 464^2$$

火车以$20m/s$向东运动时，设炮弹在地心参考系中的速度为v，有：

$$x + \frac{1}{2}m(464+20)^2 = \frac{1}{2}mv^2$$

将$x = \frac{1}{2}m(464+30)^2 - \frac{1}{2}m \times 464^2$代入上式得：

$$\frac{1}{2}m(464+30)^2 - \frac{1}{2}m \times 464^2 + \frac{1}{2}m(464+20)^2 = \frac{1}{2}mv^2$$

$$v^2 = (464+30)^2 - 464^2 + (464+20)^2$$
$$v = 512.83(m/s)$$

相对地面的速度 v_m 为：$v_m = 512.83 - 464 = 48.83(m/s)$

相对火车的速度 v_h 为：$v_h = 512.83 - (464+20) = 28.83(m/s)$

假设火车向西开，炮弹向西发射，求炮弹相对地面和相对火车的速度。

在地心参考系，从能量守恒的角度考察，列式：

$$\frac{1}{2}mv^2 = \frac{1}{2}m(464-20)^2 - x$$

将 $x = \frac{1}{2}m(464+30)^2 - \frac{1}{2}m \times 464^2$ 代入上式得：

$$\frac{1}{2}mv^2 = \frac{1}{2}m(464-20)^2 - [\frac{1}{2}m(464+30)^2 - \frac{1}{2}m \times 464^2]$$

$$v^2 = (464-20)^2 - (464+30)^2 + 464^2$$
$$v = 410.36(m/s)$$

相对地面的速度 v_m 为：$v_m = 410.36 - 464 = -53.64(m/s)$

相对火车的速度 v_h 为：$v_h = 410.36 - (464-20) = -33.64(m/s)$

负号表示速度是向西的，与火车东开、炮弹向东发射相比，在西开的火车上向西发射的炮弹相对地面的速度更快。

根据相对性原理，同一支枪相同的子弹在地面上发射，子弹相对地面的速度是多少，将其拿到运动火车上发射，相对火车的速度也应该是多少。可计算表明，如果这样，能量就不能守恒，能量守恒原理就有问题。两个基本原理在这里发生了严重冲突，这是怎么回事呢？

笔者认为能量守恒原理比相对性原理可靠性更大些，是颠扑不破的最基本原理。在此原理的基础上，笔者开发了新的速度变换公式：$v_h^2 = v_1^2 + v_2^2$，该速度变换公式实际上是矢量和公式。该公式的具体意义是，以本例来说，炮弹在运动火车上发射的炮弹速度 v_h 的平方等于火车运行速度 v_1 的平方加上炮弹在地面上发射的速度 v_2 的平方之和。需要特别注意的是，三个速度都是相对地心参考系的，这样的速度可称为绝对速度，相对速度可根据具体情况由绝对速度求得。

现在我们有了两种速度变换公式，一种是从相对性原理的角度得出的伽利略速度变换公式：$v_h = v_1 + v_2$，一种是从能量守恒原理的角度得出的新的速度变换公式：$v_h^2 = v_1^2 + v_2^2$。

在本例的计算中，实际上这两个公式都用上了。在笔者看来，两个公式都是不错的，只是各自有各自的应用范围，不同的情况不同的场合就应该应用不同的变换公式，张冠李戴就要发生错误。

仔细分析一下，两个速度变换公式的应用情况和场合是不同的。就本例来说，火车相对地面的速度 v_1，这是一个分速度，另一个分速度为子弹的速度 v_2，这个 v_2 有两种情况：是相对地面的还是相对运动的火车的？如果是相对运动的火车的，则合速度用伽利略变换计算：$v_h = v_1 + v_2$；如果 v_2 是相对地面的，也就是说，在火车尚未开动时，发射的子弹相对地面的速度。这种情况下合速度（子弹相对地面的速度）就不能用伽利略变换计算，而应改用 $v_h^2 = v_1^2 + v_2^2$ 计算。道理是相对性原理不成立，在地面上发射出的子弹相对地面的速度 v_2 并不等于在运动火车上发射的子弹相对运动火车的速度 v_2'，$v_2' \neq v_2$，v_2' 要间接地通过 $v_h^2 = v_1^2 + v_2^2$ 公式计算出的合速度 v_h 和另一个分速度 v_1 来计算：$v_2' = v_h - v_1$。凭直觉想象，在运动与不运动两种情况下发射的子弹相对火车的速度也应该是不同的。

至于洛仑兹变换，那是一个完全错误的公式，是把粒子速度与波速度混为一谈的数学游戏，根本不成立，完全没有应用价值。

总而言之，所谓的伽利略变换和洛仑兹变换要么存在片面性，要么根本就不正确，正确的速度变换公式就是机械能转化与守恒公式，这里所说的速度变换公式实际上是从机械能转化与守恒公式演化而来的。

此处的速度变换与钟慢效应导致的速度变换是根本不同的两码事，二者不能混为一谈。此处所谓的速度变换确切地说是速度变化，是速度真正发生改变。而钟慢效应导致的速度变换才称得上真正的速度变换，此情况下速度并未真正发生变化，只是不同参考系单位时间不同而导致表观速度数值变化，并不是速度真的有什么变化。

为简化问题，便于得出正确的结论，在上面的分析计算中，我们没有考虑地球的自转，如果相对性原理不是绝对成立的，那地球的自转速度就是计算地面物体运动速度时必须考虑的因素。没有一个实验精确验证相对性原理正确，我们之所以感觉相对性原理正确，伽利略变换无条件成立，是因为地球的自转速度相对比较大，古时人类平常所能制造的速度远没有这么大，这就把具有先入之见的相对性原理的错误掩盖起来了。比如本例，依据相对性原理，采用伽利略速度变换公式计算，子弹向东相对地面的运动速度为 $50m/s$，相对火车的运动速度为 $30m/s$，若把地球的自转速度考虑进来，采用新的正确的速度变换公式计算，子弹向东相对地面的运动速度为 $48.83m/s$，相对火车的运动速度为 $28.83m/s$，二者的差别显然没有先入之见想象的差别那么大。问题是没有人进行精确的实验验证，大家无条件接受了相对性原理，如果有人进行了实验验证，真像可能早就被揭露了。实验应该不是很困难，即使做不了精确的实验，一般的定性甄别实验也能解决问题。再者，如果精确测量速度有困难，变通测量向东、西方向抛射距离的远近也能得到正确定性结论。

实际情况可能更加复杂，但万变不离其宗，其中的道理都是一样的。实事求是，理论要联系实际，实际情况不同，应用的理论也应该作相应的变换。我们从另一个角度也可看出两种变换的情况和场合是有区别的，本例情形与人在车船上走、苍蝇在车船上飞是不同的，人在车船上走、苍蝇在车船上飞表示的是运动过程，在运动过程中，人、苍蝇时刻受到力的作用，也持续付出能量。而本例中的情形则有所不同，子弹除了在发射时一次性从运动的"母体"中获得了相应份额的动能外，在发射后的运动过程中，既没有受到力的作用，也没有付出能量，完全凭惯性在运动，（很明显，这样说不计较空气阻力和重力的影响作用）。从参考系的角度看，本例的两个分速度（火车静止时空气炮发射的炮弹速度、火车的运行速度）则是相对同一个参考系---地面参考系的，它们的合速度也是相对地面参考系的，该情形下的速度变换公式为 $v_{jh}{}^2 = v_{j1}{}^2 + v_{j2}{}^2$。而人在车船上走、苍蝇在车船上飞的情况则不同，车、船是相对地面的，人、苍蝇是相对车、船的，参考系是一层一层的迭加关系，该情形下的速度变换公式是伽利略变换：$v_{20} = v_{10} + v_{21}$，（显然，这里没有考虑各参考系间的"时间"变换，严格地说，要统一各参考系的时间单位）。如果本例中空气炮炮弹的速度 $30m/s$ 不是相对地面的，而是在以 $20m/s$ 运动的火车上测到的（以地面的单位时间为准），则空气炮炮弹相对地面的速度适合用公式 $v_{20} = v_{10} + v_{21}$ 计算：$30 + 20 = 50(m/s)$。

有人一定要骂我想当然了，我不想辩解，我确实是想当然，以前的计算方法又何尝不是想当然呢？有谁做过这方面的实验吗？既然都是想当然，孰对孰错还不一定呢，让实验来裁判吧！即使是流言，也要用实验来终结，只有精确的科学的实验才是权威而公正的裁判。

选择适当的表示符号，从上面的计算中可提练出这样的速度叠加公式：$v_{jh}{}^2 = v_{j1}{}^2 + v_{j2}{}^2$。式中三个速度都是物体在优势引力场参考系退回到初始条件为皆为静态下的绝对速度，也可说是相对绝对参考系的相对速度。在求出绝对速度的基础上，可求出各种所要求的相对速度，如 $v_{21} = v_{j2} - v_{j1}$，这就把两种变换又联系了起来。

把公式 $v_{jh}{}^2 = v_{j1}{}^2 + v_{j2}{}^2$ 推广到光速，则对应的公式为 $c_v{}^2 = c_j{}^2 + v^2$，c_v：以速度为 v 运动的光源发射的光速，c_j：光源在静态下发射的光速，v：光源速度。此公式在前面有关章节中推介过，两公式一脉相承，实出一理。从公式中可以看出，光速与光源的速度是相关的。不过，这样计算出的光速是内在光速。至于光在其传播媒介---以太中的传播速度，即光相对于以太的速度具有不变性，那是另外的问题了。

对于上面这道题的解法，笔者总觉得严谨性还不是那么强，经长时间的思考探索，于是有了下面严谨性似乎更强些的解法。

各项条件与上题一样。

假设空气炮在地面上向东发射。

设该炮弹在相对地心参考系发射的速度为 v_x，那么根据能量守恒定律有：

$$\frac{1}{2}mv_x{}^2 + \frac{1}{2}m \times 464^2 = \frac{1}{2}m(464+30)$$

化简得：$v_x{}^2 + 464^2 = 494^2$

解之得：$v_x = 169.53(m/s)$

计算炮弹在 $20m/s$ 向东运动的火车上相对地心参考系向东发射的速度 v_{hx}：

$$\frac{1}{2}mv_x{}^2 + \frac{1}{2}m(464+20) = \frac{1}{2}mv_{hx}$$

化简得：$v_x{}^2 + 484^2 = v_{hx}{}^2$

代入数据解之得：$v_{hv} = 512.83(m/s)$

炮弹相对地面的速度 v_{dm} 为：$v_{dm} = 512.83 - 464 = 48.83$（m/s）

炮弹相对火车的速度 v_h 为：$v_h = 512.83 - 464 - 20 = 28.83(m/s)$

假如炮弹是向西发射的，在地面上测得炮弹的速度为 $30m/s$，计算此炮弹相对地心参考系发射的速度 v_x。

根据能量守恒定律有：

$$\frac{1}{2}m \times 464^2 - \frac{1}{2}mv_x^2 = \frac{1}{2}m(464-30)^2$$

化简后解之得：$v_x = 164.13(m/s)$

计算炮弹在 $20m/s$ 向西运动的火车上相对地心参考系向西发射的速度 v_{hx}：

$$\frac{1}{2}m(464-20)^2 - \frac{1}{2}mv_x^2 = \frac{1}{2}mv_{hx}^2$$

代入数据解之得：$v_{hx} = 412.55(m/s)$

炮弹相对地面的速度 v_{dm} 为：$v_{dm} = 464 - 412.55 = 51.45(m/s)$

炮弹相对火车的速度 v_h 为：$v_h = 464 - 412.55 - 20 = 31.45(m/s)$

计算说明，炮弹在地球有自转（由西向东）速度的情况下发射，相对地面同样的速度，但在东、西两方向上要达到同样的速度所需能量是不同的，向东发射所需的能量大于向西发射所需能量。若发射的能量相同，则相对地面参考系向东发射的速度小于向西发射的速度。总而言之，相对性原理是不正确的，更确切地说，相对性原理并不是无条件绝对成立的。

另外说明，后面第二种解法与前面第一种解法所得向西的速度不一致，这里面有个缘故，第一种解法炮弹向西发射用的是向东发射的能量，而在第二解法中，炮弹向西发射的能量没有借用与向东发射同样的能量，而是直接根据向西发射的速度计算的，所以结果不一样，实际上并不矛盾。简而言之，炮弹在地面上分别向东西两方向发射，在第一种解法中是能同速不同，在第二种解法中是速同能不同。

炮弹在地面上发射，发射方向不限于东西两个方向，可能是任意方向，那么在此情况下能否计算炮弹的出射速度呢？能否求出任意方向上的速度通式呢？回答是肯定的。首先我们要根据炮弹在地面上射击、在某一方向（任意）上的出射速度 v_{dm}，求出炮弹相对地心参考系的速度 v_{dx}。

设炮弹在地面上的发射方向与地球自转方向的夹角为 α，根据能量守恒原理有：

$$\frac{1}{2}m \times 464^2 + \frac{1}{2}m(v_{dm} \cdot \cos a)^2 + \frac{1}{2}m(v_{dm} \cdot \sin a)^2 = \frac{1}{2}mv_{dx}^2$$

坦率地说，上面的计算臆想的成份很大，正确性是大大值得怀疑的。速度上的相对性原理肯定是不正确的，但要怎样计算才是正确的？笔者并没有确定正确的答案。转动不等于平动，在各种不同情况下，在运动的火车上发射的子弹速度应怎样计算才是正确的？这个问题长期萦绕在我心头，使我不得安生。其实这个问题是很初级的问题，是不难解决的，关键是缺乏实验方面的材料。只要有了充分精确的实验材料，一定能够找到正确的计算方法和公式。

我们再来看一道题

在赤道附近离地面 1 米高的地方，一颗子弹向东以 $200m/s$ 的速度水平射出，另一颗子弹在同一地方同一高度自由下落，问这两颗子弹落地的时间是否一样？

绝大多数人认为会同时落地，并且他们认为经典物理理论就是这么说的。美国《流言终结者》有这样一档节目：两颗子弹置于同一高度，一颗子弹作自由落体，另一颗子弹从枪中水平射出，看两颗子弹是否同时落地。实验结果是两颗子弹落地的时间虽然有差别，但差别非常之微小，以致节目中的实验者认为这只是实验误差，他们得出的结论是两子弹同时落地，流言证实。

笔者可不这样认为，笔者认为两子弹不同时落地。下面用笔者自认为正确的方法对此题进行解析。

首先用经典理论进行分析。物体之所以下落，是因为受到了地球引力的作用，但卫星为什么不掉下来呢？我们知道，卫星之所以不掉下来，不是它没有受到地球的引力作用，而是它围绕地球作圆周运动，在圆周运动中产生了一种与地球引力相抵抗的力---离心力。引力与离心力的合力称之为重力，在各种力的作用下产生的加速度称之为以各力冠名的加速度，重力作用下产生的加速度称为重力加速度，重力加速度等于引力加速度与离心（向心）加速度的矢量和。只要有圆周运动，不管速度大小，都能或大或小产生离心力和离心加速度，继而使得重力和重大加速度减小，使物体下落速度减慢，下落时间延长。

各力及其加速度计算公式：

a，引力：$F_y = \dfrac{GMm}{R^2}$　　　　　　　引力加速度：$a_y = \dfrac{GM}{R^2}$

b，离心力：$F_l = \dfrac{mv^2}{r}$　　　　　　　离心加速度：$a_l = \dfrac{v^2}{r}$

c，重力：$F_z = \dfrac{GMm}{R^2} - \dfrac{mv^2}{r}$　　　重力加速度：$a_z = \dfrac{GM}{R^2} - \dfrac{v^2}{r}$

进行本题计算。

本题之所以把地点选择在赤道附近，是基于下面几点考虑：1，引力与离心力在一条直线上，方向相反，其它地方二者不在一条直线上，计算繁琐；2，$R = r$，其它地方二者不等，要计算 r，$r = R \cdot \cos w$，（w：纬度），多一步计算。在科学研究中，开始时往往采取从简单到复杂，从特殊到一般的方式，这样可以取得事半功倍的效果。

根据公式 $s = \dfrac{1}{2} a_z t^2$ 计算下落时间，$R = r = 6378000m$，$M = 5.9742 \times 10^{24} kg$，$s = 1m$。

a，计算子弹自由下落的时间 t_1：

子弹相对地面虽然处于静止状态，但相对地心，却是随同地球自转以 $v = 464m/s$ 绕地心运动的，公式中的 v 正是相对地心的。

此种情形下 $v = 464m/s$，$a = \dfrac{GM}{R^2} - \dfrac{464^2}{R}$

将相关数据代入 $s = \dfrac{1}{2} a_z t^2$ 计算得：$t_1 = 0.452633087$（秒）。

b，计算相对地面以 $200m/s$ 向东水平射出的子弹下落的时间 t_2：

此情形下，子弹相对地心参考系的速度为：v=464+200=664（m/s），$a_z = \dfrac{GM}{R^2} - \dfrac{664^2}{R}$

将相关数据代入 $s = \dfrac{1}{2} a_z t^2$ 计算得：t_2=0.45345536（秒），

时间差 $\Delta t = t_2 - t_1 = 822.27 \times 10^{-6}$（秒）=822.27 微秒。

即在赤道附近、离地面 1 米的高度、相对地面以 $200m/s$ 水平向东射出的子弹下落的时间比相同地地点和高度的子弹自由下落的时间长了 822.27 微秒。

在计算时间差的过程中，关键是计算运动体围绕地心的运动的圆周速度。在赤道附近以相对地面 v_m 运动的物体相对地心的速度 v_x 的计算公式为：

$$v_x{}^2 = 464^2 + v_m{}^2 + 2 \times 464 \times v_m \cdot \cos A \quad （A：物体在地面的运动方向与赤道东向的夹角）$$

如果本题的水平射出的子弹是朝西边的，则绕地心的圆周速度 $v_x = 464 - 200 = 264m/s$。计算出下落的时间为 0.4521047705 秒，与同一高度静态下落的子弹下落时间相比：$\Delta t = 0.4521047705 - 0.452633087 = -528.3$（$\mu s$），即西向水平射出的子弹下落时间比自由落体子弹下落时间短 528.3 μs。

射出的速度不同，下落的时间不同。射出的方向不同，下落的时间也不同。在地球存在自转的情形下，朝东发射的子弹比相同高度静态下自由下落的子弹落地时间长；反之，朝西发射的子弹比相同高度静态下自由下落的子弹落地时间短。正东发射的子弹下落时间最长，正西发射的子弹下落时间最短，其它方向发射的子弹下落时间介于二者之间，从速度合成公式 $v_h{}^2 = v_1{}^2 + v_2{}^2 + 2v_1 v_2 \cos A$ 分析可知，只有子弹的速度 v_1 与地球自转速度 v_2 的矢量和 $\mathbf{v_h}$ 仍等于地球的自转速度 v_2 时，子弹下落的时间与相同高度静态下自由下落的子弹落地时间才可能相同，这在方向上只有两个，它们以东西线为对称轴，与地球自转方向的夹角 A 可以通过速度合成公式计算出来。

再次作个比较性说明：公式 $v_h{}^2 = v_1{}^2 + v_2{}^2 + 2v_1 v_2 \cos A$ 与公式 $v_{jh}{}^2 = v_{j1}{}^2 + v_{j2}{}^2$ 似乎矛盾，实际上并不矛盾，两公式中的速度所相对的参考系有所不同。具体地说，公式 $v_h{}^2 = v_1{}^2 + v_2{}^2 + 2v_1 v_2 \cos A$ 中的 v_2（地球自转速度）及 $\mathbf{v_h}$（合速度）是相对地心-恒星参考系而言的（绝对）速度，而 v_1（子弹的速度）是相对地面的速度。总的来说，该公式是在一个公式中存在两种不同参考系的速度。而公式 $v_{jh}{}^2 = v_{j1}{}^2 + v_{j2}{}^2$ 中的三个速度都是相对同一个参考系的速度，即相对地心-恒星（绝对）参考系的（绝对）速度。在应用此公式时，如果某速度不是相对地心-恒星参考系的速度，则要变换为相对该参考系的速度，如上例中在赤道地面上以$20m/s$向东开的火车相对地心-恒星参考系的速度是$20+464=484(m/s)$，在赤道地面上以$30m/s$向东发射的炮弹相对地心-恒星参考系的速度是$30+464=494(m/s)$。

就地球系统而言，重力加速度计算公式$a_z=\dfrac{GM}{R^2}-\dfrac{v^2}{r}$中的$v$是相对地心参考系的，其中包括地球的自转速度和物体相对地面的运动速度，为二者速度的矢量和。由此，我们可以得到许多推论：人坐在由西往东开的火车上体重将减轻，坐在由东往西开的火车上体重将增加；精确测量了不同方向的体重及知晓了相关数据，如地球的质量，就能计算出地球的直径。

理论必须得到实验的检验，实验也应得到理论的指导。由于各种原因，许多理论是不完善的，甚至是错误的，这需要在实验和观测中发现和甄别出来，加以修正，建立新理论。本章第一个例子，直接应用伽利略变换法则计算合速度明显违反了能量守恒原理。如何进行理论协调？速度合成法则到底是怎样的形式？值得作进一步深入的研究。关键是实验，科学不是想当然，但实验必须精确，结论必须真实可靠。由于实验条件的限制，有的实验不能达到所要求的精度，在此情况下贸然作结论也是不可取的。如本章第二个例子，《流言终结者》根据实验所作的同时落地的结论就是一个无效的结论，因为实验本身就不可靠，精度不够，终归还是想当然。此时要发挥理论的作用和人的想象力，把握事物的本质。数学公理无法验证，一些物理定律也无法确证，如牛顿第一定律，但是，我们谁也不怀疑这些公理和定律的正确性，它们确确实实是正确的。但如果有人声称设计制造出了永动机，不用验证，可以肯定那是不可能的，或者根本是骗人的把戏。

当今，基础理论已比较完备了，但也不是完美得毫无缺陷。只要我们勤于思考，敏于发现，敢于怀疑，精于实验，做科学发现上的有心人，说不定某一天科学女神会突然眷顾我们，使我们有意想不到的发现而在科学发展史上留下浓墨重彩的一笔。

18、对称性

有因必有果，有果必有因，没有无因之果，也没有无果之因，然而令人困惑的是，在现代自然哲学（包括宇宙学、物理学和生命科学等）前沿领域，到处堂而皇之地游荡充斥着大大小小形形色色的幽灵和鬼魅，所谓的对称性自发破缺就是这样的一个有果无因的幽灵鬼魅。

美籍华人李政道、杨振宁发现了在弱相互作用下宇称不守恒。这一石破天惊的发现，使杨李二人迅速获得了诺贝尔奖。现在我要说这个发现只不过是一个知其然不知其所以然的小发现。自己族人取得的骄世的科技成就，我却要不知天高地厚怀疑和否定，有人要骂我不是东西了，好在二千多年前亚里士多德老先生有句名言："吾爱老师，但吾更爱真理"，我也就释然了。

杨李二人的科学发现是经过科学实验严格证实了的，不是想推翻就能推翻得了的。本人怀疑和否定的不是某些条件下的宇称不守恒，而是其背后的"自发"的对称性破缺的解释，好像宇称不守恒的结果是完全自发的，是不需要原因的。这是完全不可能的。对称和守恒也是有条件的，没有无条件的绝对的对称和恒守，一旦对称和守恒的条件和基础遭到破坏，对称和守恒将不复存在。

就以证实弱相互作用下宇称不守恒的实验来说，吴健雄教授在极低温度（0.01k）下用强磁场把 Co60 原子核极化，使其自旋几乎都在同一个方向上，观察 Co60 原子核 β 衰变不同方向上放出电子的数量，结果发现核自旋在相同与相反的两个方向上放出电子的数量有相当大的差异。这就是说，相同的条件和原因，却产生不同的结果。对这一令人惊异的结果，物理学界在找不到原因的情况下，无可奈何地认定为对称性破缺（宇称不守恒）是自发造成的。

物理学界这样简单的处理是不科学的，是回避问题回避矛盾的做法，这与神造论没什么区别：人是怎么来的？---上帝创造的。笔者认为出现这样的结果一定是有客观原因的，并认为这很可能主要是地球的自转运动造成的。

我们知道，地球由西向东自转，赤道自转速度为 $465m/s$，但在地面上我们感觉不到地球的运动。感觉不到不等于不存在，速度是矢量，是有方向的，地球的自转运动速度一定对地面上相关的物理实验要产生影响，这个 β 衰变实验应是地球的自转运动对 Co60 衰变产生了影响。至于通过怎样的具体途径来影响，笔者对这个实验不是很了解，也就不能说出个所以然来。但影响是肯定的，起码，两套实验装置中的 Co60 原子核发生衰变前所处的条件和基础并不是完全对等的，由此产生不同的结果也就不足为奇了。

这是一个简单的想法，人们之所以没有想到这一点，最根本的原因是受了伽利略相对性原理的影响，思想被相对性原理禁锢了，相对性原理是造成所谓对称性自发破缺找不到原因的思想根源。的确，单纯地从地面参考系看，地面是静止的，静止当然各向同性，两套实验装置中的 Co60 原子核所处的环境条件找不出不同来，而结果却是不同的，即相同的条件（原因）产生了不同的结果，而又找不出发生这种怪异现象的原因，人们只好归因于无形而万能的上帝之手---自发破缺。

那么，相对性原理错了吗？虽不能简单断定，但它也应该是有条件和适用范围的。改变了条件，超出了适用范围，相对性原理就不一定正确了。那相对性原理成立的条件和适用范围是什么呢？笔者把它简单地概括为

---平衡对称。

公转轨道为圆形时，行星受到太阳的引力与其自身绕行运动产生的离心相等，二者达成平衡，反过来，二者的处处平衡又造就了行星的圆形轨道。行星受到的合力为 0 时，其上的物体受到的合力也为 0，也就是说，在分析行星系统内的物体的受力情况时，即不用考虑太阳的对其产生的引力，也不用考虑随行星绕太阳运动产生的离心力，因为二者的合力为 0。只要公转轨道为圆形，无论哪个行星，其系统内的物体所面对的系统外部境况是一样的，只需考虑在自身行星系统内的运动学和动力学问题。世界是统一的，在一个行星上得到的物理学规律在另一个相同处境的行星上同样适用，而不必到每个行星上去总结物理学规律，这是相对性原理一个适用范围的基础情况，也是其威力的体现。

平衡是相对的，不平衡是绝对的。宇宙的公转轨道几乎都是椭圆，只不过扁的程度不同而已。对于椭圆，由于引力与离心力不平衡，因而失去了相对性原理适用的基础条件，严格地说，公转的椭圆轨道已经超出了相对性原理的适用范围，不能直接应用。以地球为例，地球的公转轨道是椭圆，地球的公转速度产生的离心力与受到太阳的引力不相等，二者的合力不为 0，这个不为 0 的合力将对地球系统内的物体产生影响和作用。譬如说，地球位于远日点时，太阳的引力大于地球运动产生的离心力，抵消离心力后剩余的引力将要对地球系统内的物体产生作用。假如有一座大炮在地面上垂直向上发射，若发射时间为中午，由于炮弹要受到太阳剩余引力的作用，并且此时的太阳剩余引力方向与地球引力方向相反，因而炮弹要射得更高些；若发射时间为子夜，由于炮弹受到太阳剩余引力的作用方向与地球的引力方向相同，因而炮弹将射得更低些。月亮是地球的卫星，如果地球的公转轨道是圆形，根据相对性原理，月亮的公转轨道就可以单纯考虑地球的作用和影响，而不用考虑上个系统--太阳系统的作用和影响（地球公转轨道是太阳决定的，应属于太阳系统）。但地球公转轨道是椭圆，这时就要考虑太阳对月亮公转轨道的作用和摄动影响了，月亮的公转轨道就要越级考虑太阳的引力和地球公转运动产生的离心力，根据二者的合力来修正。按相对性原理，本来是不需要考虑这些因素的。

好在地球公转轨道接近圆形，太阳对地球内部事务干涉影响不大，相对性原理仍粗略有效。水星离太阳又近，公转轨道又扁，离心率大，相对性原理就不那么好用了。假若水星有颗卫星，要想像计算地球的卫星--月亮公转轨道那样忽略太阳的影响恐怕是不能的了，若还要那样计算的话，那计算出的轨道与实际轨道将会相差甚远。

联想到保存在巴黎国际计量局总部的国际千克原器神秘减轻事件，国际千克原器不知原因减轻了大约 50 微克，笔者对这事件进行思考：重新进行检测的季节及具体时间与当初确定标准所进行测量的季节及具体时间是否相同呢？若有不同，按上面所说的道理，则在两次测量中，太阳的引力与地球运动产生的离心力二者的合力是不同的，千克原器在两次测量中的重量有微小不同完全在情理之中，增重或减轻也就不足为奇了。笔者粗略计算，由于地球公转轨道为椭圆，引力与离心力不平衡，在约 90 天的时间内，千克原器可能增重或减轻 900 多微克，平均每天增重或减轻 10 多微克，50 微克的差异是很容易造成的。若地球位于远日点或近日点时期，千克原器在中午测量的重量与在子夜测量的重量可以相差近 2 毫克，造成 50 微克的差异更不在话下了。

除公转外，天体的自转也是相对性原理是否适用必须考虑的另一个主要因素。天体的自转为 0 是相对性原理适用的基础条件，严格地说，不为 0 已超出了相对性原理适用范围，就不能应用。自转为 0，意味着对称，意味着运动各向同性，各方向基础条件相同，大家处在相同的起跑线上。如果自转不为 0，意味着非对称，各向不同性，相同的基础条件在此情形下遭到破坏，大家不是处在同一起跑线上。例如说，地球除公转外，还有自转，方向由西向东，假如在赤道地面上，自转速度为 465m/s，一物体向东运动速度为 100m/s，向西运动速度也为 100m/s，在地面参考系看来，它们的运动速度是相等的，运动的距离是对称的，可在地心参考系看来，向东运动速度为 565m/s，向西运动速度为 365m/s，运动速度不相等，运动距离不对称。这就发生了矛盾，哪个正确呢？孤立地看，两者都不错。但运动速度不是一个孤立的物理量，很多情况下是与其它物理量联系在一起的，而很多物理量和物理定律是建立在绝对（地心）参考系基础之上的。在非平衡对称的情形下，物理学定律原则上不能不经坐标变换而直接应用。

上面所说的物体向东发射速度为 100m/s，向西发射速度也为 100m/s，这是我们人为的规定，假如一个物体在地面上向东发射速度为 100m/s，在地面系看来完全相同的情况下，向西发射速度也是 100m/s 吗？更具体些：枪支和子弹完全一样，向东射击，子弹出口速度每次都是 100m/s，调头向西射击，子弹出口速度也每次都是 100m/s 吗？地球自转速度对子弹速度完全没有影响吗？顺着和逆着地球自转方向射击都是一个速度，这是什么道理呢？是不是凭空一句"相对性原理"就化解了呢？

伽利略相对性原理是感觉的产物，并没有得到科学实验的确切验证。但其来源于生活和社会生产实践活动，我们感觉它总是对的，因此，即使有错，也不会错到哪里去！也必定存在着合理的内核。笔者认为，这个合理的内核就是平衡与对称，具体地说就是公转轨道圆形化和自转静止化。这是比较苛刻的条件，大多数不能满足这苛刻的条件，所以严格地说，相对性原理适用范围非常狭小。条件虽然苛刻，很难达到，但大多数实际条件仍围绕在这苛刻的条件的周围，与之相去不远，所以相对性原理仍可粗略应用，并大体正确。譬如说，大多数行星轨道离心率不是很大，引力与离心力的合力虽不为 0，但与行星自身的引力比起来还是比较小的，在一般精度内可略去不计，不予考虑。伽利略在《两个世界的对话》中所举的大船中的那些例子，大多数只能算是粗略正确。

从哲学上说，平衡与对称不仅是条件苛刻难以达到的问题，而且是根本不可能的事情，宇宙中任何物体所受到的作用力都是不对称不平衡的，例如地球，它受到月亮、水星、金星、火星、牛郎星、织女星的作用力都是不对称的，只是这些作用相对比较微小，有时我们忽略不计罢了。

以地面为参考系，地面是静止的，各向同性，根据相对性原理，用同样大的力和角度向东丢石头和向西丢石头，速度和距离应该是一样的，同理，向东打枪打炮与向西打枪打炮，两方向的速度和距离也应该对应相等。果真这样吗？那为什么发射卫星，只有向东发射的没有向西发射的呢？

对于向东向西的发射速度异同问题，我们在《让实验来裁判》章进行了比较充分的讨论，基于地球的自转方向和速度，根据能量转化与守恒定律进行了剖析和计算，最后得出的结论是：同一物体在地面上向东向西的发射速度是不同的。之所以不同，是因为在地球自转不同方向上受到了不同程度的影响。虽然在地面上看来，向东与向西没什么不同，完全是对称的，谁知看起来静止不动的地面却在脚底下无声无息地转动，并对地面上的物件悄悄地不知不觉地发挥着影响。

在《让实验来裁判》章还有一个例子：子弹向东或向西以 200m/s 的速度水平射出，它们下落到地面的时间与子弹从相同高度自由下落到地面的时间相比较，问下落的时间是否相同？通常认为三者都是相同的，因为从地面参考系看，完全没有不同的理由。这种认识是受到了扩大化了的相对性原理的影响，已完全不能意识到地球自转的影响作用。笔者认为三者的下落时间是不同的：向东的最长，向西的最短。这结论当然不是信口开河，是有合理根据的。笔者考虑了自转速度，子弹的速度在各方向相对地心参考系是不同的，又根据离心力计算公式，不同大小的速度具有不同大小的离心力，不同大小的离心力与引力的合力大小也是不同的，导致子弹的重力加速度不同，从而下落时间不同。

类似的例子应该很多，这里笔者就想到了一个简单有趣的例子。坐在高铁上，从西边的武汉到东边的上海，体重要比从上海到武汉时的体重轻。若真做此实验，实验对象最好不用人，改用质量不变的金属体，称重量器不能用杆秤和天平，而用电子秤或弹簧秤，道理不言而喻。实验最好同时在同一段铁路上进行，尽量保证除方向不同外，其它条件是基本平衡对称的，以突显结果的致因，使实验结果揭示出的结论更令人信服。

随着科学的发展和测量技术的提高，为数不少的实验实际上已经揭示了地球自转的影响作用，但由于潜在的扩大化了的相对性原理在人们脑子里根深蒂固，即使发现了地球自转影响作用导致的现象，也不能意识到相对性原理存在问题，对称性存在问题。

光谱线的超精细结构实际上是紧挨在一起的两条线，是什么原因造成这种情况呢？笔者认为是天体自转速度造成的。天体自转速度造成东西两方向的内在光速不同，内在光速不同又导致内在频率不同，而光谱线正是光线频率的表达。天体的自转运动速度通过速度矢量和法则复加到跃迁发光电子中去，致使发射的光波频率不同。光谱线的超精细结构综合反映了光源天体的诸多特性，其中包括天体的自转运动速度，不同天体同一元素的的特征谱线的超精细结构不同是很正常的事情。

机载原子钟环球飞行实验是个很著名的实验，这个实验在有关章节中进行了讨论和计算，笔者认为，导致三种情况下原子钟快慢不同的根本原因是地球自转，地球自转速度造成地心参考系东西两方向的内在光速不同，根据光快钟快、光慢钟慢的规律，可以准确无误地计算出各种情况下的钟慢效应值。从相对性原理和狭义相对论的角度来看，飞机载着相同的原子钟在相同高度相对地面相同速度东飞西飞，表面上看，两方向上的原子钟走动速率和走时数没有理由不相同。而实际上它们的确是不同的，除了地球的自转速度，还能找出别的更大原因吗？当考虑地球的自转速度并引入计算后，计算出的钟慢效应值是那样的准确，这不充分说明地球的自转速度与钟慢效应相关吗？在地面参考系却要考虑本参考系之外的地球的自转速度，这宣告了扩大化了的相对性原理和狭义相对论的破灭。相对性原理尚能挽救，在一定程度内尚有很大的适用性。而相对论不但原理错误，在应用性完全可以用其它理论和方法代替。不只飞机这些运动速度较快的物体发生钟慢效应，即使是人在平坦地面上向东或向西缓慢走动，也要发生钟慢效应，向东与向西的时间效应值也是不同的，这无疑也是地球的自转速度造成的。

同一物理量在不同的参考系中的数值是不同的，例如，在地面系看，物体向东运动的速度为100/s，在地心参考系看，向东运动的速度却是：（465+100）=565m/s。在地面参考系看，向西运动的速度为100m/s，但在地心参考系看，运动的速度却是：（465-100）=365m/s，方向也变为了向东。在地面参考系原本对等的两个数值，在地心参考系却变成不对等的了，例如，在地面参考系，向东100m/s与向西100m/s是对称相等的，但在地心参考系看，两个速度方向都向东，一个速度值是565m/s，一个速度值却是365m/s，不对称相等。许多物理定律和计算公式是建立在地心参考系基础之上的，因而这些定律和计算公式就不能在不作相应变换的情况下而直接应用。例如说，离心力公式 $F = \dfrac{mv^2}{r}$，就是建立在地心参考系上的，公式中的速度 v 是相对地心参考系上的速度，如果把地面上运动速度 100m/s 用于计算那就错了，要变换成相对地心参考系上的速度，向东 565m/s 和向西 365m/s，把这些变换后的数值代入计算才是正确的。这就说明相对性原理不是绝对的，是有适用范围的。扩展思考，有些物理量在地面参考系看来是对称的，各向同性的，在地心参考系上看，却是非对称的，非各向同性的。由此联想到 τ-θ 之谜，在地面参考系看来，τ 粒子和 θ 粒子的质量、电荷、寿命和自旋几乎一样，说明它们是相同的粒子，但是在地心参考系看来，有些物理量可能就不一样了，表明它们是不同的粒子，或者说是具有不同能量的粒子。不同能量的粒子发生衰变，产生不同数目的粒子是再平常不过的事。同时，在弱相互作用下，同一物理量的量值相差很小，而误认为是一样的，这也是有可能的。

现在，我们回过头来看看吴健雄教授用 Co60 所做的证实弱相互作用下宇称不守恒的 β 衰变实验，实验一定没有考虑地球自转的影响作用，这不对称的结果是不是地球的自转速度造成的呢？我认为这是完全可能的。

对称性破缺是不是地球自转运动速度引起的有一个甄别方法，将实验移到北极或南极上去做，如果实验结果如故，则说明对称性破缺不是地球自转引起的，如果实验结果不对称性现象大为减少，则有可能对称性破缺是地球自转运动引起的。其次的原因是地球的公转轨道不是正圆，太阳的引力与地球公转产生的离心力不平衡，两力之差虽然非常微小，但这微小的余力也会对对称性破缺产生轻微影响。

对称性破缺是时时处处存在的，不只弱相互作用下存在对称性破缺，强相互作用下和电磁相互作用下也存在对称性破缺，但都不是"自发"的，都是有根源的。地球的自转速度可能是造成某些对称性破缺的主要原因，只是破缺的原因造成的变化量很小，与原量比起来微不足道，就像涓涓细流淹没在了滚滚洪流之中，故而认为没有发生对称性破缺。弱相互作用不同，弱相互作用的量比较小，虽然破缺的原因造成的变化量小，但由于原量小，有可能造成较大的变化效果，并被人类观察到，从而认为发生了对称性破缺。只要有对称性破缺的原因存在，一定会发生对称性破缺的结果，不管结果是大是小，是显性还是隐性，但它总是存在的。

一切结果都是有原因的，不同的结果有不同的原因，对称性自发破缺不是科学的解释。

跋

终于可以杀青了！

就这么一个小册子，陆陆续续写了两年多，个中滋味，只有自己独自品尝。杀青不等于完成，我知道还有很多该做的事没有做，已做的事没有做好。这么一个小册子，修修改改，搞得支离破碎，有些地方观点还没有调顺，前后还有矛盾。文字方面更差，言不简，意不赅，总觉得没有把意思表达清楚。我对写的这点东西不是很满意，虽然如此，但我疲惫已极，深感力不从心，怕再也无能为力了。就这样了，权当抛砖引玉，相信后来者会把事情办得更好。

人是老不得的，老就意味着衰。当然各人不尽相同，有人大器晚成，有人未老先衰，我不敢言老，就属后一类型吧！想当初，年青的时候，思想是那样的活跃，思考问题可以连续不断地进行下去，现在不行了，前面想，后面忘，接不上了，只能蜻蜓点水似地作一些肤浅问题的思考。我说这些，是想告诉有志于科技事业的年青人，年青的时候是搞科研的最好时光，切莫浪费了这个美好时光，不要想着等赚了钱，或者捞个一官半职后再来搞科研，说不定那时候迟了。从来没有一个人的人生之路是由自己设计好的，有时候听天由命是最好的处世哲学，上帝安排自己什么时候适合干什么就干什么好了，不要偏扭上帝。

人生天地间，几十年光景，每个人都希望活得有价值有意义，但什么叫做有价值有意义？答案可能就不尽相同了。我觉得我大半生是白活了，这两三年来，我潜心干这些在旁人看来不靠谱的事，反而感到充实和有意义。这本小册子虽然写得不怎么样，但其中的一些观点和思想，自认为是很有价值的。就凭这本小册子，我这一生大概也交代得过了。见上帝时，上帝若问我在人间干了什么事业？我会自豪地告诉上帝：没干什么别的，就写了一本小册子。

我好累！我要休息了。

中国的豆腐也是很好吃的东西，世界第一。

曹中寅

2010 年 2 月 20 日

作者：曹中寅. 湖北省大冶市. 联系电话: 13339913646. E-mail: caozhangyin@163.com

第三篇 论文汇篇

1、多普勒效应新思考

摘要： 笔者根据经典物理学的基本理念，秉承频率不变的观点，以观测者与声源的相对运动引起音调变化入手，深入研究探讨了导致多普勒效应发生的原因，否定了原解释，作出了新解释，认为音调变化的直接原因是语音节奏的变化，而不是所谓的频变。继而，笔者将这一从声波多普勒效应研究取得的成果推广应用于光波方面，发现光谱线红移和蓝移不是传统意义上的多普勒效应，天体的退行不可能引起红移，红移也不是天体退行引起，而是别有原因。这表明现代物理学和宇宙学有些内容可能是错误的，需要重新审视和改写。

关键词： 多普勒效应 音调 频移 语音节奏 红移 蓝移

1 引言

1842 年，奥地利物理学家多普勒发现了一种现象，火车由远而近时汽笛音调变尖，火车由近而远时音调变钝。他对此进行了研究，得出的结论是，由于声源与听者存在相对运动，听者所听到的频率与声源所发出的频率发生了改变的缘故。后来人们认同了这种解释，并把这种由相对运动而产生的所谓频变现象称之为多普勒效应。

历史进入到了二十一世纪，笔者对多普勒效应以新的视角进行了重新研究，发现原先所谓频变的解释是有问题的，是不正确的，并对多普勒效应重新作出了解释。

2 原解释存在的问题

多普勒效应所谓频变的解释明显与频率不变的经典物理学观念是矛盾的，频率是单位时间完成周期性变化的次数，无论怎么变，次数总不会变，而单位时间又是统一的，所以频率一旦确定后是不会变的，凡频率变化的概念都是错误的。

既然频率不变，而音调在有相对运动情况下又确实发生了变化，于是有人出来对多普勒效应的概念进行所谓完善性修正，说频率虽没变，但由于相对运动，观测者接收到的频率与波（振）源发出的频率不同。这种解释虽然表面看起来很有些道理，但实际上也是丢掉原则的和稀泥，实际上也是没有道理的。频率是对振动（或波）性状的客观描述，不是主观感受，与观测者感觉如何没有丝毫关系。

如果说波源不动观测者运动，观测者接收到的频率与波源发出的频率不同尚且能够想象的话，那反过来，如果波源运动观测者不动，观测者接收到的频率如何与波源发出的频率不同就更难想象了，因为波源的运动速度既不能叠加到波速上去，又不能叠加到波频率上去，观测者是如何听出频率变化的？如果频率真的变了，应该很容易测量出来，可是从来没有这方面的实验报告，但凡所测的，实际上不是真正意义上的波频率变化。

音调的高低可以听出来，是一种主观感受，是显性外化性状，而声波频率是听不出来的，是对性状的客观描述，具有隐性内在的性质，二者是两个完全不同的概念。当然，二者也不是完全割裂的，也有一定的相关性，频率高音调高，频率低音调低，反过来，音调高频率高，音调低频率低。频率改变，音调必定随之改变，频率与音调天然的相关性给人们造成了错觉，认为音调变，频率也必变，音调变化一定来自于频率的变化，即使原本的频率不变，那也是观测者接收到的频率变了，反正频率是无论如何也不能与音调变化撇清干系的。但不管怎样，音调和频率是两个不同的概念，从内涵到外延都不同，二者不具有一对一的双向对应变化关系，频率变，音调必变，但反过来，音调变，频率就不一定变。

细想一下，频率与音调的关系是先天性的，是声波不同频率间的变化与音调高低的对应变化关系，不是同一条声波前后的频率变化，频率是始终不变的。既然频率不变，音调发生了变化，只能说明音调的变化是由其它因素引起的，也就是说，多普勒效应不是频率变化引起的，而是由其它原因引起的。

3 新解释及其优点

笔者经过深入的研究，发现多普勒效应下的音调的变化是由语音节奏变化引起的，而语音节奏的变化通常是由声源与观测者的距离变化引起的。所谓的语音节奏，也就是指语音速度的快慢。这个语音速度不是声音的传播速度，例如说，2分钟的录音，1分钟放完了，表示语音节奏加快了1倍，若4分钟放完，则表示语音节奏减慢了1倍，而录音的声波频率没变，仍是原来的声波频率。把音调改变的原因由原先认为源自频率的变化（或听到的频率变化）改为源自语音节奏快慢变化，似乎只是一小步，但意义却是颠覆性的和具有里程碑性的，它消除了原解释很多不合理性和弊端，同时继承了合理的知识发展，经典物理学多普勒公式 $f = \dfrac{v_b \pm v_r}{v_b \pm v_s} f_0$ 仍可使用，应用方面也丝毫不受影响。公式的形式可能一样，但表达的意义可能完全不同。f 并不一定表示频率，也能用来表示时间，不过我们一般用 t 来表示时间，替换进去，$f = \dfrac{v_b \pm v_r}{v_b \pm v_s} f_0$ 改写为 $t = \dfrac{v_b \pm v_r}{v_b \pm v_s} t_0$，在有些场合下也可以得到应用。在有些场合，公式 $f = \dfrac{v_b \pm v_r}{v_b \pm v_s} f_0$ 中的 f 虽然表示的确是频率，但此频率非彼频率，如用光脉冲测速度或距离，可能要用到这个多普勒公式，公式中的 f 也确实表示的是频率，但表示的是光的脉冲频率，不是光波自身的频率。脉冲频率可以人为制造和调控，光一旦发出后，自身频率始终不变，所谓多普勒公式对它根本不起作用。

影响音调的因素至少有三个：频率，语音节奏和响度。频率是决定音调高低基础，但与音调的变化没有关系，因为频率是始终保持不变的，譬如说，频率19000Hz的声波的音调已经很高了，但无论在什么情况下，它却不能使自身的频率升得更高些，如升到20000Hz，或21000Hz，继而使音调变得更高。决定音调变化的主要因素是语音节奏快慢变化，这是可以想象的，音调和语音节奏同属感官感觉，它们在同一感觉范畴内发生关联是很正常的事情，语音节奏变快了，音调听起来尖锐些，语音节奏变慢了，音调听起来对应变得舒缓些，这是理所当然的。频率决定音调基调，语音节奏决定音调变化，一个负责先天，一个负责后天。一个进行的是横向对比，即不同波频率之间的音调变化对比，一个进行的是纵向对比，即同一确定频率的波在不同运动状况下前后音调变化对比，多普勒效应事实上就是语音节奏快慢变化带来的感觉上的音调差异性。这里所谓语音节奏，给人的印象好像是很有规律性的东西，其实不是这样的，只要语（声）速发生了改变，不管什么声音，是有节奏有规律的语言音乐也好，还是无节奏无规律的噪声也好，都可以发生多普勒效应。至于响度，那是影响音调变化起辅助作用的次要因素，在此不作过多讨论。

4 举例解说

为加深对新观点的理解，下面以举例的方式对上面的观点进行解说。

一观测者站在笔直的铁道旁，一磁悬浮列车停在离观测者1700m的地方，车上架着高音喇叭喊着口号："为人民服务"，语音节奏为1秒1字音，可看做语速频率1Hz。假设空气不流动，声速为340m/s，声波频率为170Hz，波长为340/170=2m。从这些条件中我们挖掘出如下信息：语速频率与声波频率是两个不同的概念，每个字音可能有若干个声波振动。语音节奏不同并不表示声波频率不同，譬如一个人两次喊"为人民服务"这句口号，第一次用时5秒，第二次用时2.5秒，两次的语速不同，但并不表示两次的声波频率就一定不同，两次的声波频率可能都是170Hz。两次的语速相同，也不表示声波频率相同，如一个小女孩与一个大男人都喊"为人民服务"这句口号，用时都是5秒，即他们的语速相同，但并不表示他们喊这句口号的声波频率相同，也许大男人的声波频率是170Hz，而小女孩的声波频率是2000Hz。

我们现在来考察观测者静止，声源朝向观测者运动的情形下的多普勒效应。列车以170m/s的速度驶向观测者，当喇叭离观测者1700m处时开始喊"为人民服务"口号，语速节奏快慢同列车静止时的一样，1秒1字音。试分析此情形下多普勒效应及相关问题。

当喇叭开始发出"为"字音时，此时喇叭离观测者的距离为1700m，"为"字音从发出至被观测者听到需5

秒钟，1秒钟后喇叭开始发出"人"字音，列车已前进了170m，此时喇叭离观测者的距离1700-170=1530（m），"人"字音从发出至被观测者听到需1530÷340=4.5（秒），观测者收到该两字音时间间隔5-4.5=0.5（秒），而它们发出时的时间间隔却是1秒，显然语音节奏加快了。同理，可以计算出听到的其它相邻两个字音的时间间隔都为0.5秒，都为原先发出时的时间间隔的一半。

现在再来考察声源离开观测者情况下的多普勒效应。若其它条件如上面的一样，唯列车不是驶向观测者，而是以170m/s的速度离开观测者。在此情形下，观测者接收到的音调变低了，与此相对应，相邻字音之间的时间间隔拉长了，拉长了0.5秒，由发出的1秒被拉长到了1.5秒。

下面再简单考察一下声源静止，观测者运动下的多普勒效应。假若喇叭安装在铁路边的电线杆上，观测者坐在磁悬浮列车上，列车朝向或背离喇叭处运动，在此情况下，结果又是什么样子呢？同理，多普勒效应也会发生，若观测者与声源的距离减小，则语音节奏加快，音调升高；若观测者与声源的距离增大，则语音节奏减缓，音调降低。

如果实验情况更复杂些，观测者与声源都在运动，但不管怎么样，万变不离其宗，二者距离趋近，则观测者听到的语音节奏加快，音调变尖；二者距离趋远，则观测者听到的语音节奏减缓，音调变钝。在此期间，声波频率始终保持不变。在笔者看来，事情很清楚了，音调的变化是由语音节奏的变化引起的，这是确定无疑的。

5 水纹波演示图像新解释

利用水纹波来演示多普勒效应的图像给我们留下了深刻的印象，波源运动，在其前方波纹变密，在其后方波纹变疏。这是一幅非常经典的解说多普勒效应的图示，以示在波源与观测者有相对运动的条件下，波频率和波长作相应改变的情况。

其实，用水纹波来演示波的频变或变相频变都是不适合的。多普勒效应比较正统的解释是说观测者接收到的波数发生了改变，同时强调频率没有改变，而水纹波图示和解说却分明表示频率的相应改变，这是矛盾的，起码学界在此问题上含糊不清。从波长方面说，这个矛盾表现得更加明显，波长和波速决定于介质的性质，既然介质没变化，波长就不应该有变化，可是在图示中，波长是变化的，图解明白显示波源前面的波长比波源后面的波长短。

如果要用水波纹来解说多普勒效应，那一圈圈同心圆波纹不应该用来表示声音频率，而应该表示的是一个个的声音音节，即相当于本文所举例子"为人民服务"这句话中的某一个字音："为"、"人"···等，当然，还可以将音节进一步细分。进行深入的考察和解析可以看出，虽然从整体上看，图案是不对称的，运动着的振源前面的水波纹较稠密，后面的较稀疏，但是从单个看，每个水波纹都是独自扩展的圆环。可以想象，如果是波长或频率变了，每个水波纹就不应该是圆环，而应该是椭圆环，可事实不是这样的，这说明什么呢？这只能说明用水波纹来喻示波频率是不正确的，而改换来喻示语音音节要适合得多。这是其一，其二，各个圆环是独立离散的，演示图案展现的是圆环与圆环之间在同一时刻的势态，不是同一个圆环在先后时间的发展演变。有鉴于此，把水波纹的圆环用来比喻语音音节非常合理，而要用来比喻频率前后演化就非常不合理。我们不要被图解演示所蒙蔽，而要首先问问演示是否合情合理？表面上看似正确的东西有可能是错误的。

6　观念的扩展

根据类比法则，人们从声波中总结出的知识自然会扩展到光波。什么是光的多普勒效应呢？人们找来找去，认为光波的谱线红移和蓝移就是多普勒效应。这是人们在多普勒效应概念混乱不清的情况下继续犯的又一个错误。从上面的解析中我们知道，即使发生了多普勒效应，但波长和频率并不改变，而光波的谱线红移和蓝移本质上就是光波频率的改变，可以说，二者完全扯不上边，凭什么认为光谱线的红移和蓝移就是多普勒效应呢？由此看来，凡依附在这种原本虚无关系基础之上发展而来的现代宇宙学知识很可能是根本错误的。至于光谱线红移和蓝移的原因，笔者也有所研究，但非本文所讨论的内容，故在此不作详述。

有没有原本意义上的光波多普勒效应的例子呢？有，罗默利用木卫一的掩蚀现象进行的光速计算测量就是一个这样的例子。观察表明，木卫一绕木星公转一周需 42.5 小时，同时又观察到地球相对木星退行时，下一次木卫一被掩蚀的时间要向后推迟约 10 分钟，地球相对木星前行时，下一次木卫一被掩蚀的时间又要提前约 10 分钟。这与上面例子中字节间的时间间隔的压缩和延伸是同一类型的问题，也就是说，木卫一有所变化的周期性被掩蚀的现象就是多普勒效应。再次强调一次，光波频率并没有变化。按照现流行的解释，地球相对木星的退行或前行必然引起多普勒效应，从而可观测到光谱线的红移或蓝移，可是从来没有观察到这种现象，也没有见到这方面的相关报道，这说明了什么？这说明光谱线的红移和蓝移与多普勒效应没什么关系，它们间的关系是人们强加上去的，是没什么根据的臆想。现在发现了光谱线的红移和蓝移现象，便认定是观测者与光源体之间存在相对运动而产生的多普勒效应的结果，显然逻辑推理的链条是断裂的。

水星的运行速度比较快，如果星球之间的相对运动能引起光波的红移和蓝移，那么我们就应该很容易在接收水星的光线上发现该现象。水星和地球有较大的相对运动，时而相互接近，时而渐行渐远，通过观察和测量，应该很容易发现红移和蓝移现象。当水星和地球相互接近时，接收到的来自水星的光线频率要相应变大，光谱线蓝移；当水星和地球相互远离时，接收到的来自水星的光线频率要相应变小，光谱线红移。我们发现水星和地球相互接近和远离对应的光谱线蓝移和红移了吗？好像没有，起码笔者没有看到这方面确切的报道。很多事情人类并没有搞清楚，却匆匆忙忙作出似是而非的结论，这是科学的悲哀！人们发现了巨大红移，便推断是远在天边的天体由于极大的退行速度所发生的多普勒效应。若这样，当水星相对地球退行或前行时，我们为什么没有发现光线的红移或蓝移呢？近的反而发现不了，远的比比皆是，岂不怪哉？再说，相对运动产生多普勒效应不改变频率或波长，这里又说是频率或波长改变了。一边说真实的频率没有变，只是观测者接收到的频率变了，一边却是各种图表、解说明里暗里表达着频率真真实实的变化。头痛医头，脚痛医脚，乱象丛生。我们应该跳出思维定式槽臼，正本清源，找出导致红移和蓝移真正原因。

7 结论及新解释的意义

通过稍许分析不难看出，多普勒效应的致因根本不是什么频变，而是由于观察者与波源存在相对运动造成二者距离的增加或减小，继而波在二者之间的传播时间发生变化所造成。而波在两者之间传播的速度及频率保持不变，所以把多普勒效应说成是频变是错误的，是没有根据的想当然，科学界应该本着实事求是的原则予以拨乱反正、正本清源。

笔者坚守经典物理学基本理念，波一经发出，频率始终保持不变。在此理念下，经过深入细致的解析，重新挖掘出了致使音调发生变化的直接原因---语音节奏变化。该成果的最大价值不在于找到了发生多普勒效应现象的致因，而在于进一步证实了频率不变等经典物理学基本理念的正确性。这一点很有现实意义，现在在基础科学研究中，普遍存在这样一种现象，一遇到大一点的困难，竟动不动就轻易地抛弃经典物理学基本理念和法则，这种风气和思潮带来了很坏的结果，特别是在现代物理学方面和宇宙学方面。

笔者将在声波方面取得的研究成果推广应用于光波方面，发现光谱线红移和蓝移根本不是多普勒效应，二者之间根本不存在相关性，引起光谱线红移和蓝移的一定另有原因。道理很简单，发生多普勒效应时，波的频率和波长保持不变，而光谱线红移和蓝移的确是波的频率实实在在发生了变化，所以，光谱线的红移蓝移不是多普勒效应。在多普勒效应问题上，很多所谓的知识是以讹传讹。笔者在本文中的逻辑推理链条应该是坚实和明晰的，如果笔者的观点正确，那宇宙大爆炸理论、宇宙膨胀理论等就是错误的，现代物理学、宇宙学需要重新审视、改写。

2、斐索流水实验证伪了菲涅耳部分拖曳理论

摘要： 传统的计算干涉条纹移动条数的方法是通过计算光在顺水与逆水的传播时间差来计算的，本文没有采用这种方法，而是采用人们易于理解的思路和方法，分别计算光在顺水、逆水及静水中传播的波数，计算他们相互间的差值，再与实验结果相比较，并在此基础上对干涉条纹移动的机理作深入的分析探讨，作出了干涉条纹移动条数是两种不同状态下同向传播光束传播的波数之差，否定了菲涅耳部分拖曳理论，流动的透明介质完全拖曳了以太。

关键词： 斐索流水实验 以太 干涉条纹移动数 菲涅耳部分拖曳理论

1 引言

1859 年，斐索做了个流水实验，目的是为了考查介质的运动对在其中传播的光速有何影响，从而判断以太是否被拖曳。实验装置如图所示，光束由光源发出后，经过半透镜分为两束，一束光与水流方向一致，另一束光则如水流方向相反，两束光在观察处叠加产生干涉条纹。观察比较和测量水流动与水不流动这两种情况下产生的干涉条纹位置变动情况，从而判断以太是否被拖曳？拖曳了多少？

实验示意图：

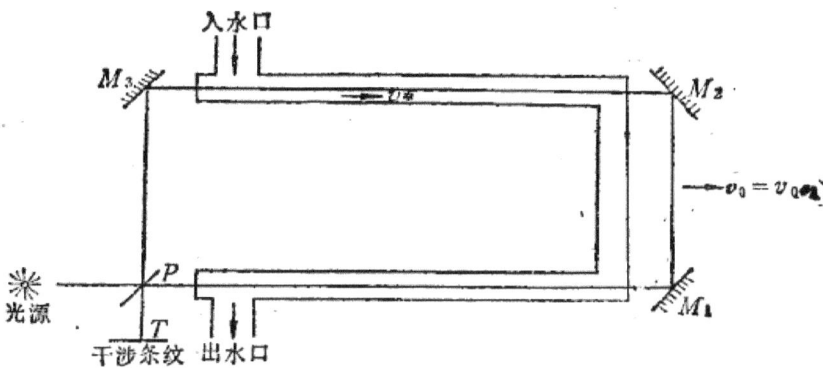

实验数据为：光的波长 $\lambda = 5.26 \times 10^{-7}$ 米（黄光），臂长 $l = 1.487$ 米，水流速 $v_s = 7.059$ 米 / 秒，水的折射率 $n = 1.33$。

观察到的实验结果为干涉条纹移动了 $\Delta N = 0.23$ 条，这个实验结果比较接近菲涅耳公式计算值（$\Delta N = 0.202$ 条），因而认为该实验证实了菲涅耳部分拖曳理论。

菲涅耳的计算方法是通过计算顺水光束与逆水光束传播的时间差来计算两束光的波数差，并把此方法计算出的波数差当作干涉条纹移动数处理，为了迎合实验结果，引进了所谓的拖曳系数 $a = \left(1 - \dfrac{1}{n^2}\right)$ 进行调节，以图吻合实验结果，经过这样目的性很强的人为处理后，菲涅耳理论计算值与实验结果仍不是非常吻合。

本作者经过深入分析研究，认为这种方法思路是有偏差和问题的，显然，两支相干光束叠加在一起只能形成干涉条纹，而不可能造成干涉条纹移动，这是其一；其二，我们求干涉条纹移动条数，是指水流动的情况下形成的干涉条纹相对于水在静止时形成的干涉条纹在位置上的变动，而该方法却与静水状态下形成的干涉条纹毫不相干，这显然不合情理。带着问题，本作者用不同的方法进行了大量的计算，反复比较，并进行深入的研究思考，以期对斐索流水实验作出既符合实验结果，又合情合理的解读。

2 传播波数及波数差的计算

本文按照以太被流水完全拖曳的方式来计算，如果计算结果与实验结果吻合，则说明全拖曳理论可能正确，如果不吻合，则说明全拖曳理论不正确。有很多问题我们还没有弄清楚，因此可能的情形都应该分别进行计算。这里涉及的问题有二种情形，一种情形是地球带着周围的以太自转，此情形下以太好比是地球周围的大气层，以太相对地面静止。另种情形是地球没有带着周围的以太自转，此情形好比以太是空气，地球如地球仪，地球仪在空气中转动，此情形下以太与地面有相对运动，相对地面的以太风速度等于该地面随地球的自转速度。下面分别计算两种情形下的传播波数及波数差。

2.1　以太随地球自转，相对地面静止，也就是说光相对地面光速各向同性。

2.1.1　光在静水中传播的波数：$N_{sj} = 2ft_{sj} = \dfrac{c_0}{\lambda_0} \times \dfrac{2l}{\dfrac{c_0}{n}} = 7519809.885932$

2.1.2　光在逆水流传播波数为：$N_{sy} = 2ft_{sy} = \dfrac{c_0}{\lambda_0} \times \dfrac{2l}{\dfrac{c_0}{n} - v_s} = 7519810.121426$

2.1.3　光在顺水流传播波数为：$N_{ss} = 2ft_{ss} = \dfrac{c_0}{\lambda_0} \times \dfrac{2l}{\dfrac{c_0}{n} + v_s} = 7519809.650437$

2.1.4　波数差计算：

a，静水与顺水的波数差　　$\Delta N_{sjs} = N_{sj} - N_{ss} = 0.235495$

b，逆水与静水的波数差　　$\Delta N_{syj} = N_{sy} - N_{sj} = 0.235494$

c，逆水与顺水的波数差　　$\Delta N_{sys} = N_{sy} - N_{ss} = 0.470989$

这里采用的是透明介质全拖曳以太的算法，还有许多种其他不同计算方法，只要是全拖曳，其他计算方法对应的波数及波数差基本上与本方法的计算值差别不大。

2.2　以太不随地球自转，相对地面来说有以太风，以太风的方向与地球自转方向相反，速度与该地面自转速度相等。

在此情形下，又有两种情况，一种是光在水中的传播速度并未受到地球自转形成的以太风的影响，光在水中的传播速度与光在地球拖曳以太一同自转的水中的传播速度相同，若如此，则相关计算与上面的计算完全相同。

另一种情况是光在水中的传播速度受到地球自转形成的以太风的影响，在此情况下光在水中的传播速度为：

$$c_s = \frac{c_0 + v_d \cdot \cos\alpha}{n}$$

注：c_s：光在水中的传播速度；c_0：光在以太风速为 0 情况下真空中的传播速度；v_d：地球在实验处（假设为北纬 30^0）的自转速度；α：水流方向与以太风方向的夹角；n：水的折射率。

水流槽东西方向摆放。

2.2.1　计算光在静水中传播的波数：

a，光从东向西传播：

$$N_{sj1} = ft_{sj1} = \frac{c_0}{\lambda_0} \times \frac{l}{\dfrac{c_0 + v_d \cdot \cos 30^0}{n}} = 3759899.892410$$

b，光从西向东传播：

$$N_{sj2} = ft_{sj2} = \frac{c_0}{\lambda_0} \times \frac{l}{\dfrac{c_0 - v_d \cdot \cos 30^0}{n}} = 3759909.993535$$

c，光在静水中的传播波数为

$$N_{sj} = N_{sj1} + N_{sj2} = 3759899.892410 + 3759909.993535 = 7519809.885945$$

2.2.2　计算光顺水流传播的波数：

a，水流方向从东到西

$$N_{ss1} = ft_{ss1} = \frac{c_0}{\lambda_0} \times \frac{l}{\dfrac{c_0 + v_d \cdot \cos 30^0}{n} + v_s} = 3759899.774663$$

b，水流方向从西到东

$$N_{ss2} = ft_{ss2} = \frac{c_0}{\lambda_0} \times \frac{l}{\dfrac{c_0 - v_d \cdot \cos 30^0}{n} + v_s} = 3759909.875787$$

c，光顺水流传播的波数为

$$N_{ss} = N_{ss1} + N_{ss2} = 3759899.774663 + 3759909.875787 = 7519809.650450$$

2.2.3　计算光逆水流传播波数：

a，水流方向从东到西（光传播方向从西到东）

$$N_{sy1} = ft_{sy1} = \frac{c_0}{\lambda_0} \times \frac{l}{\dfrac{c_0 - v_d \cdot \cos 30^0}{n} - v_s} = 3759910.111283$$

b，水流方向从西到东（光传播方向从东到西）

$$N_{sy2} = ft_{sy2} = \frac{c_0}{\lambda_0} \times \frac{l}{\dfrac{c_0 + v_d \cdot \cos 30^0}{n} - v_s} = 3759900.010157$$

c，光逆水流传播波数为：

$$N_{sy} = N_{sy1} + N_{sy2} = 3759910.111283 + 3759900.010157 = 7519810.121440$$

2.2.4　波数差计算：

a，静水与顺水的波数差

$$\Delta N_{ssj} = N_{sj} - N_{ss} = 7519809.885945 - 7519809.650450 = 0.235495$$

b，逆水与静水的波数差

$$\Delta N_{syj} = N_{sy} - N_{sj} = 7519810.121440 - 7519809.885945 = 0.235495$$

c，顺水与逆水的波数差

$$\Delta N_{ssy} = N_{sy} - N_{ss} = 7519810.121440 - 7519809.650450 = 0.470990$$

2.3　通过比较地球周围的以太随地球自转和不随地球自转两种情形下，在斐索流水实验中光传播的波数及波数差计算数据，两数据虽有差别，但差别过于微小，因此斐索流水实验不能够判断地球是否能够带动周围以太随同自转。

3　干涉条纹移动机理探讨

干涉条纹的机理是什么呢？这是破解菲涅耳部分拖曳理论是否成立的关键问题，把两束相干光叠加形成的干涉条纹当作干涉条纹移动、把传播的波数差当作干涉条纹移动数，逻辑推理链条是断裂的，这在引言中有所提示。干涉条纹的形成与干涉条纹移动是两回事，两支相干光束叠加在一起只能形成干涉条纹，而不能造成干涉条纹移动。从空间上看，只有两支光路的光束叠加在一起才能形成干涉条纹，单支光路的光束是形不成干涉条纹的，既然两支光路的光束叠加在一起了，也就是说在一个位置上，在一个位置上又何谈移动呢？从时间上说，干涉条纹移动涉及到时间概念，也就是说是有先后的，不是同时的，而干涉条纹却是两支相干光束同时到达同一位置形成的，没有时间延续性概念，这与两路相干光束传播的时间的差异性没有关系，不管两路光束各自传播的时间相差多大，也只能同时到达同一位置，形成某一形态的干涉条纹，没有时间延续性，当然就不存在条纹移动的问题了。从条件上说，变化的条件导致了变化的结果，条件是有变化的，如水从不流动到流动，从流动慢到流动快，实验条件变化导致了干涉条纹移动数目的变化，但在过往的计算中，并不涉及实验条件变化，水的流速仍保持 7.059 米／秒这一速度不变，单凭这一速度，却算出了干涉条纹移动数，岂不奇怪？从逻辑上说，只有比较，才有鉴别。干涉条纹移没移动？移动了多少？都是比较而言的，而过往的计算却连一个比较的对象都没有，哪来的比较？哪来的干涉条纹移动？也许有人辩解说：很明显是水 7.059 米／秒流速的情况下形成的干涉条纹与静水情况下形成的干涉条纹位置上的比较，怎么说没有比较呢？的确，意念中是这样比较的，但在实际计算方法中体现了这种比较了吗？再说，如果两种状态都是流动情况，那又怎样计算干涉条纹移动数呢？譬如说，如何计算光在通过水流速 7.059 米／秒与通过水流速 3 米／秒干涉条纹移动条数呢？难道与水静止的干涉条纹数一样吗？可见干涉条纹移动数涉及比较的双方，过去的算法只有"比较"的一方。

总而言之，把两支光路的光束叠加形成同一条干涉条纹的波数差当作干涉条纹的移动数是错误的。那么应该怎样计算干涉条纹移动数呢？这还是要利用产生干涉条纹移动的机理。结合实验来看，当水静止时，两支传播光路几乎没有波数差，但能形成干涉条纹，当水流动时，两支传播光路传播的波数不同，有波数差，两束光叠加也能形成干涉条纹，斐索流水实验表示的是流水的干涉条纹相对静水的干涉条纹的移动。从本文传播波数差的计算中可以清楚地看出，静水传播的波数正好是顺水传播的波数与逆水传播的波数的中间数，顺、逆水传播的波数与静水传播的波数之差基本上等于实验结果 0.23 条干涉条纹移动数。这难道只是偶然的巧合吗？我不认为是巧合，我认为这是必然的结果，干涉条纹移动数是光在顺水或逆水传播时，始末两种流速对应的传播波数之差。更清楚的表述是，光在末流速顺水传播的波数与其在始流速顺水传播的波数之差。同理，用逆水边计算干涉条纹移动数也可以，即光在末流速逆水流传播的波数与始流速逆水传播的波数之差。若始流速为 0，则干涉条纹移动数为顺水传播的波数与静水传播的波数之差，亦为逆水传播的波数与静水传播的波数之差。我们可以合理想象：两支在流水传播的光束在外缘位置叠加形成干涉条纹，两支在静水传播的光束在中间位置叠加形成干涉条纹，好比一张方形纸，两边缘叠加在一起，中间折叠在一起，折叠后的宽度是原先宽度的一半。若水流从静态开始逐渐加快，则干涉条纹从形成位置开始对应性地向一边逐渐移动，至水流停止加速后干涉条纹相应停止移动；若水流从达到某一速度后开始逐步减速，则干涉条纹作对应的回移，水流停止减速，回移相应停止。

正确的干涉条纹移动条数为：

$$\Delta N_{12} = N_2 - N_1 = \frac{c_0}{\lambda_0} \times \frac{2l}{\dfrac{c_0}{n} - v_{s2}} - \frac{c_0}{\lambda_0} \times \frac{2l}{\dfrac{c_0}{n} - v_{s1}}$$

$$= \frac{2lc_0}{\lambda_0} \left(\frac{v_{s2} - v_{s1}}{\left(\dfrac{c_0}{n} - v_{s2} \right)\left(\dfrac{c_0}{n} - v_{s1} \right)} \right)$$

注：v_{s1}：水流在状态 1 下的流速，v_{s2}：水流在状态 2 下的流速。

如果比较的两个水流状态，其中有一个是静止的，则干涉条纹移动条数计算公式可简化为：

$$\Delta N = \frac{2l \cdot n}{\lambda_0} \cdot \frac{v_s}{\dfrac{c_0}{n} - v_s}$$

4 本实验新功用

利用双缝实验干涉条纹测量光波长的方法问题多多，其中的道理似是而非，思路并不明确和清晰。笔者发现，斐索流水实验可以用来测量光波长，思路非常明晰。从本实验推理推导出的"干涉"条纹移动数目计算公式 $\Delta N = \dfrac{2l \cdot n}{\lambda_0} \cdot \dfrac{v_s}{\dfrac{c_0}{n} - v_s}$ 中可以看出，"干涉"条纹移动数目 ΔN 与与光波长 λ_0 具有函数关系，改换函数表达式，波

长计算公式为 $\lambda_0 = \dfrac{2\ln}{\Delta N} \times \dfrac{v_s}{\dfrac{c_0}{n} - v_s}$。

将本文该实验数据 $1 = 1.487\text{m}$、$n = 1.33$、$v_s = 7.059\text{m/s}$、$\Delta N = 0.235495$ 代入计算得：$\lambda_0 = 5.26 \times 10^{-7}\text{m}$。如果干涉条纹移动数目确定是资料所说的 $\Delta N = 0.23$，则以该波长计算公式推之，光波波长 $\lambda_0 = 5.38566 \times 10^{-7}\text{m}$。若以菲涅尔部分拖曳理论推算出的干涉条纹移动数目 $\Delta N = 0.2022$ 代入计算，则光波长为 $\lambda_0 = 6.126 \times 10^{-7}\text{m}$，这个波长值比资料所说的原波长值 $\lambda_0 = 5.26 \times 10^{-7}\text{m}$ 明显大太多，并不是资料所说的吻合得很好，说明菲涅尔部分拖曳理论不正确。笔者深入研究后认为，本波长测算方法战略方针是正确的，有问题也只是技术上的错误，实验精度上的问题，如折射率 n、流速 v_s、长度 l 都存在测量精确性问题，特别是"干涉"条纹移动数 ΔN 测量精确性存在的问题更大些，如果很好地解决了这些技术性问题，相信用本方法测算出的光波长值是准确的。

5 结论

过去那种计算干涉条纹移动数的方法是错误的，干涉条纹移动数本质上不是光在顺水与逆水的传播波数之差，而是两种状态下对应单边传播波数之差。菲涅耳部分拖曳理论是错误的，透明介质的运动完全拖曳了以太。本实验方法可开发出新的功用，只要能精确测量各项相关数据，有效消除误差，就能利用本实验方法或类似方法非常精确地测量出光波长。

3、用实验检验相对性原理

摘要：相对性原理从来就没有从理论上证明过，也没有被实验验证过，它的正确性是值得怀疑的。笔者以所谓"船舱里不知船动"为突破口，首先从理论上证明了速度的变化与重量变化的相关性，然后在运动的火车上做实验予以了验证。本文从理论和实验两个方面证明了速度上的相对性原理是错误的。

关键词：相对性原理 万有引力 离心力 重力 运动速度 实验

1 引言

伽利略在《关于托勒密和哥白尼两大世界体系的对话》一文中写道："当你在密闭的运动着的船舱里观察力学过程时，只要船是匀速的，决不忽左忽右摆动，你将会发现，所有上述现象丝毫没有改变，你也无法从其中任何一个现象来确定船是运动还是停着不动的？……"，伽利略接着描写了很多现象，这些现象很符合人们的亲身体验，因而人们就把这些现象作为事实而接受下来，并把它归结上升为相对性原理。然而，它毕竟只是人们的感性认识，感性认识往往并不可靠，它的正确性从来没有人从理论上证明过，也没有人通过精确可靠的实验予以证实或证伪，如此说来，相对性原理的正确性是存在疑问的。笔者在长期的学习和研究过程中，逐渐对相对性原理产生了怀疑，并以"在密闭的船中不知船动"为突破口进行深入分析研究，发现这并非客观事实，笔者首先从理论上证明了在密闭的船舱里不但能够知道船是否在运动，而且通过计算还可以知道船的运动速度。然后笔者设计了一个验证性实验，并亲自做了这个实验，实验结果证实了笔者的怀疑，相对性原理是错误的。

2 理论探索

实验设计：在北纬 30^0 线上，火车以某一速度向东或向西行驶，在火车上进行称重，从理论上进行分析，看重量是否发生变化，特别是与静止时的重量进行比较。如果重量发生变化，则说明速度与重量具有相关性，知道了速度的变化，就能知道相应的重量变化。反过来，知道了重量变化，也能知道相应的速度变化，从而从理论上证明了相对性原理错误。

称重物体受力分析示意图：

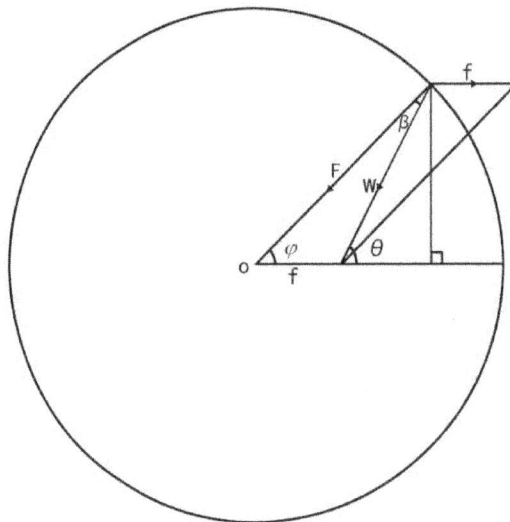

$w = ma$，w：重力，m：物体质量，a：重力加速度。

$F = \dfrac{GMm}{R^2}$，G：万有引力常数，$G = 6.67 \times 10^{-11} m/s^2 \cdot kg$，$M$：地球质量，$M = 5.9742 \times 10^{24} kg$，$R$：地球半径，$R = 6371000\, m$。

$$f = \frac{mv^2}{r} = \frac{mv^2}{R \cdot \cos\varphi}$$ ，f：离心力，v：物体相对地球自转轴的绕行速度，φ：绕行物体所在的纬度（本

实验 $\varphi = 30^0$ ）。

a，根据正弦定理：

$$\frac{w}{\sin\varphi} = \frac{f}{\sin\beta} = \frac{F}{\sin(180^0 - \theta)}$$ ，（ $\theta = \varphi + \beta$ ）

$$\frac{ma}{\sin\varphi} = \frac{mv^2}{R\cos\varphi\sin\beta} = \frac{GMm}{R^2\sin(180^0 - \theta)}$$

$$\frac{ma}{\sin\varphi} = \frac{mv^2}{R\cos\varphi\sin\beta} = \frac{GMm}{R^2\sin\theta}$$

$$\frac{a}{\sin 30^0} = \frac{v^2}{R\cos 30^0 \sin\beta} = \frac{GM}{R^2\sin(\varphi + \beta)}$$

$$\frac{a}{\sin 30^0} = \frac{v^2}{R\cos 30^0 \sin\beta} = \frac{GM}{R^2(\sin 30^0 \cos\beta + \cos 30^0 \sin\beta)}$$

$$\frac{a}{\frac{1}{2}} = \frac{v^2}{R\frac{\sqrt{3}}{2}\sin\beta} = \frac{GM}{R^2(\frac{1}{2}\cos\beta + \frac{\sqrt{3}}{2}\sin\beta)}$$

$$a = \frac{v^2}{\sqrt{3}R\sin\beta} = \frac{GM}{R^2(\cos\beta + \sqrt{3}\sin\beta)}$$

$$a = \frac{v^2}{\sqrt{3}R\sin\beta} \qquad （1）$$

b，由受力分析示意图可知：

$$F \cdot \cos\varphi = f + w \cdot \cos\theta$$
$$F\cos\varphi = f + w\cos(\varphi + \beta)$$
$$F\cos 30^0 = f + w(\cos 30^0 \cos\beta - \sin 30^0 \sin\beta)$$
$$\frac{GMm}{R^2}\frac{\sqrt{3}}{2} = \frac{mv^2}{R\cos 30^0} + ma(\frac{\sqrt{3}}{2}\cos\beta - \frac{1}{2}\sin\beta)$$

$$\frac{\sqrt{3}GM}{R^2} = \frac{4v^2}{\sqrt{3}R} + a(\sqrt{3}\cos\beta - \sin\beta) \qquad （2）$$

c，根据勾股定理得：

217

$$(f + w \cdot \cos\theta)^2 + (w \cdot \sin\theta)^2 = F^2$$

$$[f + w\cos(\varphi + \beta)]^2 + w^2 \sin^2(\varphi + \beta) = F^2$$

$$f^2 + 2fw\cos(\varphi + \beta) + w^2\cos^2(\varphi + \beta) + w^2\sin^2(\varphi + \beta) = F^2$$

$$f^2 + 2fw(\cos\varphi\cos\beta - \sin\varphi\sin\beta) + w^2 = F^2$$

$$(\frac{mv^2}{R\cos\varphi})^2 + 2(\frac{mv^2}{R\cos\varphi})ma(\cos 30^0 \cos\beta - \sin 30^0 \cos\beta) + m^2 a^2 = (\frac{GMm}{R^2})^2$$

$$\frac{v^4}{R^2\cos^2\varphi} + \frac{4v^2 a}{R\sqrt{3}}(\frac{\sqrt{3}}{2}\cos\beta - \frac{1}{2}\sin\beta) + a^2 = \frac{G^2 M^2}{R^4}$$

$$\frac{4v^2}{3R^2} + \frac{2av^2}{\sqrt{3}R}(\sqrt{3}\cos\beta - \sin\beta) + a^2 = \frac{G^2 M^2}{R^4} \qquad (3)$$

由方程（1） $a = \dfrac{v^2}{\sqrt{3}R\sin\beta}$ 得： $\sin\beta = \dfrac{v^2}{\sqrt{3}Ra}$ （4）

将方程（4）代入方程（2）

$$\frac{\sqrt{3}GM}{R^2} = \frac{4v^2}{\sqrt{3}R} + a(\sqrt{3}\cos\beta - \sin\beta)$$

$$\frac{\sqrt{3}GM}{R^2} = \frac{4v^2}{\sqrt{3}R} + a(\sqrt{3}\cos\beta - \frac{v^2}{\sqrt{3}Ra})$$

$$3GM = 4Rv^2 + 3R^2 a \cdot \cos\beta - Rv^2$$

$$R^2 a \cdot \cos\beta + Rv^2 - GM = 0 \qquad (5)$$

将方程（4）代入方程（3）得：

$$\frac{4v^4}{3R^2} + \frac{2av^2}{\sqrt{3}R}(\sqrt{3}\cos\beta - \sin\beta) + a^2 = \frac{G^2 M^2}{R^4}$$

$$\frac{4v^4}{3R^2} + \frac{2av^2}{\sqrt{3}R}(\sqrt{3}\cos\beta - \frac{v^2}{\sqrt{3}Ra}) + a^2 = \frac{G^2 M^2}{R^4}$$

$$4R^2 v^4 + 6aR^3 v^2 \cos\beta - 2R^2 v^4 + 3R^4 a^2 = 3G^2 M^2$$

$$2R^2 v^4 + 6aR^3 v^2 \cos\beta + 3R^4 a^2 = 3G^2 M^2 \qquad (6)$$

由方程（5） $R^2 a\cos\beta + Rv^2 - GM = 0$ 得：

$$R^2 a\cos\beta + Rv^2 - GM = 0$$

218

$$\cos \beta = \frac{GM - Rv^2}{R^2 a} \quad (7)$$

将方程（7）代入方程（6）得：

$$2R^2 v^4 + 6aR^3 v^2 \cos \beta + 3R^4 a^2 = 3G^2 M^2$$

$$2R^2 v^4 + 6aR^3 v^2 \cdot \frac{GM - Rv^2}{R^2 a} + 3R^4 a^2 = 3G^2 M^2$$

$$2R^2 v^4 + 6Rv^2 (GM - Rv^2) + 3R^4 a^2 = 3G^2 M^2 \quad (8)$$

火车未开动时随地球自转作圆周运动，其绕自转轴的圆周运动速度为所在地面的自转速度 $v_0 = 465 \times \cos 30^0 = 402 m/s$，若火车向东运行，其绕自转轴的圆周速度为火车的运行速度+所在地的地球自转速度，火车的速度以 $55 m/s$ 计，则绕行速度为 $v_x = 55 + 402 = 457 m/s$，若火车向西运行，火车的运行速度仍以 $55 m/s$ 计，则绕行速度为 $v_d = 402 - 55 = 347 m/s$。

将相关数据代入方程（8）计算，得：

火车相对地面静止时的重力加速度为 $a_0 = 9.79190738\ m/s^2$

火车以 $55 m/s$ 的速度向东运行时的重力加速度为 $a_d = 9.784499\ m/s^2$

火车以 $55 m/s$ 的速度向西运行时的重力加速度为 $a_x = 9.79836853\ m/s^2$

假如实验物体的质量为 $12kg$，则物体在火车未开动时的重力为：

$$w_0 = ma_0 = 12 \times 9.79190738 = 117.50288861 \text{ N}。$$

物体在火车以 $55 m/s$ 速度向西运行时的重力为：

$$w_x = ma_x = 12 \times 9.79836853 = 117.5804223 \text{ N}，$$

与静止时的差值为 $\Delta w = w_x - w_0 = 117.58042232 - 117.50288861 = 0.0775337$ N，换算成通常的表示方

式：$\Delta w' = \dfrac{\Delta w}{a_0} = \dfrac{0.0775337}{9.79190738} = 0.00791814(kg) \approx 7.92(g)$，即 $12kg$ 的物体以 $55m/s$ 在 30^0 纬度线上向西运行时的重量比其处于静止时重量增加了 7.92 克。

物体在火车以 $55m/s$ 速度向东运行时的重力为 $w_x = ma_x = 12 \times 9.7844991 = 117.4139892$ N，与静止时的差值为：$\Delta w = w_d - w_0 = 117.4139892 - 117.50288861 = -0.08889941$ N，换算成通常的表示方式：

$\Delta w' = \dfrac{\Delta w}{a_0} = \dfrac{-0.08889941}{9.79190738} = -0.00908(kg) = -9.08(g)$，即 $12kg$ 的物体以 $55m/s$ 在 30^0 纬度线上向东运行时的重量比其处于静止时重量减轻了 9.08 克。

3 实验验证

3.1 实验器材：英衡电子秤一台，精度 $0.5g$，最大称重 $15kg$；塑料水桶一个，内装大理石块，二者重量 $11326g$（平地称量），电子秤台盘 $700g$，称重重量合计 $12026g$。

3.2 实验经过：实验选择在动车和高铁上进行，选择的路段为汉口 $\Leftrightarrow$ 荆州，之所以选择这段铁路，是因为这段铁路东西向，基本上在一个纬度线上，且处于江汉平原区域，铁路比较平坦。

2020 年 6 月 19 日，从汉口到荆州，列车为 $D2236$，由于在汉口站停车时间较长，有比较充裕时间做实验准备工作，在车上，列车尚未开动之前，安放好电子秤，取下台盘，置"0"，再安装上台盘，然后将将装大理石的水桶放在台盘上称重。或许由于列车动力系统处于工作状态，车虽然尚未开动，但仍有人难以察觉的震动，而电子秤却能感受到这种微弱的震动，受此影响，电子秤显示的重量时刻处于变动之中，好在车尚未开动，显示的重量变动的幅度不大，上下变动只有几克。用手机对电子秤录象 1 分钟。由于事先反复进行了模拟试验，获得了一些经验，知道移动对电子秤显示的重量可能造成影响，因此正式实验时应力求避免电子秤及称重物放置位置任何移动。列车开动后，全过程对电子秤显示屏进行录像，同时留意车速变化情况，并做到心中有数。

6 月 21 日，乘高铁 $G556$ 从荆州到汉口。由于列车在荆州站停车时间较短（2 分钟），在列车上安放好电子秤后，因而这次没有取下台盘，而是置"0"后直接将水桶放到台盘上称重，并在车开动前进行拍照，电子秤显示的重量基本为 $11326g$，列车开动后同上次一样用手机进行了录像。

3.3 实验数据处理：列车上的实验工作结束后，接下来是实验数据的统计处理。选取车速 $195 \sim 200km/h$ 且比较稳定时段的数据作为样本，由于电子秤显示屏显示的重量数据时刻跳动变化，单独孤立看数据没有多大意义，也说明不了什么问题。笔者认为，这些真实的数据应该有统计学上意义。笔者是这样处理的：根据实验过程中具体情况，选择具有代表性某一时段的录像数据，打开录像，按下暂停键，记下录像中电子秤显示的重量，然后又打开录像，2～3秒后又随机按下暂停键，记下录像中电子秤显示的重量，循环往复，记下大约10分钟时段200左右个数据。对登记的数据作适当的处理，对等地去掉一些明显偏离中心值的较大的和较小的数据，对剩下的比较靠谱的数据计算平均值，这个平均值即为平均重量。

平均重量=全体有效数据的总和÷有效数据个数

3.4 实验结果：

3.4.1 列车向西运动（汉口 $\Rightarrow$ 荆州）

a，静止时重量：$12026.82g$ （1分钟32个数据平均值）

b，运动（$55m/s$）时的平均重量：$12038.92g$

c，重量变化：$\Delta w = w_x - w_0 = 12038.72 - 12026.82 = 11.90(g)$

3.4.2 列车向东运动（荆州 $\Rightarrow$ 汉口）

a，静止时重量：$12026g$

b，运动（$55m/s$）时的平均重量：$11314.86 + 700 = 12014.86g$

c，重量变化：$\Delta w = w_0 - w_d = 12014.86 - 12026 = -11.14(g)$

实验结果表明，物体向西运动重量增加，向东运动重量减轻，这个结论是明确而毫无疑问的。

4 分析与讨论

由于实验条件的限制，实验不是很精确，但作为定性实验是足够的。理论和实验都证明物体的运动速度与其重量具有对应变化的相关性，速度变化越大，重量变化也越大；反过来，重量变化越大，其运动速度变化也就越大。这就是说，我们在车厢中，不需要参考物，仅仅根据物体重量的变化就能知晓物体是否运动及运动速度的大小，这表明所谓在密闭的船舱里不知船动和其速度的认识是错误的，即相对性原理是错误的。

至于《对话》中列举的所谓证明相对性原理正确的其它现象，笔者进行了深入分析，认为只有"水滴垂直

221

滴进下面的罐子"的例子是真实的，除此之外，其它的例子或多或少都存在问题，都是想当然的"正确"。

说到相对性原理，不得不说伽利略变换，因为后者是前者的一个影子，是前者的数学应用。伽利略变换正确吗？这里不涉及洛仑兹变换相关问题，单在经典物理学范畴内讨论问题。笔者对此也进行了深入的研究，笔者的回答是：这要看具体什么情况了！举例来说，一列火车以速度 v_h 在铁路上行驶，假如一支手枪在火车上朝车头方向水平射击，子弹的速度相对火车的速度为 v_z，在这种情形下，子弹相对地面的速度 v_d 用伽利略变换计算：$v_d = v_h + v_z$。如果情形不是这样的，而是另一种情形，手枪首先在地面上射击，子弹相对地面的速度为 v'_s，再把手枪拿到火车（速度为 v_h）上朝车头方向水平射击，在这种情形下，子弹相对地面的速度不能用伽利略变换公式计算，$v_d \neq v_h + v'_s$，子弹相对火车的速度也不是其在地面射击时相对地面的速度（v_z）：$v_s \neq v'_s$。该情形下在火车上射击时相对地面的速度可以用机械能守恒定律计算，或者用矢量求和法则计算。深入仔细分析一下可以看出，静止和运动对子弹的速度影响是不一样的，窥斑见豹，相对性原理是错误的。悠悠万事，唯有能量守恒是颠扑不破的宇宙真理，是不可触犯的天条，相对性原理实际上触犯了这个天条。

顺便说一句，相对性原理暗含另一层意思，举例来说，地球上得到的万有引力公式为 $F = \dfrac{GMm}{R^2}$，离心力计算公式为 $f = \dfrac{mv^2}{r}$，在火星上可以得到同样的公式形式 $F = \dfrac{GMm}{R^2}$、$f = \dfrac{mv^2}{r}$。依据的是什么呢？依据的是物质统一性下的相对性原理。从这层意思上说，相对性原理又是正确的。归纳概括性地说，速度上的相对性原理是错误的，物理规律上的相对性原理是基本正确的。

话又说回来，物理规律上的相对性原理也不是一成不变、绝对的正确。普遍性中蕴含着特殊性，火星上的万有引力公式、离心力公式虽然在形式上同地球上的万有引力公式、离心力公式看似完全一样，但具体内容还是有所不同的。由于有钟慢效应的缘故，火星上的单位时间（秒）与地球上的单位时间（秒）是不同的，在火星上用离心力公式计算离心力要用火星单位时间（秒）衡量下的速度。同理，在火星上计算万有引力，要用火星的万有引力"常数"。世界是统一的和普遍联系着的，火星的万有引力常数可以以地球的万有引力常数为基数，通过合理的运算推导出来。

4、钟慢效应计算新方法

摘要：引力势变动引起的钟慢效应称之为广义相对论效应，速度快慢引起的钟慢效应称之为狭义相对论效应，总的钟慢效应值是分别计算出的广义相对论效应值和狭义相对论效应值的代数和。如果涉及非惯性系，还要进行 Saganc 效应计算。目前使用的这种方法，计算非常复杂繁琐，道理晦涩难懂，逻辑自洽性也广受质疑。

笔者采用了全新的方法，用改进后的能量转化与守恒定律，根据已知处的光速计算待求处的未知光速。大量的实验揭示：任意两处时间与频率的变化率等于该两处的光速变化率，即 $\dfrac{c_1}{c_2} = \dfrac{t_1}{t_2}$，$\dfrac{c_1}{c_2} = \dfrac{f_1}{f_2}$。笔者紧紧抓住光速变化这根线索，按图索骥地计算钟慢效应和频率变化，计算简单，道理清晰，逻辑自洽。本文选取了三个著名且可信度较高的实验进行验证，一个是 GPS 的钟慢效应，一个是 GPS 频率调制，再一个是机载原子钟环球飞行实验，结果理论计算值与资料公布的实验观测值全部高度吻合。

关键词：钟慢效应； 光速可变； 能量转化和守恒原理； 机载原子钟环球飞行实验；GPS

1 引言

在人们的印象中，钟慢效应是相对论发现和阐明的，因而钟慢效应必须用相对论计算，别无他法。实际情况并非如此，笔者发现了另外一种钟慢效应计算方法。

根据学界对原子钟快慢的理解，笔者发现钟慢效应与光速有如下关系：光快钟快，光慢钟慢，二者有如下函数关系：$c_1 t_2 = c_2 t_1$。可见，只要能计算光速的变化，就能计算出钟慢效应值，计算光速变化是计算钟慢效应的桥梁和关键。

2 涉及钟慢效应的光速计算

首先说明，本问题研究思考都是建立在经典物理学观念基础上的，如光子有质量，质量守恒，光如普通物体一样遵守能量转化与守恒定律。还需说明，本文所说的光速是内在光速，是根据能量转化与守恒定律计算出来的光速，不同于单纯速度问题上的传播光速。由能量转化与守恒定律可知，影响光速的因素有两个，一个是位置，其对应的是势能；一个是光源的运动速度，其对应的是动能。两个因素共同影响和决定光速的变化，计算方法是能量转化与守恒定律知识的应用。

2.1 位置对光速的影响

能量转化与守恒定律告诉我们，离引力源越远，势能越大，光速就越慢；离引力源越近，势能越小，光速就越快。本节只考察光速与位置的关系，而不考虑光源运动速度对光速的影响。为了排除光源运动速度对光速的影响，我们假设光源运动速度为 0，即光源在地面的运动速度为 0，地球自转速度也为 0，在这种情形下，根据能量转化与守恒定律，光在低处的动能与势能之和一定等于高处的动能与势能之和，即：

$$\frac{1}{2}mc_{dj}{}^2 = \frac{1}{2}mc_{kj}{}^2 + m\overline{g}h$$

其中，m：光子质量；c_{dj}：地球不自转状态下地面发射的光速；c_{kj}：空中某点处的光速；h：空中某点处到地面的距离，$h = r_2 - r_1$，r_1：地面点到地心的距离，r_2：空中某点处到地心的距离；$\overline{g}$：地空之间重力加速度的平均值，$\overline{g} = \sqrt{g_d g_k}$，$g_d$：地面处的重力加速度，$g_k$：空中某点处的重力加速度，$g = \dfrac{GM}{r^2}$，根据相对性原理，$g_d = \dfrac{G_d M}{r^2}$，$g_k = \dfrac{G_k M}{r^2}$，而 $G_k = \dfrac{c_d{}^2}{c_k{}^2} G_d$，$c_d$：地面处光速，$G_d$：地面处万有引力常数，$G_k$：空中某点处的万有引力常数，$M$：地球质量。

将上述公式代入 $\dfrac{1}{2} m c_{dj}{}^2 = \dfrac{1}{2} m c_{kj}{}^2 + m\overline{g}h$ 式中，计算化简得：

$$c_{dj}{}^2 - \frac{2c_d G_d M}{c_k r_1} = c_{kj}{}^2 - \frac{2c_d G_d M}{c_k r_2} \tag{1}$$

2.2 考察光源运动速度对光速的影响

光速不仅与其在引力场中位置有关，也与光源的运动状态有关。本节只考察光速与光源运动速度的关系，而不考虑其位置对光速的影响。经研究发现，在同一引力层面上，光源的运动速度 v、运动光源发射的光速 c_v 与光源静止时发射的光速 c_j 三者之间有如下关系：

$$c_j{}^2 = c_v{}^2 - v^2 \tag{2}$$

（2）式可以从同一引力层面能量守恒定律得到，它表达了光速与光源运动速度间的函数关系，它既不同于伽利略变换，也不同于洛仑兹变换，是新发现的第三种变换方式，但它又与伽利略变换和洛仑兹变换有着千丝万缕的联系，它可以从对洛仑兹变换因子的分析和挖掘中得到。$c_j{}^2 = c_v{}^2 - v^2$ 速度变换式是笔者理论创新的一大亮点。

2.3 综合两个因素的光速决定式

将 $c_j{}^2 = c_v{}^2 - v^2$ 代入（1）式，并在字母中标记相应的地点，得：

$$c_d{}^2 - v_{dz}{}^2 - \frac{2c_d G_d M}{c_k r_1} = c_k{}^2 - v_k{}^2 - \frac{2c_d G_d M}{c_k r_2} \tag{3}$$

224

其中，c_k 为空中某将点处的光速；c_d 为地面处的光速，$v_k{}^2 = \dfrac{G_k M}{r_k} = \dfrac{\dfrac{c_d{}^2}{c_k{}^2} G_d M}{r_k} = \dfrac{c_d{}^2 G_d M}{c_k{}^2 r_k}$。

（3）式是综合了势能与动能的复合式，以光为研究对象，以新的速度变换式 $c_j{}^2 = c_v{}^2 - v^2$ 为特色的不同于经典能量转化与守恒定律的新的能量转化与守恒定律公式。实践是检验真理的唯一标准，从实际结果看，该公式的很多理论计算值与资料公布的实验观测值高度吻合，在一定程度上说明新的能量转化与守恒定律公式的合理性和正确性。

2.4 更精确的光速计算式

现代更精确的实验观测表明，牛顿理论并不是十全十美的终极科学理论，需要进一步的完善。涉及本文问题的主要有两个因子：一是万有引力常数 G，在牛顿理论中，万有引力常数是一个不变量，全宇宙都是那个数。而实际上常数不常，万有引力常数也是一个变量。万有引力常数修正式为：$G_k = \dfrac{c_d{}^2}{c_k{}^2} G_d$。$G_k$：修正后的某处或某一状况下的万有引力常数，$c_k$：某处或某一状况下的光速值，$G_d$：地面的万有引力常数，$G_d = 6.67 \times 10^{-11} m^3 kg^{-1} s^{-2}$；$c_d$：地面的光速值，$c_d = 299792458 m/s$.关于万有引力常数 G 的变换问题，在公式（1）和（3）中已作了处理：$G_k = \dfrac{c_d{}^2}{c_k{}^2} G_d$

计算出了光速值，根据公式 $\dfrac{t_1}{t_2} = \dfrac{c_1}{c_2}$，可计算出各种所需的钟慢效应值。

计算非常简单，但观念必须清楚：钟慢不等于"时慢"，不存在时慢，时间不会膨胀，也不会收缩。钟快钟慢是相对而言的，宇宙中既有钟慢现象，也有钟快现象。高空的钟比地面的钟慢，日面上的钟却比地面的钟快。研究大量实验资料后发现，原子钟走时数与光速相关联。光速快，表现为钟快，光速慢，表现为钟慢。二者有如下关系：$\dfrac{t_1}{t_2} = \dfrac{c_1}{c_2}$。须特别注意，此式中两个光速（$c_1$、$c_2$）所用的单位时间标准是统一的，而式中两个时间（$t_1$、$t_2$）是以各自所在处单位时间标准为标准的时间，所用的单位时间标准是不统一的。各参考系的单位时间从光线的振荡周期数来说是相同的（如都以铯原子发射那条特定电磁波振荡 9192631770 个周期持续的时间为 1 秒），但因"同一"光线在两处的振荡快慢并不相同，故相同周期数所持续的时间并不真正的相同。振荡快的单位时间短，显示的时间（钟数）大；振荡慢的单位时间长，显示的时间（钟数）小。根据能量转化和守恒定律，可计算出 GPS 卫星处的光速是小于地面处的光速的，再根据公式 $\dfrac{t_1}{t_2} = \dfrac{c_1}{c_2}$ 可知 GPS 卫星处的钟比地面处的钟慢，钟点数小。可以看出，原子钟的快慢是由单位时间长短不同造成的，而单位时间长短又是由单个周期长短不同造成的，根本不存在"时间膨胀"问题。

3 用已知实验检验新理论

下面用本文新推导的理论计算公式对三个著名的经典实验进行验证性计算，看理论计算值与资料公布的实验观测值是否吻合？对新理论新公式正确与否作初步的判断。

3.1 GPS 星地对钟的计算

GPS 卫星上的原子钟必须与地面上的原子钟同步，如果不能做到同步，没有一个共同的起始计算标准，就无法计算信号传播的时间长短，GPS 就不能很好的应用。对钟是求得两钟同步的方法，要对钟，就要知道星地两处原子钟的计时标准和两处之间信号传播的时间变化规律。

卫星不同于地、月、日等大质量天体，它的质量太小，自身引力场太微弱，对光线速度几乎不造成影响，卫星的运动速度是影响其发射光线的速度的主要因素。

根据推导出的公式（3）计算 GPS 卫星处的光速 c_k。

c_d：地面现在的光速 299792458m/s，v_{dz}：地球赤道自转速度 $464m/s$。r_1：地球半径，6371000m；r_2：卫星到地心的距离： 6371000+20200000=26571000m. 地球自转状态下的万有引力常数 $G_d = 6.67 \times 10^{-11} m^3 kg^{-1} s^{-2}$；$M$：地球质量，$M = 5.9742 \times 10^{24} kg$；$v_k = \sqrt{\dfrac{G_k M}{r_2}} = \sqrt{\dfrac{\dfrac{c_0^{\ 2}}{c_k^{\ 2}} G_d M}{r_2}} = \sqrt{\dfrac{c_0^{\ 2} G_d M}{c_k^{\ 2} r_2}}$。

将相关数据代入（3）式，这是一个一元四次方程，解之得：

$c_k = 299792457.866 m/s$

光速的计算有两种方法，一种是原则精确的计算，一种是灵活而粗略计算。在以上 c_k 的计算中，万有引力常数 G 作变量处理，是原则精确的计算。由于通常情况下 G 的变化很小，一般不影响计算所要求的精度，故此，可以灵活性地把 G 作不变量处理。这样也大大地简化了计算，就象引力加速度 g 原本是变量，为简便计算，在近地空间人们通常把 g 作不变量处理（ $g = 9.8$ ）。

本题若 G 作不变量处理（ $G = 6.67 \times 10^{-11}$ ），根据能量转化与守恒定律，可列方程：

$$c_d{}^2 - v_d{}^2 - \frac{2GM}{r_1} = c_k{}^2 - v_k{}^2 - \frac{2GM}{r_2}$$

解之得： $c_{kv} = 299792457.8660 m/s$

对照精确的计算结果，二者在要求的精度内的数值是相同的。若要求更高的精度，当采用精确的计算法进行计算。

地空两处原子钟快慢的不同所导致的时间变化率，我们知道原子钟时间的快慢与对应的光速具有正比例变化关系： $\frac{c_1}{c_2} = \frac{t_1}{t_2}$ ，二者变化率一样，光速变化率为：

$$k = \frac{c_d - c_k}{c_d} = \frac{299792458 - 299792457.8660}{299792458} = 4.4682 \times 10^{-10}$$

这个变化率也是地空两处原子钟走时比较的变化率，以地面的时间为准，太空卫星上的原子钟 24h 表观上减慢的时间为：

$4.4682 \times 10^{-10} \times 24 \times 3600 = 38.6 \times 10^{-6}$ 秒，即 38.6 微秒。

相对论的理论值也是这个数值，它分别进行两个效应的计算，相较地面静止的原子钟，GPS 卫星处的原子钟因狭义相对论效应慢 7 微秒多，因广义相对论效应快 45 微秒多，二者合起来快 38 微秒多。计算过程非常复杂，不少质疑者指出其计算过程逻辑混乱，有凑数据之嫌疑。本文的计算过程相当简单，条理清晰，逻辑自洽。

3.2 GPS 频率调制

由于 GPS 卫星上的原子钟与地面上的原子钟走时速率不一致，为了使二者的原子钟步调一致，就要对 GPS 上的原子钟的计时频率进行调整。举个实例：问在 GPS 卫星发射前，应把 10.23 兆赫调为多少兆赫？

根据上面的计算可知，GPS 卫星上的光速为 $c_k = 299792457.8660$ m/s，已知地面上的光速为 $c_d = 299792458 m/s$ ，在标准 1 秒时间内，地面上铯原子发射的那条特定电磁波振荡 9192631770 个周期（ n_d ）

持续的时间为 1 秒，在此标准时间 1 秒内 GPS 卫星上铯原子发射的那条特定电磁波振荡只能振荡 n_k 个周期，

$\dfrac{n_k}{n_d} = \dfrac{c_k}{c_d}$，代入数据解之得：

$n_k = 9192631765.89112$ （次）

设应将地面的振荡频率（f_d）10.23 兆赫调为 GPS 卫星处同步频率（f_k）：

$$f_k = \frac{n_k}{n_d} f_d = \frac{9192631765.89112}{9192631770} \times 10.23 \times 10^6 = 10.22999999543 \times 10^6 \text{ Hz} 。$$

计算值与资料公布的调整值完全一致，说明相对论并不是那么了不得，离开相对论同样可以进行对钟，GPS 同样可以应用。

3.3 机载原子钟环球飞行实验

飞机搭载原子钟进行环球航行的实验是一个非常著名的实验，一直作为相对论的实验验证。实验是这样的：把四个在地面上调制同步的铯原子钟分别放在两架飞机上，一架向东飞行，一架向西飞行，在飞机绕地球一周后回到原地，结果发现向东飞行的飞机上的原子钟比静止在地面上的原子钟"慢"59 纳秒，而向西飞行的飞机上的原子钟却比地面静止的原子钟"快"273 纳秒。资料介绍的结论是：去掉引力场产生的（广义相对论）效应后，理论值与实验结果在实验误差允许范围内。

该实验的数据不完整，飞机的飞行高度是多少？飞行的速度是多少？飞行的过程怎样？都没有详细的说明。至于计算方法和计算结果的来历，更是讳莫如深，或是含糊其辞，不过最后的结论是明确和一致的：实验结果与相对论钟慢效应预言值吻合。

3.3.1 下面根据本文推导的能量转化与守恒公式计算本例钟慢效应

根据公式（3）$c_d{}^2 - v_{dz}{}^2 - \dfrac{2c_d G_d M}{c_k r_1} = c_k{}^2 - v_k{}^2 - \dfrac{2c_d G_d M}{c_k r_2}$ 计算 c_k：

设飞机的飞行高度为 10000m，速度为 250m/s，赤道地面的光速值为 $c_d = 299792458 m/s$。

设地球位于近日点时地球自转速度为 v_d，$v_d = 464 m/s$；赤道地面光速 $c_d = 299792458 m/s$。M：地球质量，$M = 5.9742 \times 10^{24} kg$，$r_1 = 6378000\, m, r_2 = (r_1 + 10000) = 6388000\, m$，$G_d = 6.67 \times 10^{-11}\, m^3 kg^{-1} s^{-2}$。

在代入数据计算时需要注意的是，公式中的 v_k 是以地心为参考系的速度，而飞机的速度是以地面为参考系的速度，故要把飞机的速度变换为以地心为参考系的速度，即飞机向东飞时相对地心的速度为 $v_{k1}=464+250=714m/s$，飞机向西飞时相对地心的速度为 $v_{k2}=464-250=214m/s$；万有引力常数与速度的情形一样，也要进行变换。但有时因两处的光速相差过于微小，譬如说本例，飞机上发射的光速与地面上发射的光速相差是非常微小的，变换计算没有实际意义，所以有时不进行变换计算，而直接把原数据代入公式进行计算。

代入数据计算得：

a，向东飞行的飞机上发射的光速：$c_{k_1}=299792458.00016493m/s$

b，向西飞行的飞机上发射的光速：$c_{k_2}=299792457.99939107m/s$

3.3.2 计算钟慢的时间：

表观时间的长短与原子发射光线的振荡频率成正比，而振荡频率的大小又与该光速的快慢成正比，这样时间变化率可转化为光速变化率，设时间的变化率为k，则 $k=\dfrac{c_d-c_k}{c_d}$。

a，飞机向东飞行，机内原子钟时间变化率为：

$$k=\frac{c_d-c_{k_1}}{c_d}=\frac{299792458-299792458.00016493}{299792458}=-5.05147\times10^{-13}$$

飞行以 250m/s 的速度沿赤道绕地球飞行一周，总计"钟慢"为：

$$\Delta t_d=-5.50147\times10^{-13}\times3600\times\frac{6388000\times2\pi}{250\times3600}=-88.3\times10^{-9}(s)$$

此种情形，飞机上的原子钟比地面的钟快 88.3×10^{-9} 秒

b，飞机向西飞行，机内原子钟时间变化率为：

$$k=\frac{c_d-c_{k_2}}{c_d}=\frac{299792458-299792457.9993907}{299792458}=2.031172\times10^{-12}$$

飞行以 250m/s 的速度沿赤道绕地球飞行一周，总计"钟慢"为：

$$\Delta t_x = 2.031172 \times 10^{-12} \times 3600 \times \frac{6388000 \times 2\pi}{250 \times 3600} = 326.1 \times 10^{-9}(\text{s})$$

此种情形，飞机上的原子钟比地面的钟慢 326.1×10^{-9} 秒。

从计算结果上，与资料上介绍的数据基本上是吻合的，但快慢的表述是完全相反的。资料上说，东向飞行飞机上原子钟比地面上的原子钟慢，笔者认为是快。西向飞行飞机上的原子钟，资料上认为是比地面上的快，笔者认为是慢。这种快慢表述相反的情况不是个例，而是普遍现象。在这个问题上笔者自认为思路是清晰的，理由是充分的，而相对论的概念是混乱的。

用来计算的数据是假设的，并不是完全真实的数据，也就是个大概情形，因此计算值与实验值有一定的出入，这是完全可以理解的。这是一个非常好的对比实验，如果严格精确各项实验条件，理论计算值与实验结果一定能够做到丝毫不差，完全吻合。

相对地面而言，飞机向东向西飞行的速度一样，飞行的高度一样，按相对论的观点，两方向机载原子钟相对地面应该有相同的钟慢效应，而实际结果却是一个钟慢了，一个钟快了，这是正统的相对论无论如何也不能合理解释的。至于有人歪曲性地作出解释，那已经不是正统的相对论了，另当别论。该实验已经充分说明相对论不是一个正确的理论，更不应该把本实验作为相对论的验证性实验。

4 综述与结论

把光看做有质量的粒子，同样遵守机械能转化与守恒定律。按能量转化与守恒定律计算出来的光速称为内在光速，显然，内在光速是可变的，发射的内在光速的变化是由发射频率变化造成的。若计算出某处或某运动状态的光速比地面的光速大，则说明同种光线在该处或该运动状态下发射的频率相对较大，电磁波振荡得快些，每个周期振荡的时间相对短些，振荡同样多个周期的时间就短些。原子钟是以某同一种光线振荡某一确定的周期数所持续的时间为单位时间的，由于振荡快慢不同，因此单位时间长短实际是不一样的，继而影响原子钟的走时数，这就是所谓的钟慢效应。光快钟快，光慢钟慢，根据机械能转化与守恒定律，光源的动能和势能是影响其发射光速大小的两大因子，继而成为影响钟慢效应的两大因子。

本钟慢效应计算方法较相对论计算方法，理论基础更加坚实。本方法是基于能量转化与守恒原理，该原理具有宇宙最高法则性和可靠性。相对论计算方法是基于两个未经严格证实的假设---"光速不变原理"和"相对性原理"。本方法思路清晰，毫无歧义。而相对论方法思路不清晰，歧义较多，有些悖论直到现在都没有解决，即使从数学方法上得到了看似正确结果，但方法的物理意义令人费解，有凑合计算之嫌疑。本方法计算简单，从效应计算结果看，等于把狭义相对论效应和广义相对论效应综合起来计算。而相对论效应的计算方法，特别是广义相对论效应计算方法,计算复杂繁琐,甚至为了计算而需建立新的数学理论,而且还往往得不到精确解。

暂且不管理论的对错,这留待以后作进一步研究,仅就两种计算方法优劣比较而言,本文钟慢效应计算方法,思路更加清晰,计算更加简单,结果更加精确。

5、暗物质不存在

摘要:世界是统一的,物理规律具有普遍适用性,它是相对性原理的根本。据此原理,地球的万有引力公式的形式与火星的万有引力公式的形式是一样的,地球的离心力公式的形式与火星的离心力公式的形式是一样的。更进一步,假如公转轨道为圆形,则地球上的引力等于其离心力,火星上的引力等于其离心力。但普遍性并不能抹煞特殊性,有些参数是带有各自系统特征的,每个系统在运用物理公式时都应使用本系统标准下的参数值。在时间特殊性方面,我们发现了钟慢效应及其计算方法,不同系统的单位时间标准是不同的,故而造成同一速度在不同系统单位时间标准的测量下具有不同的速度值。可以合理推测,既然我们在火星上应用离心力公式时用的是火星时间标准下的速度值,那么引力公式也应使用火星标准下的参数值,而不能照搬地球标准下的参数值,否则在同一系统下,使用了两个系统不同的标准,若如此,引力就不等于离心力了。

单位时间的改变自然引起速度值的改变,继而引起计算出的离心力值的改变。相应地,引力值将如离心力值的改变作对等的改变。经科学研判,引起引力值作相应变化的参数因子应该是万有引力"常数"G。这样我们就得出了 G 的可变性,同时,经过合理的数理推导,可以得到 G 的变化关系式。运用 G 的变化性及其变化关系式,可以合理解释所谓的外围星系速度异常现象。不需要暗物质,暗物质不存在。

关键词:暗物质 相对性原理 钟慢效应 引力公式 离心力公式 万有引力常数

1 引言

天文学家在进行宇宙观测时,发现一个怪异现象,当超过一定距离后,星系的旋转速度并没有随着距离的增大而减慢,而是基本上保持差不多的旋转速度,即内环的旋转速度与外环的旋转速度差不多。为了解释这一反常现象,科学家提出了"暗物质"概念,认为在星系中存在一种看不见的"暗物质"在发挥作用。可是,经几十年寻找,始终没有发现暗物质的踪影。这就带来了很大的困惑,若说暗物质存在,却连影子都找不到,若说暗物质不存在,却又无法解释速度异常现象。

2 速度异常原因探索

笔者对速度异常现象进行了深入的研究探索,认为暗物质不存在,速度异常的原因是万有引力"常数"G 不是真正的常数,而是一个可变的数。下面论证 G 为什么是个变数及怎样变。

2.1 钟慢效应是引起 G 变的引擎

要推论出 G 是可变的数，不得不用到钟慢效应。为了更直观清晰地解释钟慢效应，笔者将结合 GPS 这个具体事例进行叙述。

要解释清楚钟慢效应，首先要明确秒的定义，现在对秒的定义是：铯原子（Cs133）基态的两个超精细能级之间跃迁所对应辐射 9192631770 个周期所持续的时间。这个定义是有问题的，定义中没有附加前提条件，意味着该定义是无条件的，即无论在什么情况下，电磁波的振荡周期是一样长的。实际上这种认识是错误的，错就错在以普遍性来掩盖了特殊性。世界是运动变化着的，没有什么东西各方面的性质在相关环境条件发生改变的情况下仍能保持不变。电磁波的振荡周期同样不能例外，它也是可变的。对于铯原子（Cs133）来说，在地面上与在 GPS 卫星上，发射的条件是不同的，故发射的电磁波的振荡周期是不同的。若都以发射的电磁波振荡 9192631770 个周期为标准的 1 秒，显然各自的秒长是不一样的。秒长不一样就是单位时间标准不一样，单位时间标准不一样导致了同一时间显示的钟点数不一样，这也就是所谓的钟慢效应。

地面上光速为 299792458 米/秒，把光看作有质量的普通粒子，根据机械能转化与守恒定律，可计算出 GPS 卫星处（离地面 20200km）的光速为 299792457.866 米/秒。根据笔者的研究，发射光速的变化来源于该光线发射频率的变化，即 $\frac{c_x}{c_0} = \frac{f_x}{f_0}$，在地面上，铯原子（Cs133）基态的两个超精细能级之间跃迁辐射频率为 9192631770Hz，在 GPS 卫星处，由于条件发生了变化，该电磁波的发射频率（f_w）也将相应发生变化：

$$f_w = \frac{c_w}{c_0} f_0 = \frac{299792457.866}{299792458} \times 9192631770 = 9192631765.9Hz$$。光线在卫星处的频率是通过其在地面处的频率

计算出来的，显然两处频率中的单位时间（秒）是统一的，由于光线在卫星处的发射频率比其在地面的发射频率小，因而光线在卫星处的周期比其在地面的周期长。若两处都以振荡 9192631770 个周期的时间为 1 秒，则显然卫星处的秒长（s'_w）比地面上的秒长（s_0）要长些，二者的关系式为 $s'_w = \frac{c_0}{c_w} s_0 = \frac{299792458}{299792457.866} s_0$。对同一速度来说，由于卫星处的单位时间（秒）长些，所以以卫星处单位时间（秒）显示的速度值相应大些，两处的速度值关系式为 $v'_w = \frac{c_0}{c_w} v_d = \frac{299792458}{299792457.866} v_d$。

2.2 物理规律上的相对性原理是 G 变的基础

世界是统一的，在地球上总结出的物理规律应该也适用于其它星体，如地球上得到的万有引力定律公式 $F = \frac{GMm}{r^2}$，也适用于火星、月亮和其它天体，公式的形式都是一样的。在地球上得到的离心力公式 $f = \frac{mv^2}{r}$，在火星、月亮及其它天体上得到的离心力公式也应如此。但是，普遍性不能抹杀特殊性，虽然公式的形式一样，

但并不表示公式的内容完全一样。就拿万有引力公式 $F = \dfrac{GMm}{r^2}$ 来说，地球上的 G 与火星上的 G、月亮上的 G、

GPS 卫星上的 G 都是不同的，各有各的 G 值。同理，各处的离心力公式的形式都一样，都是 $f = \dfrac{mv^2}{r}$，但具体

内容有所不同，其中的 v 是以各自参考系单位时间为标准下的速度。可见，即使同一个速度，由于单位时间标

准不同，速度值自然也就不同了。

物理规律具有普遍的意义，行星围绕恒星转，卫星围绕行星转，只要是圆轨道，引力总等于离心力：

$\dfrac{GMm}{r^2} = \dfrac{mv^2}{r}$。值得注意的是，在应用此公式时，所有的参数都应使用以本系统标准为标准衡量下的数值，例如

说，在地球上，G 就要使用地球上的 G_d 值，v 也要使用地球单位时间（秒）为标准测量下的速度 v_d，具体公式

为 $\dfrac{G_d Mm}{r^2} = \dfrac{mv_d{}^2}{r}$；在火星上，G 就要使用火星上的 G 值 G_h，v 也要使用火星单位时间（秒）为标准测量下的

速度 v_h'，具体公式为 $\dfrac{G_h Mm}{r^2} = \dfrac{mv_h'{}^2}{r}$。GPS 卫星上同样如此，具体公式为 $\dfrac{G_w Mm}{r^2} = \dfrac{mv_w'{}^2}{r'}$

2.3 推导万有引力"常数" G 的变化式

地面上的万有引力"常数" G 是测量出来的，既然说 G 不是常数，是可变的，那 GPS 卫星上的 G 值是多

少？能不能推导出来呢？下面我们进行这方面的推导计算。

GPS 卫星围绕地球作圆周运动，引力等于离心力：$\dfrac{G_w Mm}{r^2} = \dfrac{mv_w'{}^2}{r}$

设 $G_w = kG_d$

在上面我们已推理出 $v_w' = \dfrac{c_0}{c_w} v_d = \dfrac{299792458}{299792457.866} v_d$

将 $G_w = kG_d$、$v_w' = \dfrac{c_0}{c_w} v_d$ 代入 $\dfrac{G_w Mm}{r^2} = \dfrac{mv_w'{}^2}{r}$ 中，得：

$$\dfrac{kG_d Mm}{r^2} = \dfrac{m\dfrac{c_0{}^2}{c_w{}^2} v_d{}^2}{r}$$

又由于 $\dfrac{G_d Mm}{r^2} = \dfrac{mv_d{}^2}{r}$

故 $k = \dfrac{c_0{}^2}{c_w{}^2}$

$$G_w = kG_d = \dfrac{c_0{}^2}{c_w{}^2}G_d$$

改写为一般形式：$G_x = kG_d = \dfrac{c_0{}^2}{c_x{}^2}G_d$

G_x：任意处及运动状态下的 G 值；c_x：该处及运动状态下的光速值。

3 讨论与结论

从推导出的公式 $G_x = \dfrac{c_0{}^2}{c_x{}^2}G_d$ 可以看出，万有引力常数 G 随着光速 c 的变化而变化，只要光速 c 是可变的，则万有引力常数 G 一定是可变的。而某处及运动状态下的光速值是根据机械能转化与守恒定律计算出来的，因此这个光速一定是可变的，由此万有引力常数一定是可变的。至于通常所谓的光速不变，指的是传播光速。传播光速到底变不变？传播光速与按机械能转化与守恒定律计算出来的内在光速是什么关系？是不是相等？则是另外的问题，这里不予讨论。

G 是变数，所以不应该叫常数，而应该叫系数，叫万有引力系数。G 既可变大，也可变小，根据光速的变化而定。G 与光速 c 反向变化，c 变大，G 变小；c 变小，G 变大。根据机械能转化与守恒定律可以推知，火星上的光速比地球上的光速小，所以火星的 G 值比地球的 G 值大。金星的光速比地球的光速大，所以金星的 G 值比地球的 G 小。

从经典理论上讲，G 是不变的，距中心天体越远，绕行速度越慢。从 G 可变的观点看，距中心天体越远，光速变得越小，使得 G 变得越大，进而使得绕行速度在减慢的同时得到一定程度的恢复。

世界是统一的，并且各天体是相互联系着的。我们可以根据在地面上测得的光速推算出宇宙中任意天体及其运动状态下的光速，从而推算出它的 G 值。可以推算星系团、星系中心范围的光速比地面的光速大，因而它们的 G 值肯定比 G_d 值小，进而可以推测星系中心近范围恒星的绕行速度应该比经典理论计算值要小。在太阳系外围，那里的光速值比处于内围的地球的光速值要小，因此外围的 G 值比地球的 G_d 值大，越往外，G 值变得越大，好像有有一股额外的力在往回拽，这就合理解释了"先驱者号异常"。

再来考查星系外围速度异常，当超过一定距离后，恒星的绕行速度并没有随着距离的增大而减小，而是内环与外环的绕行速度差不多，这个现象用经典理论无法解释，用 G 可变性可以在不需要暗物质的假设下作出合理的解释，外环的光速比内环的光速小，外环的 G 值比内环的 G 值大，从速度式 $v = \sqrt{\dfrac{GM}{r}}$ 可以看出，绕行速度 v 因 G 的增大在一定程度上弥补了因 r 的增大而造成的减小，故而速度变化不大。造成速度变化不大的另一个原因是，用于计算环绕速度的质量是环内所有质量之和，环外的质量是不纳入计算的，显然外环的质量 M 比内环的质量 M 要大些，这也在一定程度上弥补了因 r 的增大而造成的减小。

总而言之，万有引力"常数"是可变的，其可变性是有坚实的基础和比较严谨的推导过程的，所谓的异常现象都能在万有引力"常数"可变性下得到合理的解释，暗物质的假设没有必要，暗物质不存在。

6、利用光电效应实验计算光子质量及探讨普朗克常数相关问题

摘要：光子无质量是相对论的推论，而相对论自身都并未被证实就是真理，笔者基于世界的物质性原理认为光子是有质量的。本文通过挖掘出光频率与质量的天然伴随性，经过数理逻辑运算，计算出了不同频率的光具有相应的质量。本文还对普朗克常数的物理意义进行了探讨，得出普朗克常数的物理意义是 $1Hz$ 频率的电磁波所具有的能量，并携带空间变化性质，它不是一个常量，而是一个变量，并推导出了它的变化公式。

关键词：光子质量 普朗克常数 光电效应实验

1 引言

光具有波粒二象性，笔者对光二象性的解释是：光是作波形（或螺旋形）运动的微粒子，粒子性是它的本质，波动性是它的运动特征。$c = \lambda f$ 是波动性方面的表达公式，$E = mc^2$（笔者认为应是 $E = \dfrac{1}{2}mc^2$）是粒子性表达公式，而 $E = hf$ 是波粒二象性两方面综合表达公式，普朗克常数 h 表达粒子性，频率 f 表达波动性。

$E = hf$ 在量子力学方面是一个很重要的公式，可这么一个重要公式却来路不明，我们将 $c = \lambda f$ 与 $E = \dfrac{1}{2}mc^2$ 联立起来，进行简单的数学推导，就可知道 E 应该与 f^2 成正比，可 $E = hf$ 表明，E 与 f 成正比，E 怎么可能既与 f 成正比又与 f^2 成正比呢？

2 理论探索

两个公式都不错，数学推演也不错，可推演的结果却相互矛盾，问题到底出在哪里呢？问题有两个方面的

原因，一是认为光子的质量为 0，或者所谓的光子动质量不变。二是把普朗克常数认为是一个不变的物理量。笔者认为这些认识都是错误的，都是僵化片面地看问题。诚然，质量有不变性，那是说质量既不能凭空产生，也不能凭空消灭，并不是说物质不能转移。我们知道，当发射条件（动能、势能）不同时，光源体发射的同一种光线（如氢红线）所具有的能量、频率都是不同的，频率所对应的质量也是不同的，譬如说，太阳发射的氢红线与地球发射的氢红线在能量和频率上都是不同的，质量也是不同的。表面看起来，同一种光线质量却不一样，好似违反了质量守恒原理。实际上，它们是从两个地方、两种条件下发射的两条不同的光线，能量不同，频率不同，它们从母体中吸取的质量也不同，因此根本不存在违反了质量守恒原理的问题。

从公式 $E = hf$ 中可以看出，普朗克"常数" h 的物理意义是电磁波 $1Hz$ 的频率所具有的能量。从某种意义上说，$1Hz$ 的频率所具有的能量值是固定的，具有普遍性和绝对性，无论电磁波振荡得多快或多慢，是每秒振荡 1 次（$1Hz$）还是每秒振荡 10^{15} 次（$10^{15}Hz$），每个振荡周期具有的能量是一样多的，即振荡 $10^{15}Hz$ 的电磁波所具有的能量是振荡 $1Hz$ 的电磁波所具有的能量的 10^{15} 倍。普朗克常数是一个隐含着时空性质的物理量，真空不空，变化是自然法则，此真空一定不同于彼真空，因而普朗克常数一定是可变的。

根据机械能转化与守恒定律，内在光速是可变的。发射的内在光速的可变性是由发射频率造成的，因而发射频率也是可变的，并且这与电磁波发射后频率不变不矛盾。对于光线来说，频率和质量是不可分割地连锁在一起的，有多大的频率一定对应地有多大的质量，有多大的质量一定对应地有多大的频率，频率变化了，质量一定会相应发生变化。

在 $E = \frac{1}{2}mc^2$、$E = hf$ 这两个公式中，几个参数---光速 c、频率 f、质量 m、及普朗克常数 h 都有类似的特性，既有不变性，也有可变性，在有些场合下是不变的，在另一些场合下是可变的。我们应特别关注可变性，并找出各自的变化规律和相互间的变化关系。

3 探讨各物理量各自变化规律及相互间的变化关系

3.1 光速的变化：内在光速是变化的，地面测得的光速为 $c_0 = 299792458 \, m/s$，以此为基础数据，根据机械能转化与守恒定律可计算出日面处的光速为 $c_r = 299793089.1 m/s$，日面处的光速与地面处的光速之比为

$$\frac{c_r}{c_0} = \frac{299793089.1}{299792458}。$$

3.2 同种光线发射频率变化公式：发射时内光速的变化是由发射频率的变化造成的，假如某光线在地面的

发射频率为 f_0，在日面的发射频率为 f_r，则有 $f_r = \dfrac{c_r}{c_0} f_0$。

3.3 同种光线发射质量变化公式：根据质量与频率的关联性和变化的同步性，假如在地面发射的某光线的质量为 m_0，其在日面发射的质量为 m_r，则有 $\dfrac{m_r}{m_0} = \dfrac{f_r}{f_0} = \dfrac{c_r}{c_0}$，$m_r = \dfrac{c_r}{c_0} m_0$。

3.4 普朗克常数变化公式：

A，在同一时空下（如同在地面上）发射的光线，普朗克常数对所有不同光线保持不变：

光子能量有两个计算公式：$E = hf$、$E = \dfrac{1}{2}mc^2$，根据这两个公式可得：$h = \dfrac{\frac{1}{2}mc^2}{f} = \dfrac{\frac{1}{2}m\lambda^2 f^2}{f} = \dfrac{1}{2}m\lambda^2 f$

假设 h 不是常数，各频率 f 有各自的 h 值，即

$$h_1 = \dfrac{1}{2}m_1\lambda_1^2 f_1 \qquad ①$$

$$h_2 = \dfrac{1}{2}m_2\lambda_2^2 f_2 \qquad ②$$

利用前面找到的 m 与 f 关系式：$\dfrac{m_2}{m_1} = \dfrac{f_2}{f_1}$，并将其变换为 $m_2 = \dfrac{f_2}{f_1} m_1$ 代入 ② 中：

$$h_2 = \dfrac{1}{2}m_2\lambda_2^2 f_2 = \dfrac{1}{2}\dfrac{f_2}{f_1} m_1\lambda_2^2 f_2$$

$$= \dfrac{1}{2}\dfrac{1}{f_1} m_1\lambda_2^2 f_2^2 = \dfrac{\frac{1}{2}m_1 c^2}{f_1}$$

$$= \dfrac{\frac{1}{2}m_1\lambda_1^2 f_1^2}{f_1} = \dfrac{1}{2}m_1\lambda_1^2 f_1$$

$$= h_1$$

$h_2 = h_1$ 说明在同一时空下发射光线的物理量 h 是相同的，与何种光线没有关系。

B，在不同时空下（如在地面及日面）发射的光线，光线的普朗克"常数"的变化公式为：

a，光在地面、日面各自发射，则地面发射光线的普朗克常数 h_0 与日面发射光线的普朗克常数 h_r 的关系式为：

由于 $c_r = \dfrac{c_r}{c_0} c_0$ ， $f_r = \dfrac{c_r}{c_0} f_0$ ， $m_r = \dfrac{c_r}{c_0} m_0$ ，代入 $\dfrac{1}{2} m_r c_r^2 = h_r f_r$ 中：

$$\frac{1}{2}(\frac{c_r}{c_0} m_0) c_r^2 = h_r(\frac{c_r}{c_0} f_0)$$

$$h_r = \frac{\frac{1}{2} m_0 (\frac{c_r}{c_0})^2 c_0^2}{f_0}$$

又因为 $h_0 = \dfrac{\frac{1}{2} m_0 c_0^2}{f_0}$ ，

故而 $h_r = \dfrac{c_r^2}{c_0^2} h_0$

b，假如地面发射的光线传播到太阳，在地面上，该光线发射的光速为 $c_0 = 299792458 \, m/s$ ，发射的频率、质量分别为 f_0 、 m_0 ，地面普朗克常数为 h_0 。光线在地面发射后传播至日面，根据机械能转化与守恒定律，可计算出日面发射的光速 $c_r = 299793089.1m/s$ ，也可计算出地面发射的光传播到日面的速度 $c_r' \approx 299793089.1m/s$ ，二者的区别是 c_r 叠加了太阳的自转速度（2000m/s），没有叠加地球的公转速度（30km/s）和自转速度（465m/s）；而 c_r' 是由地面发射的光线传播到日面的（没有接触太阳），则恰好相反，叠加了地球的公转速度（30km/s）和自转速度（465m/s），却没有叠加太阳的自转速度（2000m/s）。计算可知： $c_r' > c_r$ ，在日面上，来自地面发射的光速比来自日面发射的光速大。由于发射后的频率及质量具有不变性，传播到日面的光线频率、质量仍是在地面发射时的频率 f_0 和质量 m_0 ；普朗克常数 h 是带有时空性质的物理量，日面上的普朗克常数 h 也有两种情况，一种是日面发射的光线相应的 h_r ，一种是地面传播到日面光线相应的 h_r' 。

$$\frac{1}{2}m_0 c_r'^2 = h_r' f_0 \qquad ①$$

$$\frac{1}{2}m_r c_r^2 = h_r f_r \qquad ②$$

将 $f_r = \dfrac{c_r}{c_0}f_0$，$m_r = \dfrac{c_r}{c_0}m_0$ 和 $h_r = \dfrac{c_r{}^2}{c_0{}^2}h_0$ 代入②中：

$$\frac{1}{2}m_r c_r^2 = h_r f_r \;\rightarrow\; \frac{1}{2}\times\frac{c_r}{c_0}m_0 c_r^2 = \frac{c_r{}^2}{c_0{}^2}h_0 \times \frac{c_r}{c_0}f_0 \;\rightarrow\; \frac{1}{2}m_0 c_0^2 = h_0 f_0 \qquad ③$$

①÷③得：$h_r' = \dfrac{c_r'^2}{c_0{}^2}h_0$

c，假如光线是在日面上发射的传播到地面上，但不与地面上的物体接触，则日面发射的光速传播到地面后的光速为 c_0'，不是地面上光源发射的光速 c_0，二者的区别是 c_0 叠加了地球的自转速度（464m/s）和公转速度（30km/s），而 c_0' 则是由日面发射的光线传播到地面上（没有接触地面上的物质），该光线没有叠加地球的自转速度和公转速度，$c_0' < c_0$，$c_0'^2 = c_0{}^2 - \dfrac{G_d M_r}{r} - 464^2$；频率仍是在日面发射时的频率 f_r，光子的质量仍是其在日面上发射时的质量 m_r，此时地面上的普朗克常数 h 也分两种情况，一种是地面发射的光线相应的 h_0，一种是日面传播到地面光线相应的 h_0'。

$$\frac{1}{2}m_r c_r^2 = h_r f_r \qquad ①$$

$$\frac{1}{2}m_r c_0'^2 = h_0' f_r \qquad ②$$

②÷①得：$h_0' = \dfrac{c_0'^2}{c_r{}^2}h_r$

由于 $h_r = \dfrac{c_r{}^2}{c_0}h_0$，故有 $h_0' = \dfrac{c_0'^2}{c_r{}^2}h_r = \dfrac{c_0'^2}{c_r{}^2}\times\dfrac{c_r{}^2}{c_0{}^2}h_0 = \dfrac{c_0'^2}{c_0{}^2}h_0$

总而言之，普朗克常数是依附在光线上的一个物理量，光线的普朗克常数与其运动速度具有不可分割的关系，光速不变，其普朗克常数也不变。光速变，其普朗克常数随之发生改变。普朗克常数是可变的，同一光线在两个不同时空下的普朗克常数之比等于各自对应的光速的平方之比。在任意时空下任意两条光线所对应的普朗克常数之比等于各自在相应时空下光速的平方之比。可以看出，普朗克常数既有普遍性的一面，也有特异性的一面。

4 实验检测普朗克"常数"

根据爱因斯坦的光电效应方程：光子的能量 E 等于溢出功 w_0 加上电子的动能：$\frac{1}{2}mc^2 = w_0 + \frac{1}{2}m_e v^2$ ①

其中：m 为入射光子的质量，m_e 为电子的质量。

w_0 是材料本身的属性，所以对于同一种材料 w_0 是一样的。当光子的能量 $<w_0$ 时不能产生光电子，即存在一个产生光电效应的截止频率 f_0。

实验中，将 A 和 K 间加上反向电压 U_{KA}（A 接负极），它对光电子运动起减速作用，随着反向电压 U_{KA} 的增加，到达阳极的光电子的数目相应减少，当反向电压 U_{KA} 等于截止电压 U_0（$U_{KA} = U_0$）时，光电流降为 0，此时光电子的初动能全部用于克服反向电场的作用。即 $eU_0 = \frac{1}{2}m_e v^2$ ②

将②式代入①式得：$\frac{1}{2}mc^2 = w_0 + eU_0$ ③

入射光频率 f 不同，截止电压 U_0 相应不同，而同种材料的 w_0 一样，实验用不同频率 f_1、f_2 的光照射同一金属材料，将获得相应的截止电压 U_{01}、U_{02} 根据③式有：

$$\frac{1}{2}m_1(\lambda_1 f_1)^2 = w_0 + eU_{01} \qquad ④$$

$$\frac{1}{2}m_2(\lambda_2 f_2)^2 = w_0 + eU_{02} \qquad ⑤$$

m_1、m_2 是相应频率 f_1、f_2 光子的质量。

⑤-④得：

$$\frac{1}{2}m_2(\lambda_2 f_2)^2 - \frac{1}{2}m_1(\lambda_1 f_1)^2 = eU_{02} - eU_{01} \quad ⑥$$

不同的光子具有不同的频率，不同的频率具有不同的质量，利用上面已得到的质量与频率的关系式：

$$\frac{f_2}{f_1} = \frac{m_2}{m_1} \quad ⑦就可计算出光子的质量：$$

将⑦式变换为 $m_2 = \dfrac{f_2}{f_1}m_1$ 代入到⑥式中：

$$\frac{1}{2}m_2(\lambda_2 f_2)^2 - \frac{1}{2}m_1(\lambda_1 f_1)^2 = eU_{02} - eU_{01}$$

化简：$\dfrac{1}{2}\dfrac{f_2}{f_1}m_1 c^2 - \dfrac{1}{2}m_1 c^2 = eU_{02} - eU_{01}$

$$\frac{1}{2}(\frac{f_2}{f_1}-1)m_1 c^2 = e(U_{02}-U_{01}) \quad ⑧$$

下面我们根据实验数据进行具体计算。

λ (nm)	365.0	404.7	435.7	546.1	577.0
f ($\times 10^{14} Hz$)	8.214	7.408	6.879	5.490	5.196
U_0 (V)	-1.709	-1.385	-1.172	-0.618	-0.489
m (kg)	1.17744006 $\times 10^{-35}$	1.06193631 $\times 10^{-35}$	9.88322853 $\times 10^{-36}$	7.83881231 $\times 10^{-36}$	7.48803621 $\times 10^{-36}$

h ($\times 10^{-34}$J·s)	6.44202463	6.44202463	6.45471550	6.41672091	6.47641181

说明：计算光子质量时，第1栏的频率作为 f_2，后4栏频率各自作为 f_1 代入公式进行计算，解出频率 f_1 对应的质量 m_1。计算第1栏频率的质量是以第2栏的频率为 f_1 计算出 m_1 后，再将其代入⑦式，解出频率 f_2 对应的质量 m_2。

验算一下，看能否与教科书说的普朗克常数对得上：将相关数据代入公式 $h = \dfrac{E}{f} = \dfrac{\frac{1}{2}mc^2}{f}$ 计算，并将计算结果填入表格中，我们看到，计算出的标准的 h 值有差别，但差别不大，这是实验精准度问题，只要实验做得很精准，实验值与标准值是可以完全对得上的。

5 讨论与结论

光子是有质量的，光子的质量可以通过相关实验数据计算出来，不同的光具有不同的质量，不同的质量具有不同的频率，光的质量与其频率具有正比例相关性，频率越高，质量越大，可见光的质量大约 $10^{-36}kg$，约为电子质量的 10^{-5} 倍。认为光没有质量，光有质量将导致不可思议的结果，这不是有质量的错，而是理论的错，是错误的理论带来的问题。

理论和实验都能确认普朗克公式 $E = hf$ 是正确的，但 h 标准值不能通过理论推导出来，只能通过精确的实验所获得的数据计算出来。另外，普朗克"常数" h 不是常数，而是变数，两普朗克"常数"之比等于各自对应的光速平方之比。

普朗克常数 h 的标准值为 $6.62606896 \times 10^{-34}J \cdot s$，根据公式 $E = hf$，假如 $f = 1$，则 E=$6.62606896 \times 10^{-34}J$，也就是说，频率 $1Hz$ 的光子包含有 $6.62606896 \times 10^{-34}J$ 能量，这就是普朗克常数 h 最直白的物理意义。结合公式 $E = \dfrac{1}{2}mc^2$，可以计算出质量与频率的比值系数为 $k = 1.4744992 \times 10^{-50}kg \cdot s$，这也是一个常数，我们不妨称之为质频常数，其物理意义简约地说是：$1Hz$ 包含有 $1.4744992 \times 10^{-50}kg$ 的质量。研究发现，这是一个真正的常数，绝对不变的常数，不管光速 c 怎么变、频率 f 怎么变，$1Hz$ 频率所包含的质量是绝对不变的，因为光的频率与其质量是同步同比例变化的。

普朗克常数 h 只是能量与频率间的比值，实际上这个比值是由于频率与质量天然的关连性由能量与质量的比值中转换过来的，二者之间只有间接的表面化的数量关系，没有直接的本质性的关系。要理解和挖掘普朗克常数 h 的物理意义，还要从能量与质量的关系中挖掘和理解。现在普遍性地把 $6.62606896 \times 10^{-34} J$ 理解为能量交换的最小值，没有比这个能量值更小的能量了，并且认为任何能量值都是这个最小能量值的若干倍数。这就把能量在交换量值上的间断性作了过分的解读和扩展，这种认识是非常错误的，并且带来了严重后果，它割裂了连续与间断的辩证关系，片面过分地强调了间断性，忽视了连续性，从一个极端走向了另一个极端。再次强调：普朗克常数 h 只是能量与频率间的比值，表示在现行单位制下 1Hz 频率所含有多少焦尔的能量。并不说明频率的最小值是 1Hz，因此更不能说明普朗克常数就是能量的最小值。那种把普朗克常数看作能量最小值的做法显然潜意识地把光 $1Hz$ 的振荡频率看作是光的最低振荡频率了，光的振荡频率为什么不能是 $0.5Hz$、$0.01Hz$？……，违反什么天条了吗？没有，既然没有违反天条，光的振荡频率可以是 $0.5Hz$、$0.01Hz$，……，那交换的能量不相应是 $0.5 \times 6.62606896 \times 10^{-34} J$、$0.01 \times 6.62606896 \times 10^{-34} J$、……了吗？地面 $1kg$ 重的物体的质量是 $1kg$，$1kg$ 质量的物体含有 $E = \frac{1}{2} c_0^2$ 焦尔的能量，从某种意义上这也是个物理常数，难道我们也可以认为质量的最小值、或者说质量最小分割值是 $1kg$ 吗？当然没有人这样认为，这是因为我们知道 $1kg$ 并不是最小质量，还有 $0.5kg$ $0.1kg$ $0.01kg$ …，当然也不是最小单位，下面还有 g、mg、μg …。而频率的单位赫兹就不同了，它下面没有单位了，频率的最小整数值就是 $1Hz$，再加上光速的频率很大，$1Hz$ 频率含有的能量非常小，故误认为 $1Hz$ 频率含有的能量就是能量最小交换值，也就是能量最小值。我们可以作极端性思考，假如某一光线（电磁波）振荡得很慢很慢，比如说 2 秒才振荡 1 次，即 $f = 0.5Hz$，显然这个光子（电磁波）具有的能量为 $E = hf = 0.5h$（J），释放该光子，光源减小了 $0.5h$ 焦尔的能量及其相应的质量；吸收该光子，吸收体增加了 $0.5h$ 焦尔的能量及其相应的质量。我们还可以换个角度来考察这个问题，当初在制定秒的时长标准的时候，假如时间长度标准延长了 2 倍，则现在秒长标准下的 $0.5Hz$ 不就变成 $1Hz$ 吗？普朗克常数值不就变成了现在的一半吗？

学界把能量交换的量子化特征一直推演到了时间和空间，认为时间和空间也是量子化的，简直耸人听闻，不可思议。不管推演过程多么看似合理，其中必定存在漏洞和不合理的地方。间断与连续是矛盾的两个方面，彼此依存，间断性并不影响连续性。不过，对光子的性质和概念，我们应根据新知识进行重新认识，经典的那种弥散连续的波动概念肯定是不适合的，需要改进，笔者把光定义为作余弦波形（或螺旋形）运动的微粒子。

以上是基于相同的条件（相同的位置与运动速度），不同光线（如地上发射的氢红线与钠黄线）所得到的关系式和分析，但假如条件（位置和运动速度）不同，则同一光线（如在地面及高空发射氢红线），则有如下关系式：

$$E_k = (\frac{c_k}{c_0})^2 E_0 , \quad f_k = \frac{c_k}{c_0} f_0 , \quad h_k = (\frac{c_k}{c_0})^2 h_0 , \quad m_k = \frac{c_k}{c_0} m_0$$

若同一光线（地面发射氢红线）从甲地传播到乙地（如从地面传播到日面），则有如下关系式：

$$E_k' = \frac{c_k^2}{c_0^2} E_0 , \quad f_k' = f_0 \quad h_k' = \frac{c_k^2}{c_0^2} h_0 , \quad m_k' = m_0$$

在传播过程中，光线的频率 f、质量 m 保持不变，而普朗克"常数 h 及能量 E_k 却是可变的：$h_k' = \frac{c_k^2}{c_0^2} h_0$、$E_k' = \frac{c_k^2}{c_0^2} E_0$。需要说明的是，普朗克常数是表示空间性质的物理量，既然来到不同的地方，空间性质自然是不同的，普朗克"常数"自然要发生变化。$E_k' = \frac{c_k^2}{c_0^2} E_0$ 中的能量似乎是单指动能，并没有把势能包括在内，故有能量变化之说和变化公式，若把势能包括在内，则能量是守恒的，动能的增加是由势能等量减小造成的。

7、用经典理论改造与完善玻尔原子模型

摘要：电子是实物粒子，其运动不可能没有轨迹，电子从一个轨道跃迁到另一个轨道必须有连续的路径，没有连续的路径不可想象。于是，作者将玻尔原子模型中电子绕核运转的分立的圆轨道改为相互连接的椭圆轨道，如此一来，不但能够解释原子光谱的分立性，同时也合理解决了电子跃迁轨道的连续性问题。

光谱线是电子从一个轨道跃迁到另一个轨道造成的，是两跃迁轨道能量差的反映，光谱线位置是该光线频率的表现。量子力学的基本目标是要说明和计算光谱线的位置及其精细结构，通过设立多个量子数为参数，经过复杂难懂的数学运算而达目的。作者认为，这种方法如同隔山打牛，隔靴搔痒，既不真实，也不可靠。光谱线的位置原本就是一个可直接观测的物理量，根本不需要用间接的方法求得，所以量子力学所做的都是无用功。作者反其道用之，直接利用光谱线频率这个唯一可观测的物理量，运用经典物理学知识，逐级而精准地计算出了各个轨道的能量及其它相关数据，如电子在近核点的轨道速度及与其与原子核的距离、电子在远核点的轨道速度及其与原子核的距离…

作者的方法使经典物理学重新占领了微观领域，并使物理学在微观领域重新回归于决定论和实在论，恢复

了因果性。所用数理方法简单明晰，中学生也能懂会算，解放了正在为量子力学困惑和煎熬着的千万莘莘学子。

关键词：玻尔理论 氢原子能级 光谱线 精细结构 量子化 分立 连续

1 引言

玻尔在行星模型的原子结构理论的基础上以三个假设为前提，提出了以其名字命名的玻尔原子结构模型，比较成功地解释了氢原子及类氢原子的光谱结构。玻尔假定，氢原子核外电子处在一定轨道上绕核运转，能量是量子化的，运转的轨道是分立的圆形。后来量子力学的发展进一步强化了量子化概念，在微观领域否定了经典理论朴素的实在论，甚至认为电子轨道及运动轨迹都是不存在的，提出了令人更加难以想像的鬼魅般的电子云、几率波概念。笔者秉承朴素的唯物主义观点，认为电子是实物粒子，其运动不可能没有轨迹，轨迹也不可能间断而不连续。鬼魅般的电子云、几率波概念更加荒诞，突破了人类逻辑思维，根本不可能正确。有鉴于此，笔者试图在唯物实在论的基础上改造和完善玻尔理论，建立新的原子结构和运动模型。本文以氢原子为考察研究对象，建立新的理论模型，这个理论模型不但能合理解释和计算光谱结构，能够合理解释许多相关现象，特别是非常成功地说明了光谱精细结构的成因，同时能够把能量的分立性和运动的连续性有机结合起来。

2 氢原子模型及各能级轨道相关数据计算

2.1 氢原子椭圆轨道模型

氢原子基态轨道是圆轨道，其它轨道皆为椭圆轨道。莱曼系（$m=1$）所有椭圆轨道的近核端都与其内的圆轨道相切。电子在圆轨道上接收的光子能量不同，形成的椭圆轨道大小就不同，接收的光子能量高，形成的椭圆轨道就大。所有莱曼系轨道的近核点可看作重合，这样就形成了长轴重合在一起的一簇大小不等的椭圆，各椭圆从内至外可标记为 E_{12}、E_{13}、$E_{14}\cdots$、E_{1n}，所有莱曼系轨道的近核点与原子核的距离都为内圆的半径 r_1。莱曼系所有轨道都与基态圆轨道相跃迁：$E_{12}-E_1$、$E_{13}-E_1$、$E_{14}-E_1\cdots E_{1n}-E_1$，形成莱曼系对应的光谱线：$\Delta E_{12-1}$、$\Delta E_{13-1}$、$\Delta E_{14-1}\cdots\Delta E_{1n-1}$。

外切于 E_{12} 轨道远核点的轨道是巴尔末系轨道（$m=2$），同样，电子在 E_{12} 轨道上接收光子的能量不同，形成的椭圆轨道大小就不同，接收的光子能量高，形成的椭圆就大。所有巴尔末系轨道的近核点可看作重合，这样就形成了长轴重合在一起的另一簇大小不等椭圆，各椭圆轨道从内至外可标记为 E_{23}、E_{24}、$E_{25}\cdots$、E_{2n}，所有巴尔末系轨道的近核点与原子核的距离都为 E_{12} 轨道远核点到原子核的距离，即 $r_{2nj}=r_{12y}$。巴尔末系所有

轨道都与 E_{12} 椭圆轨道相跃迁：E_{23} - E_{12}、E_{24} - E_{12}、E_{25} - E_{12} … E_{2n} - E_{12}，形成巴尔末系对应的光谱线：ΔE_{23-12}、ΔE_{24-12}、 ΔE_{25-12} … ΔE_{2n-12}。

值得注意的是，巴尔末系光谱线不只有上述的形成路线，还有另一条形成路线——莱曼系形成路线，即莱曼系各轨道（$m=1$、$n \geq 3$）与 E_{12} 轨道相跃迁：E_{13} - E_{12}、E_{14} - E_{12}、E_{15} - E_{12} … E_{1n} - E_{12}，对应形成的光谱线：ΔE_{13-12}、ΔE_{14-12}、ΔE_{15-12} … ΔE_{1n-12}，这些光谱线的能量落在巴尔末系能谱范围内，且各条光谱线与对应的巴尔末系轨道跃迁形成的光谱线能量基本相等，故把此种情形莱曼系轨道跃迁形成的光谱算成了巴尔末系光谱。可以看出，巴尔末系光谱实际上来自两条路线，且来自两条路线对应的光谱线的能量虽然基本差不多，但毕竟有所差别，这就合理解释了巴尔末系光谱线一分为二的成因。

如此类推，帕邢系光谱有三条不同的形成路线，一条来自本系（$m=3$）的轨道跃迁，即外切于 E_{23} 轨道远核点的椭圆簇各轨道（$m=3$、$n \geq 4$）与 E_{23} 轨道的跃迁：E_{34} - E_{23}、E_{35} - E_{23}、E_{36} - E_{23} … E_{3n} - E_{23}，对应形成的光谱线：ΔE_{34-23}、ΔE_{35-23}、ΔE_{36-23} … ΔE_{3n-23}。一条来自莱曼系轨道间的跃迁，莱曼系（$m=1$、$n \geq 4$）各轨道与 E_{13} 轨道进行的跃迁：E_{14} - E_{13}、E_{15} - E_{13}、E_{16} - E_{13} … E_{1n} - E_{13}，对应形成的光谱线：ΔE_{14-13}、ΔE_{15-13}、ΔE_{16-13} … ΔE_{1n-13}。还有一条来自巴尔末系轨道间的跃迁，巴尔末系（$m=2$、$n \geq 4$）各轨道与 E_{23} 轨道进行跃迁：E_{24} - E_{23}、E_{25} - E_{23}、E_{26} - E_{23} … E_{2n} - E_{23}，对应形成的光谱线：ΔE_{24-23}、ΔE_{25-23}、ΔE_{26-23} … ΔE_{2n-23}。三条来源不同的光谱线都归结为帕邢系光谱，由于对应的三条来源不同的光谱线能量差不多，故组合成一条光谱线，但又由于来源不同的这三条分线的能量是有差别的，故组合成的帕邢系光谱线一分三，由三条紧靠在一起的分线组成，中有小间隙。

由此推之，布拉格系（$m = 4$）光谱线有四条分线组成，分别来自于莱曼系间轨道跃迁——（$m=1$、$n \geq 5$）各轨道与轨道 E_{14} 进行的跃迁；巴尔末系间轨道跃迁——（$m=2$、$n \geq 5$）各轨道与轨道 E_{24} 进行的跃迁；帕邢系间轨道跃迁——（$m=3$、$n \geq 5$）各轨道与轨道 E_{34} 进行的跃迁；布拉格系自身轨道间跃迁——（$m=4$、$n \geq 5$）各轨道与轨道 E_{34} 进行的跃迁。规律是：m 多少，就有多少条光谱线分线。不过随着 m 的增大，分线间的间隙将越来越小，以致不能区分。光谱线分线支数形成了同一光谱线的精细结构。

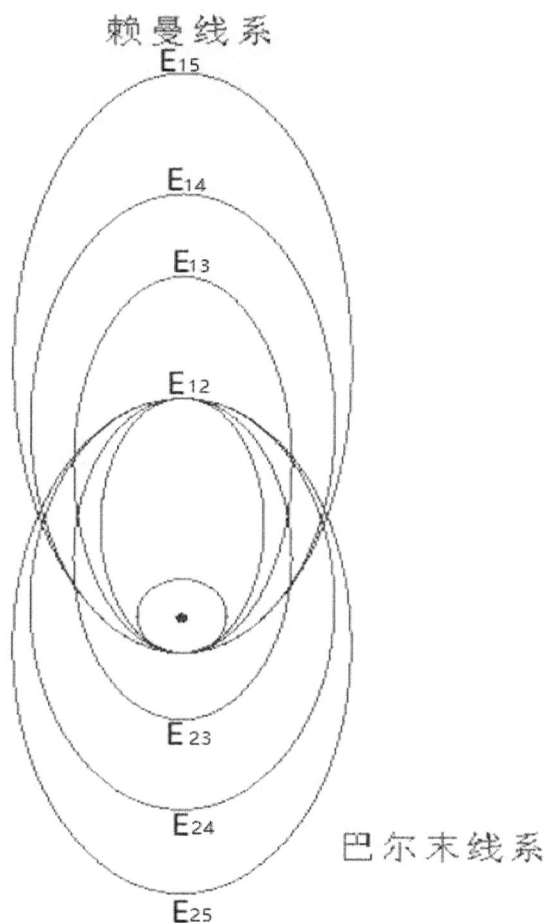

赖曼线系

E_{15}

E_{14}

E_{13}

E_{12}

E_{23}

E_{24}

巴尔末线系

E_{25}

同系不同能级轨道连接示意图

比较本模型与玻尔模型，二者有很大的不同，在玻尔模型轨道跃迁图示中，只有不同系簇各轨道与基础轨道间的相互跃迁，没有同系簇任意轨道间的相互跃迁，如只有 E_{23} 与 E_{12} 间的跃迁，没有 E_{13} 与 E_{12} 间的跃迁：只有 E_{34} 与 E_{23} 间的跃迁，没有 E_{24} 与 E_{23} 间的跃迁……而在本模型中，凡两轨道相接相切的，彼此都可相互间进行跃迁。在后面的计算中将会看到，同能级（ n 相同）不同轨道，具体的轨道能量是不同的，如 E_{13} 与 E_{23}，能量大体相同但略有差别，由于玻尔模型没有 E_{12} 与 E_{13} 间的跃迁，只有 E_{12} 与 E_{23} 间的跃迁，故不能说明对应谱线——氢红线的紧靠而又分裂的两条谱线分线。而本模型则自然而然地说明了谱线分裂现象，并且不需要量子力学那些晦涩别扭的假设。

2.2 氢原子电子轨道相关数据计算

2.2.1 基态轨道数据计算：

氢原子核带一个单位的正电荷，一个电子在核外绕原子核运转，二者的静电作用力为电子的绕核运转提供向心力，电子绕原子核运转能量最低的基态轨道是圆形。氢原子能量最低的基态轨道相关数据主要是电子轨道

247

绕行速度 v_1 和基态轨道半径 r_1，以及在此基础之上的基态轨道能量 E_1。

列方程：

$$\frac{Ke^2}{r_1^{\ 2}} = \frac{m_1 v_1^{\ 2}}{r_1} \qquad \text{①}$$

$$\frac{1}{2} m_1 v_1^{\ 2} - \frac{Ke^2}{r_1} + \Delta E_{1\infty\text{-}1} = 0 \qquad \text{②}$$

说明： K ：静电力常数， $K = 8.987551 \times 10^9 N \cdot m^2 / C^2$ ； e ：电子、质子的电荷量，

$e = 1.6021892 \times 10^{-19}$ 库仑； r_1 ：最内圆形轨道半径； v_1 ：氢原子核外电子在最内圆形轨道上的运行速度；

$\Delta E_{1\infty\text{-}1}$ ：电子在最内圆形轨道运行时接收该能量的光子后从轨道运行状态直接转变为无轨道的自由运行状态，

这个能量也就是使电子从最内圆形轨道电离的能量，经测量，这个能量对应的光波长为 $\lambda_{1\infty\text{-}1} = 9.11267 \times 10^{-8} m$ ，

能量为： $\Delta E_{1\infty\text{-}1} = hf_{1\infty\text{-}1} = h\dfrac{c_0}{\lambda_{1\infty\text{-}1}} = 6.62606896 \times 10^{-34} \times \dfrac{299792458}{9.11267 \times 10^{-8}} = 2.179872091 \times 10^{-18}(J)$ 。 m_1 ：在

最内圆形轨道上运行的电子的质量。假如我们通常测得的电子的质量是自由电子的质量，这个质量为

$m_0 = 9.1093897 \times 10^{-31} kg$ ，光子是有质量的，其质量为 $\Delta m = \dfrac{\Delta E}{\frac{1}{2} c_0^{\ 2}}$ ，接收某光子等于同时接收了该光子的质

量，辐出某光子等于同时辐出了该光子的质量。具体到本问题，氢原子最内圆轨道运行的电子的质量为：

$$m_1 = m_0 - \frac{\Delta E_{1\infty\text{-}1}}{\frac{1}{2} c_0^{\ 2}} = m_0 - \frac{h\dfrac{c_0}{\lambda_{1\infty}}}{\frac{1}{2} c_0^{\ 2}} = m_0 - \frac{2h}{\lambda_{1\infty\text{-}1} c_0}$$

$$= 9.1093897 \times 10^{-31} - \frac{2 \times 6.62606896 \times 10^{-34}}{9.11267 \times 10^{-8} \times 299792458} = 9.108904613 \times 10^{-31} kg$$

将相关数据代入方程组解之得：

$r_1 = 5.291855307 \times 10^{-11} m$

$v_1 = 2187748.66 m/s$

计算氢原子最内基态圆轨道能量（E_1）：

$$E_1 = \frac{1}{2} m_1 v_1{}^2 - \frac{Ke^2}{r_1} = -2.179872091 \times 10^{-18}(J) = -13.60558473(ev)$$

2.2.2　计算莱曼系轨道相关数据：

计算第一椭圆轨道 E_{12}（$m=1, n=2$）相关数据

a，计算电子在基态圆轨道接收能量为 $\Delta E_{12\text{-}1}$ 光子后的速度 v_{12j}：

根据能量守恒原理，由于在同一位点上势能相等，因而电子在接收光子前的能量（动能）＋接收的光子能量=电子接收光子后的能量（动能）：

$$\frac{1}{2} m_1 v_1{}^2 + \Delta E_{12\text{-}1} = \frac{1}{2} m_{12} v_{12j}{}^2 \qquad ①$$

符号说明：$\Delta E_{12\text{-}1}$：电子从最内圆轨道跃迁至最内第一椭圆轨道所接收的光子能量，该光子的波长为

$\lambda_{12\text{-}1} = 121.567 \times 10^{-9} m$，能量为

$$\Delta E_{12\text{-}1} = h \frac{c_0}{\lambda_{12\text{-}1}} = \frac{6.62606896 \times 10^{-34} \times 299792458}{121.567 \times 10^{-9}} = 1.634033496 \times 10^{-18} J = 10.19875491 ev$$

m_{12}：电子在最内第一椭圆轨道（E_{12}）上的质量，即电子在最内圆轨道上的质量加上所接收的光子的质量：

$$m_{12} = m_1 + \Delta m_{12\text{-}1} = 9.108904613 \times 10^{-31} + \frac{2h}{\lambda_{12\text{-}1} c_0} = 9.109268235 \times 10^{-31} kg$$

将相关数据代入方程①，解之得：

$$v_{12j} = 2893731.43 m/s$$

b，计算电子在基态圆轨道上接收光量子 $\Delta E_{12\text{-}1}$ 后改变为椭圆运行轨道，运行至椭圆远核点的速度 v_{12y} 及其与原子核的距离 r_{12y}：

根据能量守恒原理，电子在近核点的能量等于其在同一轨道远核点的能量：

$$\frac{1}{2} m_{12} v_{12j}{}^2 - \frac{Ke^2}{r_1} = \frac{1}{2} m_{12} v_{12y}{}^2 - \frac{Ke^2}{r_{12y}} \qquad ②$$

c，根据角动量守恒原理，电子在近核点的角动量等于其在同一轨道远核点的角动量：

$$m_{12} v_{12j} r_1 = m_{12} v_{12y} r_{12y} \qquad ③$$

联立方程②和方程③，代入相关数据解之得：

$$v_{12y} = 414145.10(m/s)$$

$$r_{12y} = 3.697546622 \times 10^{-10} m$$

d，计算第一椭圆轨道 E_{12} 的能量：

$$E_{12} = \frac{1}{2} m_{12} v_{12j}{}^2 - \frac{Ke^2}{r_1} = -5.458385959 \times 10^{-19}(J) = -3.406829829(ev) \approx \frac{E_1}{2^2}$$

还有其它计算方法：根据方程① $\frac{1}{2} m_1 v_1^2 + \Delta E_{12\text{-}1} = \frac{1}{2} m_{12} v_{12j}{}^2$

以及椭圆轨道速度公式 $v^2 = GM\left(\frac{2}{r} - \frac{1}{a}\right)$，（a 为椭圆半长轴。这是行星绕恒星运行速度公式，若是电子

绕原子核（氢核）运行速度公式，应相应变为 $v^2 = \frac{Ke^2}{m_e}\left(\frac{2}{r} - \frac{1}{a}\right)$），可推导出变形的能量守恒方程

$-\frac{Ke^2}{r_{mnj}+r_{mny}} + \Delta E_{m'n'\text{-}mn} = -\frac{Ke^2}{r_{m'n'j}+r_{m'n'y}}$，（$r_{mnj}$ 为跃迁小椭圆轨道原子核到近核点距离；r_{mny} 为跃迁小椭圆轨道

原子核到远核点距离，$r_{mnj}+r_{mny}$ 即为跃迁小椭圆长轴；$r_{m'n'j}$ 跃迁大椭圆轨道原子核到近核点距离；$r_{m'n'y}$ 为跃迁

大椭圆轨道原子核到远核点距离，$r_{m'n'j}+r_{m'n'y}$ 即为跃迁大椭圆长轴）。具体到本跃迁，即最内圆轨道 E_1 与 E_{12} 间

的跃迁，相应的能量守恒方程 $-\frac{Ke^2}{r_1+r_1} + \Delta E_{12\text{-}1} = -\frac{Ke^2}{r_1+r_{12y}}$，解出 r_{12y}，再利用角动量守恒方程

$m_{12} v_{12j} r_1 = m_{12} v_{12y} r_{12y}$ 计算出 v_{12y}。这种方法每个方程都是一元一次方程，计算简单。方法不同，结果一样。

同样方法可计算莱曼系其它轨道（如 E_{13}、E_{14}、$E_{15} \cdots E_{1n}$）相关数据。

实际上，无论什么光谱系，只要两轨道相切，就会发生跃迁，就能产生光谱，只要在光谱图上找到了两跃迁轨道产生的光谱线，并测算出了该谱线频率。在知晓某些必须知晓的相关条件后，就能计算出相关轨道的各项相关数据。

2.2.3　计算巴尔末系轨道相关数据：

巴尔末系簇（$m=2$）椭圆轨道是以莱曼系第 1 椭圆轨道 E_{12} 的远核点（$r_{12y}=6.987240595\ r_1$）为其近核点平台，接收不同光子能量后形成的不同大小椭圆轨道的系簇。

计算巴尔系最内第 1 轨道 E_{23}（$m=2, n=3$）的相关数据

a，计算电子在莱曼系第一椭圆轨道 E_{12} 接收能量为 $\Delta E_{23\text{-}12}$ 光子后的速度 v_{23j}：

根据能量守恒原理有：$\dfrac{1}{2}\mathrm{m}_{12}\mathrm{v}_{12y}{}^2+\Delta E_{23\text{-}12}=\dfrac{1}{2}\mathrm{m}_{23}\mathrm{v}_{23j}{}^2$　　　①

符号说明：

$\Delta E_{23\text{-}12}$：电子从 E_{12} 轨道跃迁至 E_{23} 轨道所接收的光子能量，该光子的波长为 $\lambda_{23\text{-}12}=656.279\times10^{-9}m$，能量为

$$\Delta E_{23\text{-}12}=h\frac{c_0}{\lambda_{23\text{-}12}}=\frac{6.62606896\times10^{-34}\times299792458}{656.279\times10^{-9}}=3.026830815\times10^{-19}J=1.889184383ev$$

m_{23}：电子在 E_{12} 椭圆轨道远核点（r_{12y}）处接收光子的能量（$\Delta E_{23\text{-}12}$）及其相应质量（$\Delta m_{23\text{-}12}$）后进入巴尔末系最内第1椭圆轨道 E_{23} 后的质量，

$m_{23}=m_1+\Delta m_{12\text{-}1}+\Delta m_{23\text{-}12}=m_{12}+\Delta m_{23\text{-}12}=m_{12}+\dfrac{2h}{\lambda_{23\text{-}12}c_0}=9.109268235\times10^{-31}+\dfrac{2h}{656.279\times10^{-9}c_0}$ 将相关数

$=9.109335591\times10^{-31}kg$

据代入方程①，解之得：

$v_{23j}=914369.00m/s$

b，计算 r_{23y}：根据推导出的能量守恒方程 $-\dfrac{Ke^2}{r_{mnj}+r_{mny}}+\Delta E_{m'n'\text{-}mn}=-\dfrac{Ke^2}{r_{m'n'j}+r_{m'n'y}}$，具体到本跃迁，相应的

能量守恒方程为 $-\dfrac{Ke^2}{r_1 + r_{12y}} + \Delta E_{23\text{-}12} = -\dfrac{Ke^2}{r_{12y} + r_{23y}}$，代入相关数据解之得：$r_{23y} = 5.790675579 \times 10^{-10} m$

c，利用角动量守恒方程 $m_{23}v_{23j}r_{12y} = m_{23}v_{23y}r_{23y}$ 计算 v_{23y}

代入相关数据解之得：$v_{23y} = 583856.23 m/s$

d，计算 E_{23} 轨道能量：

$$E_{23}\quad \frac{1}{2}m_{23}v_{23j}{}^2 - \frac{Ke^2}{r_{12y}} = \text{-}2.431555158 \times 10^{-19} j = \text{-}1.517645455 ev \approx \frac{E_1}{3^2}$$

同样方法可计算出巴尔末系其它轨道（如 E_{24}、E_{25}、$E_{26}\cdots E_{2n}$）的相关数据。

2.2.4　计算帕邢系（m＝3）轨道相关数据：

计算帕邢系能量最低轨道（$m=3$、$n=4$）相关数据：

帕邢系是建立在巴尔末系第 1 轨道（$m=2$，$n=3$）上的，即帕邢系椭圆轨道的近核点与巴尔末系第 1 椭圆轨道远核点相切，巴尔末系第 1 椭圆轨道在内，帕邢系椭圆轨道在外，电子在巴尔末系第 1 椭圆轨道运行于远核点处接收特定能量后向外进入相应的帕邢系椭圆轨道，或者在帕邢系椭圆轨道运行于近核点处释放特定数值的能量后向内进入巴尔末系第 1 椭圆轨道。

仿照上面的计算方法，可依次计算出：

$$\Delta E_{34\text{-}23} = \frac{hc_0}{\lambda_{34\text{-}23}} = \frac{hc_0}{187.563 \times 10^{-8}} = 1.059081749 \times 10^{-19}(J) = 0.66102165(ev)$$

计算电子在帕邢系第 1 轨道 E_{34} 上的质量 m_{34}：

$$m_{34} = m_1 + \Delta m_{12\text{-}1} + \Delta m_{23\text{-}12} + \Delta m_{34\text{-}23} = m_{23} + \frac{2h}{\lambda_{34\text{-}23}c_0}$$

$$= 9.109335591 \times 10^{-31} + \frac{2h}{187.563 \times 10^{-8}c_0}$$

$$= 9.109359158 \times 10^{-31} kg$$

计算电子在 E_{23} 轨道远核点处接收能量为 $\Delta E_{34\text{-}23}$ 光子后的速度 v_{34j}：

根据能量守恒原理有：$\frac{1}{2}m_{23}v_{23y}{}^2+\Delta E_{34\text{-}23}=\frac{1}{2}m_{34}v_{34j}{}^2$，代入相关数据解之得：$v_{34j}=757240.89m/s$

计算 E_{23} 轨道远核点与原子核的距离 r_{34y}：

根据推导出的能量守恒方程 $-\dfrac{Ke^2}{r_{23j}+r_{23y}}+\Delta E_{34\text{-}23}=-\dfrac{Ke^2}{r_{23y}+r_{34y}}$，代入相关数据解之得：

$r_{34y}=1.101924672\times10^{-9}m$

计算电子在 E_{23} 轨道远核点的轨道速度 v_{34y}：

利用角动量守恒方程 $m_{34}v_{34j}r_{23y}=m_{34}v_{34y}r_{34y}$ 计算 v_{34y}

代入相关数据解之得：$v_{34y}=397934.30m/s$

计算 E_{34} 轨道能量：

$$E_{34}=\frac{1}{2}m_{34}v_{34j}{}^2-\frac{Ke^2}{r_{23y}}=-1.372471208\times10^{-19}j=-0.856622431ev\approx\frac{E_1}{3^2}$$

同样方法可计算出帕邢系其它轨道（m = 3，n = 5、6、7…）相关数据。如与 E_{13} 轨道相跃迁（与 E_{13} 轨道近核点相切）的 E_{1n}（n ≥ 4）各轨道 E_{14}、E_{15}、E_{16}…的相关数据；与 E_{23} 轨道相跃迁（与 E_{23} 轨道近核点相切）的 E_{2n}（n ≥ 4）各轨道 E_{24}、E_{25}、E_{26}…的相关数据；与 E_{23} 轨道相跃迁（与 E_{23} 轨道远核点相切）的 E_{3n}（n ≥ 4）各轨道 E_{34}、E_{35}、E_{36}…的相关数据。

同样方法可依次计算出任何其他线系的相关数据。

将计算出的氢原子各系各轨道的相关数据汇总填入下面表格中：

253

氢原子轨道数据汇总

线系	形状	标记			能量E（ev）	能量差ΔE（ev）	近核点r_j（m）	远核点r_y（m）	半长轴a（m）	近核点v_j（m/s）	近核点v_y（m/s）
		m	n	E_{mn}							
基态	圆			E_1	-13.6056		$r_1 =$	$= r_1$	$a_1 = r_1$	2187748	2187748
莱曼系	椭圆	1	2	E_{12}	-3.40683	10.19877	r_1	$6.9872 r_1$	$a_{12} \approx 4r_1$	2893731	414145
		1	3	E_{13}	-1.51179	12.09381	r_1	$16.99935 r_1$	$a_{13} \approx 9r_1$	3006698	176871
		1	4	E_{14}	-0.85037	12.75523	r_1	$30.999 r_1$	$a_{14} \approx 16r_1$	3045140	98233
		1	5	E_{15}	-0.54097	13.06463	r_1	$49.300 r_1$	$a_{15} \approx 25r_1$	3062956	62128
		1	6	E_{16}	-0.37365	13.23195	r_1	$71.825 r_1$	$a_{16} \approx 36r_1$	3072548	42778
		1	n	E_{1n}	$E_{1n} \approx \dfrac{E_1}{n^2}$	$\Delta E_{1n-1} \approx (\dfrac{1}{n^2}-1)E_1$	r_1	$r_{1ny} \approx (2n^2-1)r_1$	$a_{1n} \approx n^2 r_1$	递增	递减
巴尔末系	椭圆	2	3	E_{23}	-1.51765	12.08795	$6.987 r_1$	$10.943 r_1$	$a_{23} \approx 9r_1$	914369	583856
		2	4	E_{24}	-0.85643	12.74917	$6.987 r_1$	$24.785 r_1$	$a_{24} \approx 16r_1$	1033761	291427
		2	5	E_{25}	-0.55038	13.05522	$6.987 r_1$	$42.452 r_1$	$a_{25} \approx 25r_1$	1084582	178508
		2	6	E_{26}	-0.38393	13.22167	$6.987 r_1$	$63.887 r_1$	$a_{26} \approx 36r_1$	1111247	121535

		2	n	E_{2n}	$E_{2n} \approx \dfrac{E_1}{n^2}$	$\Delta E_{2n\text{-}12} \approx \left(\dfrac{1}{2^2}-\dfrac{1}{n^2}\right)E_1$	$r_{2nj} \approx 7r_1$	$r_{2ny} \approx (2n^2-7)r_1$	$a_{2n} \approx n^2 r_1$	递增	递减

帕邢系	椭圆	3	4	E_{34}	-0.85662	12.74898	$10.943\,r_1$	$20.823\,r_1$	$a_{34}^{''} \approx 16r_1$	757241	397934
		3	5	E_{35}	-0.55066	13.05494	$10.943\,r_1$	$38.473\,r_1$	$a_{35} \approx 25r_1$	825251	234724
		3	6	E_{36}	-0.38446	13.22114	$10.943\,r_1$	$59.249\,r_1$	$a_{36} \approx 36r_1$	859943	158823
		3	n	$E_{3n}{}'$	$E_{3n} \approx \dfrac{E_1}{n^2}$	$\Delta E_{3n\text{-}23} \approx \left(\dfrac{1}{3^2}-\dfrac{1}{n^2}\right)E_1$	$r_{3nj} \approx 11r_1$	$r_{3ny} \approx (2n^2-11)r_1$	$a_{3n} \approx n^2 r_1$	递增	递减

注：r_1：氢原子最内圆形轨道半径，$r_1 = 5.291855307 \times 10^{-11}\,m$。

3 结论与讨论

3.1 原子模型就是缩小版的太阳系模型，电子围绕原子核运转，电子运动的离心力与原子核电子间的正负电荷间静电力在矛盾运动中相平衡。电子是客观粒子，绕核运动必须有轨道。不同轨道能量是间断的，而跃迁前后两轨道以相切的连接方式得以连续，跃迁是轨道以特定方式连续的过程。电子接收或辐出光量子后，将从一个椭圆轨道沿着连续的路径进入到另一个椭圆轨道，在这个过程中只有电子运动速度上的突变，不存在空间上的突变，所谓的"跃迁"实际上名不符实。电子绕核运动最内第一轨道是圆轨道，其余轨道皆为椭圆轨道。电子在两轨道间跃迁，释放或吸收轨道对应能级能量差的光子，该光子的频率反映在光的特征谱线上。光谱线通常是有一定宽度的，这说明光线的频率并不是单一的，如果是单一频率，或许我们根本看不到特征谱线了。进而说明每个轨道的能量并不是定死的，也是有一定的变动范围的，每个轨道并不是单一轨迹线，而是有若干条轨道合并在一起的，红移实际上是光线发射频率可变性证明。至于电子在哪两个轨道间跃迁，这主要取决于原子所处的环境温度。这实际上可归结为黑体辐射，辐射的光子频率及数量按黑体辐射能量曲线分布。

3.2 分析计算结果可以看出，玻尔理论认为的电子相互分立圆轨道实际上是相互连接的椭圆轨道，圆半径实际上是对应椭圆半长轴。如此一来，既保留了玻尔模型成功的方面，能够说明氢原子光谱的分立性，又克服了玻尔模型的不足，把能量交换的量子性与电子运动轨道的连续性合理地结合起来了，形象化说明了玻尔模型电子是如何从一个轨道跃迁到另一个"不相连接"轨道的疑难问题。

与玻尔模型相比较，本模型至少有两方面的优势：①，计算的数据更精确。在玻尔模型中，相关数据是通过虚无飘渺的量子化假设（如计算基态半径时用了角动量量子化假设）和经验公式来获取的，这些经验公式诸如：$\frac{1}{\lambda} = R(\frac{1}{m^2} - \frac{1}{n^2})$、$r_n = n^2 r_1$、$E_n = \frac{E_1}{n^2}$ 等，经验公式毕竟是经验公式，只是大体准确，并不十分准确，在上面的计算中非常清楚地看到这一点，如 E_{12} 轨道，在玻尔模型中，它是第二个圆轨道，根据经验公式计算，它的半径为 $r_2 = 2^2 r_1 = 4 r_1 = 4 \times 5.291855307 \times 10^{-11} = 2.116742123 \times 10^{-10}(m)$；能量为 $E_2 = \frac{E_1}{n^2} = \frac{-13.60558473}{2^2} = -3.401396183(ev)$。而在本模型中，该轨道是椭圆轨道，轨道近核点与原子核的距离为 $r_{12j} = r_1 = 5.291855307 \times 10^{-11} m$，轨道远核点与原子核的距离为 $r_{12y} = 3.697546622 \times 10^{-10} m$，该椭圆的半长轴为 $a_{12} = \frac{r_{12j} + r_{12y}}{2} = 2.113366076 \times 10^{-10} m$，$a_{12} \neq 2^2 r_1$，比较 a_{12} 与 r_2，显然 $a_{12} < r_2$。能量也是这样，根据经验公式计算，玻尔模型第二轨道（$n = 2$）的能量为 $E_2 = \frac{E_1}{n^2} = \frac{-13.60558473}{2^2} = -3.401396183(ev)$，而本模型算得的该椭圆轨道（$n = 2$）能量为 $E_{12} = -3.406829832 (ev)$，两者比较，$E_{12} < E_2$，$E_{12} \neq \frac{E_1}{2^2}$。玻尔模型是运用经验公式来计算的，采用的参数，如电子层数 n 是人为附加上去的外在数据，并不反映轨道性质和特征。而本模型的计算没有人为设置一个参数，所采用的相关数据都是能反映椭圆轨道自身性质和特征的数据，如轨道半径（r_{12j}、r_{12y}）、轨道速度（v_{12j}、v_{12y}）等，运用的是经过无数次验证的物理学知识和数学知识，所以相比较而言，本模型的计算比玻尔模型的计算更可靠、更精确和更合理。

②，本模型能够解释玻尔模型所不能解释的光谱线分裂现象。玻尔模型突出的特征是分立的圆轨道，本模型突出的特征是相互连接的椭圆轨道。在玻尔模型中，一个能级只有一个轨道，所以它不能解释光谱线分裂现象。而在本椭圆模型中，凡相接相切的两个轨道彼此之间都能直接进行跃迁，一个能级可以有不同数目的轨道，如能级 E_3（$n = 3$）有 E_{13}、E_{23} 两种不同轨道，E_{13} 属莱曼系簇的轨道，近核端外切于 E_{12} 轨道近核端。E_{23} 属巴尔末系簇的轨道，近核端外切于 E_{12} 轨道远核端。二者轨道形状不同，E_{13} 较扁，E_{23} 较圆；二者同属一个能级，能量都约为 $-1.51ev$，但能量又略有差别：$E_{13} = -1.511786187 \ ev$，$E_{23} = -1.517645455 ev$。$E_{13}$ 轨道和 E_{23} 轨道都可与 E_{12} 轨道进行跃迁，$E_{12} = -3.406829832 \ ev$，$E_{13}$ 轨道和 E_{12} 轨道的能量差为 $\Delta E_{13-12} = E_{13} - E_{12} = 1.895043645 \ ev$，$E_{23}$ 轨道和 E_{12} 轨道的能量差为

$\Delta E_{23-12} = E_{23} - E_{12} = 1.889184377 \, ev$ ，ΔE_{13-12} 与 ΔE_{23-12} 差不多，它们在光谱上组合成同一条光谱线，因为能量又有细小差别，ΔE_{13-12} 比 ΔE_{23-12} 大一点，所以它们组合的谱线又是分裂的，中有一个小间隙，间隙宽度可以很容易计算出来。如此相类似，E_{14} 轨道、E_{24} 轨道、E_{34} 轨道是不同系簇同一能级的轨道，轨道能量都约为 $-0.85 ev$ 左右，但能量彼此之间略有不同，E_{14} 向 E_{13} 跃迁、E_{24} 向 E_{23} 跃迁，E_{34} 向 E_{23} 跃迁，它们各自跃迁产生的辐射光线的能量及频率都差不多，在光谱上组合成一条三重分裂的谱线。电子层数（n）越大，跃迁的组合越多，路数越多，可以形成更多重的谱线分裂。这样就顺带而自然地解释了光谱线分裂现象和精细结构，根本不需要角量子数来凑合。可以看出，本原子模型氢原子在可见光区有 4 条光谱线，按波长长短排列分别为 H_α、H_β、H_γ、H_δ，对应的能量分别约为 $1.89 ev$、$2.55 ev$、$2.86 ev$、$3.03 ev$，各谱线又由一定数目的分线组合而成（精细结构），H_α 由下列 2 条分线组合而成：ΔE_{13-12}、ΔE_{23-12}；H_β 由下列 2 条分线组合而成：ΔE_{14-12}、ΔE_{24-12}；H_γ 由下列 2 条分线组合而成：ΔE_{15-12}、ΔE_{25-12}；H_δ 由下列 2 条分线组合而成：ΔE_{16-12}、ΔE_{26-12}。

根据某原子光谱线就能精确得到该光谱线的频率，根据公式 $E = hf$ 可精确计算出该光线的能量，这个能量也就是两跃迁轨道的能级差，再根据本原子椭圆轨道新模型，运用经典物理学知识，通过列解方程的方法可以逐步得到各级轨道能量，再通过仔细分析对比能级和能级差及可能的跃迁方式，就能成功地预见和描述谱线结构，各谱线理论上有多少条分线组合而成。本模型与方法跟量子力学的根本区别是量子力学没有直接利用光谱线这个可观测的已知物理量，而是试图用奇技淫巧的手段和弯弯绕绕不知所以的方法得到的结果以图与原本可以直接测量的结果相吻合，这就是现代版的骑马找马！本文所用方法是充分而直接利用了光谱这个可观测的物理量。如果连这个唯一可观测的物理量都不直接使用的话，那还用什么来计算呢？巴尔末公式和里德伯公式只是间接利用了这个物理量，但这仅仅是经验公式，并不精确，最精确的做法是直接利用这个可观测的物理量。

氢原子光谱线结构解析与归纳：

始末能级	2↔1	3↔1	4↔1	5↔1	6↔1	7↔1	…	所属线系
始末轨道	$E_{12} - E_1$	$E_{13} - E_1$	$E_{14} - E_1$	$E_{15} - E_1$	$E_{16} - E_1$	$E_{17} - E_1$	…	莱曼系

莱曼系光谱线结构为单线结构，没有分裂现象。

始末能级	3↔2	4↔2	5↔2	6↔2	7↔2	8↔2	...	所属线系
始末轨道	$E_{13} - E_{12}$ $E_{23} - E_{12}$	$E_{14} - E_{12}$ $E_{24} - E_{12}$	$E_{15} - E_{12}$ $E_{25} - E_{12}$	$E_{16} - E_{12}$ $E_{26} - E_{12}$	$E_{17} - E_{12}$ $E_{27} - E_{12}$	$E_{18} - E_{12}$ $E_{28} - E_{12}$	...	巴尔末系

巴尔末系光谱线结构为双线结构，一根来自电子在莱曼系 $n \geq 3$ 轨道与其基础轨道 E_{12} 间的跃迁，一根来自电子在巴尔末系 $n \geq 3$ 轨道与其基础轨道 E_{12} 间的跃迁。

始末能级	4↔3	5↔3	6↔3	7↔3	8↔3	9↔3	...	所属线系
始末轨道	$E_{14} - E_{13}$ $E_{24} - E_{23}$ $E_{34} - E_{23}$	$E_{15} - E_{13}$ $E_{25} - E_{23}$ $E_{35} - E_{23}$	$E_{16} - E_{13}$ $E_{26} - E_{23}$ $E_{36} - E_{23}$	$E_{17} - E_{13}$ $E_{27} - E_{23}$ $E_{37} - E_{23}$	$E_{18} - E_{13}$ $E_{28} - E_{23}$ $E_{38} - E_{23}$	$E_{19} - E_{13}$ $E_{29} - E_{23}$ $E_{39} - E_{23}$	...	帕邢系

帕邢系光谱线为 3 线结构，即光谱线由 3 根分线组合而成。

通过计算可以看出，即使 n 相同，能级相同，轨道形状可以不同，继而同能级的轨道能量可以不同，这就是光谱线精细结构形成的机理。

玻尔理论不是一个精确完善的理论，量子力学是在玻尔理论的基础上发展起来的。例如说玻尔理论在计算氢原子轨道能量时用的经验公式 $E_n = \dfrac{E_1}{n^2}$，n 是电子层数，自然是正整数，从上面的计算中我们知道 n 不是整数，静静想想也知道 n 也不可能是整数，那么多变数，如接收或辐射的光子能量 ΔE、电子的质量 m_e、轨道速度 V、电子与原子核的距离 r 等都是变量，实际上静电力常数 K 也是变数，在本文中为简便计算，故作常数处理了。那么多小数，经过加减乘除、开方乘方等多项运算，结果怎么可能都恰好为整数之比呢？！量子力学把它作为整数照搬过去，并作为主量子数来处理，可见，量子力学就有先天缺陷，为后来无厘头的修正埋下了伏笔。发现对不上了，就增设一个参数（量子数），再对不上了，就再增设一个参数（量子数），直至计算值能逼近实验观测值为止，好比撒了一个谎，后面要用一百个谎来圆谎，现在的量子力学就是这种状况和局面。至于修正名目，似是而非，表面上说得过去的名目总是能找得到的。数值是凑对了，物理意义却越来越模糊了。如果把量子力学与本理论模型进行优劣比较的话，量子力学好比是模拟画像，本理论模型就好比是用相机拍照。模拟画像水平再高，终归是想像，与实际总会有出入，拍照水平再差，拍的相片点点滴滴都是真实的。

学界对玻尔理论的评价是半经典半量子化的理论，其错在经典，对在量子化。笔者认为恰恰相反，认为其对在经典，赋予了电子运动轨道的概念；错在形而上学的量子化，割断了轨道间的联系，把原本相互联系的轨道分割成互不联系的分立的轨道。学界说经典物理学是从宏观世界得到的规律，只适用于宏观世界，不适用于微观粒子世界。这是典型的拿起筷子吃肉，放下筷子骂娘，数典忘宗。试问哪一个微观粒子相关的数据，如电子的质量电量、质子的质量电量、光子的能量等不是运用经典物理学知识得到的？无数次的实验证明，在微观粒子的相互作用过程中，同样遵守着从宏观体系中得到的能量守恒定律和动量守恒定律，即使现在的量子力学，仍时不时要用经典物理学知识和公式来处理和计算。本文计算氢原子电子轨道相关数据采用的是经典物理学知识，没有用到一个量子数，试问有哪个数据不能计算？哪个数据算得不准？一旦遇到困难，便简单归结为宏观体系的规律不适用于微观体系，这说得过去吗？至于多电子原子，笔者相信，一切问题都可以在经典物理学框架下得到解决，经过发展和完善，经典物理学可以解决所有的悬而未决的疑难问题，并且不需要虚无飘渺的不可靠的假设。当然，我们应该公正而辩证地看待经典理论和量子力学，去伪存真，实事求是，坚持真理，修正错误。经典物理学也有错误的一面，如经典物理学有关电磁波的概念是有问题的，量子力学也有正确的一面，能量交换上的量子化观点就是正确的。

本理论模型与薛定谔波动方程中的量子数也有一定相关性，很明显，本模型中第 n 轨道对应于量子力学主量子数 n。系簇中的支数对应于轨道角量子数 l。对于同一条光谱线，组合支线的总能量是基本相等的，但其中的动能和势能是有差异的，并且一般情况下差异还相当大，由于同能级两分支簇系的电子轨道运转速度及轨道形状和大小不同，因而外磁场对不同的轨道具有不同的作用效果，从而能够在经典理论知识框架下合理解释塞曼效应和反常塞曼效应，在量子力学方面，映射在磁量子数 m 上。电子螺旋形运动与电子自旋量子数 m_s 相对应。

3.3 光谱线表达的是光频率，也就是说，光谱线与光频率具有严格的对应关系，凡影响到光频率变化的因子将无疑要影响光谱线的位置和结构。由于频率与光能量具有严格的正比例关系，所以从一定意义上说，光谱线表示的也是光能量。光谱线与光波长没有直接关系，无论光源处于什么位置、什么运动状态及什么环境下，其发射的同种光线（如氢红线）的波长都是一样的，如太阳上发射的氢红线波长同地面上发射的氢红线波长一样长，都是 $\lambda = 656.279 \times 10^{-9} m$，绝不会长一点或短一点，整个宇宙发射的氢红线发射时的波长都一样长。发射后波长又是可变的，与传播中的光速正比例变化，光速的变化根据机械能转化与守恒定律确定。与波长的变化情况相反，光发射前其发射频率是可变的，与光速成正比例变化，也可以说，发射光速的变化是由其发射频率的变化造成的。光源所处的位置、运动状态、环境条件（如温度高低）不同，发射的光速及频率也就不同。光发射后，频率始终保持不变，譬如说，根据机械能转化与守恒定律，日面上发射的光速比地面上发射的光速要快 $631m/s$，快的比率为 2.10×10^{-6}，根据发射光速与发射频率正比例变化关系，日面上发射的频率比地面上发射的同种光线频率要大 2.10×10^{-6}。体现在光谱上，光谱线位置将向紫端移动，移动这个比率。现在教科书认为光谱线表示的是光波长，光谱线位置的变化认为是波长的变化，把频率变大看作是波长变大，把原本紫移看做了红移，这完全弄反了。这种错误的认识在宇宙学上造成了极其严重的后果。拨乱反正，正本清源，所谓的红移实际上是紫移，现在认为的波长变长实际上是频率变大。光线一旦发射后，其频率便始终保持不变，宇宙中发射频率发生巨大改变的光线传播到地面上，其频率还是其发射时那么大，与地面上发射的同种光线的频率比较有很大的变化，在光谱线上就发生了相应巨大的位移。可以想象，造成频率巨增的主要原因是发光天体巨大的质量和极高的密度，经过计算可以作出合理的推断，巨大的质量极高密度的天体发出的光速及频率比地面发射的光速及同种光线的频率高若干倍并不是不可能的事情，巨大的"红移"（实际是紫移）顺理成章。宇宙没有膨胀，宇宙大爆炸是人为制造的爆炸！

3.4 光既有能量，也有质量，二者不可分离，有能量必有质量，有质量必有能量，有多少能量必然对应有多少质量，有多少质量必然对应有多少能量。能量是分散的质量，质量是聚合的能量。二者的关系叫质能关系，只存在相互换算，不存在相互转化，也就是说，既不存在质量转化为能量，也不存在能量转化为质量。二者的区别只是形态上的不同，量度上的不同，考察的着眼点不同，并无本质上的区别。笔者认为质能关系式应为 $E=\frac{1}{2}mc^2$，不应该是 $E=mc^2$，去掉 $\frac{1}{2}$ 没有道理。

3.5 关于波粒二象性问题，光本质上是粒子，不是波，光之所以在有些方面表现出波的特征，一是它或许作波形（正弦波或余弦波）运动，正是由于有这样的运动特征，因此在双缝干涉实验中，光线通过狭缝时，由于相位和偏振方向的不同，有的光线被狭缝边缘阻挡不能通过，有的没有被狭缝边缘阻挡而通过。通过两狭缝射向同一边的光线总能在屏幕上机缘巧合叠加，形成明暗相间的所谓"干涉"条纹。坦率地说，本观点目前还是一个假说，并未得到确认，但相比较而言，该假说比目前任何其它波粒二象性的解释都要合理得多，起码不显得那么荒谬。本假说同时自然而然地解决了贝尔不等式验证性实验所表现出来的种种挠脑反常现象，余弦值与角度的关系原本就是非线性关系，不是线性关系，现在把非线性关系误作线性关系，能不出问题吗？量子的"纠缠性"已经包含在了量子波形（或螺旋形）运动特征之中，因此证明贝尔不等式不成立性实验并不能说明量子力学正确，也不表明哥本哈根诠释正确。其二，光发射出的数目非常巨大，当其从光源发出后，随着传播距离的扩展，光子的密度不断降低，光子是带有能量的粒子，光子密度的降低意味着能量密度的降低，这些特征与波随传播距离的扩展能量密度降低完全相一致，故而把光子误认为波。笔者猜想，如果做双缝实验所用的光是理想的平行光，则很可能形成不了所谓的干涉条纹。制取理想的平行光是有很多方法的，也并不困难。倘若把挡板的双缝深度加深（$>1cm$），也可能形不成干涉条纹。若果真如此，则证实了光不是传统意义上的波。

3.6　无论在什么位置、什么运动状态和什么环境下，宇宙中同种元素的原子架构应该是一样的，这是由原子的内秉性决定的，不受外界的影响，因而每种原子的光谱特征模型是一样的，各特征谱线间的距离及比例是固定的，光谱特征模型可以作为整体一起移动，各谱线位置一般不会独自变化，假如氢红线频率增加了$10000Hz$，该谱线的位置紫移了一点，那么其他谱线的频率也将增加$10000Hz$，在位置上将紫移同样的距离。光谱特征模型整体移动是由原子系统外光速的变化导致频率的相应变化的结果，光速的变化又是由光源所处的位置（引力场强的大小）、运动速度等因素不同造成的，如上面所说，日面的光速比地面的光速快$631m/s$，相应增大的频率表现在每条谱线位置上，使光谱模型整体平行移动。利用这一特性，人类可以很容易地找到任何天体发出的各原子的特征谱线。对光谱线仔细观测表明，光谱线并不是简单的一条线，大多数是有精细结构的，甚至于有超精细结构。笔者深入研究后认为，超精细结构是宏观上同一光源体中的发光原子间的运动差异性造成的，这种运动差异性包括原子运动速度和运动方向等因素。举例来说，假如在地球赤道海平面上做观察氢原子光谱超精细结构实验，以解析原子的运动速度及方向对超精细结构的影响，假如赤道海平面光速值为$299792458m/s$，氢红线的波长为$\lambda = 656.279 \times 10^{-9}m$，又假如放电管发光时，管中的氢原子的运动速度为$10000m/s$，显然这个速度是相对地面而言的并各向同性。由于地球赤道海平面以$465m/s$由西向东自转，相对地心来说，向东运动的氢原子的速度为$(10000+465)=10465m/s$；向西运动的氢原子的速度为$(10000-465)=9535m/s$；向南及向北运动的氢原子的速度为$\sqrt{10000^2+465^2}=10010.81m/s$。根据能量守恒原理，可以计算出向东运动的氢原子发出的光速为

$c_{vd} = \sqrt{(299792458^2 - 465^2) + 10465^2} = 299792458.182293m/s$。假若氢原子"静态"条件下发射氢红线的

频率为$f_j = \dfrac{299792458}{656.279 \times 10^{-9}} = 456806416173609Hz$；在放电管中氢原子以$10000m/s$速度运动的情况下发

射的氢红线的频率为$f_v = \dfrac{299792458.182293}{656.279 \times 10^{-9}} = 456806416451376Hz$，与静态条件下发射该光线的频率差

为$\Delta f = f_{vd} - f_j = 4568064164\,51376 - 4568064161\,73609 = 277767(Hz)$；同理，可计算向西运动的氢原子

发出的光速为$c_{vx} = \sqrt{299792458^2 - 465^2 + 9535^2} = 299792458.15127m/s$，此情形下发射的氢红线相应频率为

261

$$f_{vx} = \frac{299792458.15127}{656.279 \times 10^{-9}} = 456806416404105(Hz)$$，与静态条件下发射该光线的频率差为

$\Delta f = f_{vx} - f_j = 4568064164\,04105 - 4568064161\,73609 = -230496\,(Hz)$；同理，可计算向南（或北）运动的

氢原子发出的光速为 $c_b = \sqrt{299792458^2 - 465^2 + 10010.81^2} = 299792458.16678 m/s$，此情形下发射的氢红

线相应频率为 $f_{vx} = \frac{299792458.16678}{656.279 \times 10^{-9}} = 456806416427738(Hz)$，与静态条件下发射该光线的频率差为

$\Delta f = f_{vb} - f_j = 4568064164\,27738 - 4568064161\,73609 = 254129\,(Hz)$。在本例的情形下，由于变化量太小，

由频率的变化造成的超精细结构的变化很难被观察得到。问题的意义不在变化的大小，而在于有没有变化，可

以作出结论：天体自转在方向上的不对称性与各向同性发光原子运动的叠加对光谱线是有影响的，造成谱线位

移和谱线展宽。对光谱线超精细结构的形成和影响，总的说来，外在因素算是比较小的，内在的因素也许影响

更大些。举例来说，现在认为巴尔末系第 1 轨道（E_{23}）与莱曼系第 2 轨道（E_{13}）是基本处于同一能级的不同

轨道，两轨道能量是有差别的，$E_{13} = -1.511786187\,ev$，$E_{23} = -1.517645455\,ev$，该两轨道都能以各自的

方式与莱曼系第 1 轨道（E_{12}）相互进行跃迁，莱曼系第 1 轨道（E_{12}）的轨道能量为 $E_{12} = -3.406829832\,ev$，

E_{13} 与 E_{12} 的能量差跟 E_{23} 与 E_{12} 的能量差也是有差别的，$E_{13} - E_{12} = 1.895043645\,ev$，而

$E_{23} - E_{12} = 1.889184377\,ev$。

两条光线能量相差为 $\Delta E = 1.895043645\,ev - 1.889184377\,ev = 5.859268 \times 10^{-3}\,ev$，对应的频差为

$$\Delta f = \frac{\Delta E}{h} = \frac{5.859268 \times 10^{-3} \times 1.6021892 \times 10^{-19}}{6.62606896 \times 10^{-34}} = 1.416776065 \times 10^{12}\,Hz$$。在光谱图上，这个频率差异造成的

间隙宽度相当于巴尔末系 H_α 线到 H_β 线之间宽度的 $\frac{5.859268 \times 10^{-3}}{-1.89 - (-2.55)} \approx 8.878 \times 10^{-3}$，约为 $\frac{1}{113}$。这个结果可以

作为本原子模型是否正确初步判断依据，在同一幅光谱图上，分别对 H_α 两分线的间宽及 H_α 线与 H_β 线间的宽

度直接进行精准测量，若二者比值约为 $\frac{1}{113}$，则说明本原子模型基本正确，否则现有的知识体系中哪里可能有

问题，尚不能肯定本原子模型不正确。仔细考究不吻合的根源，问题可能主要来自两个方面：一是普朗克常数

值 h，现在的普朗克常数值是根据爱因斯坦的质能方程 $E = mc^2$ 确定的，而笔者认为质能方程正确的形式应该

是 $E = \frac{1}{2}mc^2$，若果真如此，那目前的普朗克常数值是有问题的，同时计算的光子的质量也存在匹配问题；二

是 H_α 光谱线波长的确定，H_α 是双线结构，有一定宽度，即波长有一定幅度范围，我们取的却是一个确定的波

长值（$\lambda_{23\text{-}12} = 6562.79 \times 10^{-10} m$），这个波长值是如何取的？这都是问题。更多令人费解的是，E_{13} 轨道与 E_{12}

轨道相互跃迁形成 H_α 两条分线中的一条，这两条轨道的能量差（$\Delta E_{13\text{-}12} = E_{13} - E_{12}$）换算成光谱线波长为：

$\lambda_{13\text{-}12} = \dfrac{hc}{\Delta E_{13\text{-}12}} = 6542.50 \times 10^{-10}(m)$，与 H_α 另一条分线（$\Delta E_{23\text{-}12} = E_{23} - E_{12}$）波长（$\lambda_{23\text{-}12} = 6562.79 \times 10^{-10} m$）

的差值有 $\Delta\lambda = \lambda_{23\text{-}12} - \lambda_{13\text{-}12} = 20.29 \times 10^{-10}(m)$，与 H_α 线与 H_β 线波长差之比为 $\dfrac{20.29}{6562.79 - 4861.33} = \dfrac{1}{83.86}$。

上面从能量方面算，二者的比值为 $\dfrac{1}{113}$，从波长方面算，二者的比值却变为了 $\dfrac{1}{83.86}$。一个同源性问题，只是

算法不同，结果却相差这么大，实在不解其理。仔细想来，问题很可能出在光速上，上面在计算电子轨道相关

数据及电子质量过程中，都使用的是不变的光速 c_0，这可能不正确，笔者经过深入研究认为：只有同种光线发

射波长不变，发射光速和发射频率都是可变的，并且是同正比例变化。常数不常，很多所谓的常数实际上是变

数，与光速的变化相关联，光速变了，常数随之而变，经考查，万有引力常数 G、静电力常数 K、普朗克常数

h 都是可变的"常数"。

资料说，H_α 双线结构，在光谱线的强度分布图中，两个高峰的波长差为 0.135 埃。此两分线的波长差与

H_α 线与 H_β 线的波长差的比值为：$\dfrac{0.135}{6562.79 - 4861.33} \approx \dfrac{1}{12603}$。此比率与上面算出的比率 $\dfrac{1}{113}$ 相差甚远，此

波长差及比率应该是比较正确的，但并不能因此而否定本原子模型的正确性。

兰姆位移也应该说的是 H_α 线两分线间的宽度，学界认为该光谱线两分线的频率差为 1058MHz，经推算，

这相当于两分线的宽度约为 H_α 线至 H_β 宽度的 $\dfrac{1}{150000}$。从光谱图上直接测量是不是这个比例也可作为量子力

学是否正确的初步判断标准，二者吻合，则表明量子力学可能正确，二者不吻合，则表明量子力学错误，至少

说明兰姆位移根本不是表示的 H_α 线两条分线的频率差。在计算和解释光谱线精细结构和超精细结构方面，现

在基本上是想当然，自说自话，所作结论严重不可信。

深入分析，光谱线的精细结构分别来自不同的途径而形成的，彼此之间并不能直接进行跃迁，因为他们的电子轨道并没有直接相交，E_{13}和E_{23}是不能直接跃迁的，因此把兰姆位移说成是精细结构之间的跃迁可能是张冠李戴性的错误。推而广之，精细结构彼此之间不能跃迁。

总而言之，情况纷繁复杂，很多问题没有搞清楚，剪不断，理还乱，各种数据相互矛盾和否证，其中到底是何原因和道理，需要作全面深入的探讨、甄别和梳理。

可以看出，精细结构是来自不同途径、能量大体相同但又有一定差别的两条或多条光线的光谱线叠加而形成比较精细的结构。所以，确切地说，谱线精细结构不是缘于谱线分裂，而是缘于谱线的集合。进一步推测，氢原子电子从E_{12}轨道跃迁至基态轨道E_1，辐射的光谱线应该没类同于上面所说的精细结构，因为没有能级差大体相同而又没有另外的轨道跃迁途径。可想而知，还可能形成三重或更多重谱线的精细结构，如帕邢系的光谱线是由3条分线组合而成的。总而言之，同能级不同轨道，轨道越扁（即离心率e越大），轨道能量越大，如$E_{13} > E_{23}$，$E_{14} > E_{24} > E_{34} \cdots$。谱线精细结构的成因根本不是教科书所说的电子运动时的相对论效应和电子自旋效应。经典理论不是不能说明精细结构，而是过去没有找对方法。

3.7 能量的交换形式与能量本身并不是一回事，不能混为一谈，能量交换自然要以一定的能值进行，不能因此就说能量是间断的。一个量子就是一个临时性不可分割的整体，只能一次性的作为整体接收或辐出，这毫无奇怪之处，能量交换上的间断性与能量自身的连续性并不矛盾。一沓百元大钞，支付时以一张一张进行，并不表示钱是间断的，内面就没有包含0.5元、0.8元的购买价值；一根木棒，截成若干小段，每段都有一定长度，并不表示木棒是不连续的。这好像都是废话，可实际上，正是科学界在连续与间断的问题上纠缠不清，陷入自设的迷宫之中。普朗克常量表示的是电磁波$1Hz$的频率所具有的能量，无论是可见光、还是微波、无线电波，或是其它的电磁波，它们的频率每$1Hz$所具有的能量都是一样的，其值为普朗克常量。现在科学界把普朗克常量解释为能量和能量交换的最小值，这是错误的，它既不是能量的最小值，也不是能量交换的最小值。试想一下，假如有个光子，2秒振荡1次，即振荡频率为$0.5Hz$，代入公式$E = hf$计算，该光子的能量不是只有$E = 0.5h$吗？联想到宇宙3k微波背景辐射，它是怎样产生的呢？它有两方面的来源，一是宇宙广泛存在3k左右的宇宙空间，同时在这些空间区域中应存在一定量的物质，这些物质发射着与其背景相衬的波长的微波；二是根据黑体辐射能量分布曲线，任何温度下，各种波长的辐射都是有的，只是比例不同而已，即使极高温度下，也会产生极低温度下常见的微波辐射。所以可以合理推测，所谓的3k微波背景辐射根本不是什么宇宙大爆炸的残余，而是在现实的宇宙世界中产生的。

3.8　电子绕核运动是立体的，绕核运动的电子接收和释放光子，其运行轨道要作出相应变动，再加上外部影响因素的扰动和内在因素导致的进动，电子的运行轨道既不固定，也不稳定，表现出飘忽不定的特征，从这方面说，"电子云"是表象性形象化描述。在量子世界里，由于体量极其微小，极其微小的变化原因可能产生极其巨大的变化结果，有时原因小到根本观测不到，甚至于根本找不到原因，好像自发的一样，但不管怎样，一切现象和行为都是有原因的，都是有严格的因果关系的，不可能没有原因。就粒子物理学来说，不管电子的行为看起来多么鬼魅，多么不可捉摸，但它的行为也是有严格的因果关系的，一定不能违反物理学规律，包括经典物理学规律。

本文运用经典物理学知识，同时根据光谱这个可观测的量，计算出了相应电子轨道的各项相关数据，一切都是确定的，根本没有不确定性任何余地。深入剖析所谓不确定性原理的产生思路可以看出：动量与距离作为两个未知量，原本只需两个独立方程就可求出，方程中涉及到的对电子的作用因子——光子原本就是一个已知量，其能量等相关物理量可以根据其相应的光谱线而得到，海森堡却把它作为未知量处理，这样就在两个方程中就相当于有三个未知数，成了不定方程，其解自然是不确定的，因而人类自己糊里糊涂地制造了不确定性，并升格为原理，赖在上帝身上。

本文还可以很容易地解析矩阵那奇怪的乘法算式：$pq \neq qp$，假如 P 为动量，q 为距离，P 与 q 的乘积为角动量 mvr。对于同一个椭圆来说，角动量始终是守恒的，无论 P、q 如何变化，$pq = qp$。但是，如果电子接收或辐射了光子，电子就会跃迁，从一个轨道跃迁到另一个轨道，在此情况下，$pq \neq qp$。这与教科书所说的测量顺序没有关系，即使测量顺序相同，$pq \neq qp$ 仍然成立，因为不等号两边是跃迁前后两个轨道不同数据。$pq \neq qp$ 容易造成误解，正确表达客观情况的式子是 $p_1q_1 \neq p_2q_2$。

总而言之，哥本哈根的解释是不正确的，一切都是有因果性的，是客观和实在的。无论宏观与微观，一切现象和变化都是决定论下的，上帝不掷骰子。

至于对电子波动性解释，笔者猜想，电子在作线性运动的同时，微观上还在作螺旋形运动，由于幅度很小，螺旋形运动类似于自旋运动，不过振幅相对电子半径来说还是要大很多很多倍的。自由电子运动，从宏观上看是线性运动，从微观上看是螺旋形运动，运动形态与作用好比是通电螺线管，电子螺旋运动产生的电磁力反作用于自身，作用力的方向由右手定则和左手定则联合确定，作用力大小与螺旋运动产生的离心力达成动态平衡。电子螺旋运动假设可以合理解释电子波粒二象性现象。

3.9　世界是统一的，物理规律也是统一的，宏观世界总结出的物理规律同样适用于微观世界，反过来，微观世界总结出的规律也同样适用于宏观世界。宏观世界与微观世界只有条件上的不同，并没有本质上的区别。

物质系统结构是全息的，巨微同构，规律统一。上帝很忙，没有闲功夫去重复制造规律，更没有闲功夫去重复制造复杂的规律。自然界崇尚简单，过于复杂的知识很可能是错的。量子力学太复杂了，太违反常识了，没有人真正懂量子力学，难道这样的理论真的是正确的吗！？

3.10　精细结构常数的溯源与推导。

由基态轨道相关数据计算所列方程：

$$v_1^2 = \frac{Ke^2}{m_1 r_1} \qquad ①$$

$$\frac{1}{2} m_1 v_1^2 - \frac{Ke^2}{r_1} + hf_{1\infty\text{-}1} = 0 \qquad ②$$

由②得：$v_1^2 = \frac{2Ke^2}{m_1 r_1} - \frac{2hc_0}{m_1 \lambda_{1\infty\text{-}1}} \qquad ③$

将 $\frac{Ke^2}{m_1 r_1} = v_1^2$ 代入③得：

$$v_1^2 = 2v_1^2 - \frac{2hc_0}{m_1 \lambda_{1\infty\text{-}1}}$$

$$v_1^2 = \frac{2hc_0}{m_1 \lambda_{1\infty\text{-}1}} \qquad ④$$

由①和④得：$v_1^2 = \frac{Ke^2}{m_1 r_1} = \frac{2hc_0}{m_1 \lambda_{1\infty\text{-}1}} \qquad ⑤$

由⑤得：$\frac{r_1}{\lambda_{1\infty\text{-}1}} = \frac{Ke^2}{2hc_0} = \frac{e^2}{2(4\pi\varepsilon_0)hc_0}$

$$\frac{4\pi r_1}{\lambda_{1\infty\text{-}1}} = \frac{e^2}{2\varepsilon_0 hc_0} = a$$

$a = \frac{e^2}{2\varepsilon_0 hc_0}$ 是精细结构定义式，代入数据计算得 $a = \frac{1}{137.033825}$。根据上面的计算结果：

$r_1 = 5.291855307 \times 10^{-11} m$，和实验测量数据：$\lambda_{1\infty-1} = 9.11267 \times 10^{-8} m$，代入 $a = \dfrac{4\pi r_1}{\lambda_{1\infty-1}}$ 计算得

$a = \dfrac{1}{137.033837}$，两个数据基本上相吻合。有些资料说精细结构常数 α 是氢原子电子基态绕行速度与光速的

比值（$\dfrac{v_1}{c_0}$），从上面的计算结果看，$v_1 = 2187748.66 m/s$，代入计算：$\dfrac{v_1}{c_0} = \dfrac{2187748.66}{299792458} = \dfrac{1}{137.0324039}$，

与定义式计算的结果也基本相吻合，但却不能直观数学推导出来，其内在的相关性尚有待于作进一步深入挖掘。

如果将精细结构常数规定为 $a = \dfrac{e^2}{4\varepsilon_0 h c_0}$，则 $\alpha = \dfrac{2\pi r_1}{\lambda_{1\infty-1}}$，这样更有物理意义些：圆周长与接收光量子波长

的比值。或者将精细结构常数规定为 $a = \dfrac{r_1}{\lambda_{1\infty-1}} = \dfrac{e^2}{8\pi\varepsilon_0 h c_0}$、$a = \dfrac{8\pi r_1}{\lambda_{1\infty-1}} = \dfrac{e^2}{\varepsilon_0 h c_0}$ 都是可以的，只不过是 a 值需作

相应的改变。从本文各轨道能量的计算中可以看出，各轨道能量与 e、ε、h 及 c 是相关的，并且以 $\dfrac{e^2}{\varepsilon_0 h c_0}$ 这

样的形式相关。

推导 $\dfrac{v_1}{c_0}$ 与 a 的关系式：由上面所得关系式 $\dfrac{4\pi r_1}{\lambda_{1\infty-1}} = \dfrac{e^2}{2\varepsilon_0 h c_0} = a$，将 $\dfrac{4\pi r_1}{\lambda_{1\infty-1}} = a$ 等式两边同除以 $\dfrac{4\pi r_1}{\lambda_{1\infty-1}}$，得

$1 = \dfrac{\lambda_{1\infty-1}}{4\pi r_1} a$。再将 $1 = \dfrac{\lambda_{1\infty-1}}{4\pi r_1} \alpha$ 等式两边同乘 $\dfrac{v_1}{c_0}$ 得：$\dfrac{v_1}{c_0} = \dfrac{v_1 \lambda_{1\infty-1}}{c_0 4\pi r_1} a$。由于 $v_1^2 = \dfrac{2hc_0}{m_1 \lambda_{1\infty-1}}$，将 $v_1 = \sqrt{\dfrac{2hc_0}{m_1 \lambda_{1\infty-1}}}$ 代

入 $\dfrac{v_1}{c_0} = \dfrac{v_1 \lambda_{1\infty-1}}{c_0 4\pi r_1} a$ 右边得 $\dfrac{v_1}{c_0} = \dfrac{\sqrt{\dfrac{2hc_0}{m_1 \lambda_{1\infty-1}}} \lambda_{1\infty-1}}{c_0 4\pi r_1} a = \dfrac{\sqrt{2h\lambda_{1\infty-1}}}{4\pi r_1 \sqrt{m_1 c_0}} a$

代入数据，$\dfrac{\sqrt{2h\lambda_{1\infty-1}}}{4\pi r_1 \sqrt{m_1 c_0}}$ 高度接近于 1，但不等于 1。若将 $v_1^2 = \dfrac{e^2}{4\pi\varepsilon_0 m_1 r_1}$ 代入计算，则可得关系式

$\dfrac{v_1}{c_0} = \dfrac{e\lambda_{1\infty-1}}{8\pi c_0 r_1 \sqrt{\pi\varepsilon_0 m_1 r_1}} a$，代入数据计算可知，$\dfrac{e\lambda_{1\infty-1}}{8\pi c_0 r_1 \sqrt{\pi\varepsilon_0 m_1 r_1}}$ 也高度接近于 1，但不等于 1。也许原本应该为

1，只是因为某个或某些数据不是很精确，故不为 1。从现在的计算结果看，$\dfrac{v_1}{c_0} \neq a$，教科书所说 $\dfrac{v_1}{c_0} = a$ 没有

依据，是错误的说法。

后记

我从来没有学过相对论，更没学过量子力学，都只是道听途说过。当初听说的时候，觉得相对论和量子力学太神秘了，简直比神学还神学。

可以说，我走上反相之路是缘于社会生活的失败。我是学生物的，懂得达尔文的物竞天择，适者生存，不适者淘汰的道理，然而我感觉我所处的这个社会人际关系太复杂了，生存斗争太残酷了，我完全不能适应，是一个被淘汰的对象。《红楼梦》里有句格言：世事洞明皆学问，人情练达即文章。我不懂人情世故，是天生的笨蛋，虽"自幼曾攻经史"，却对这个复杂的社会一点都不了解，对尔虞我诈、勾心斗角的生存之术一件都没学会。我在社会上混得很不好，是个地地道道的失败者。我一路跌跌撞撞，苟延残喘，一事无成。年近半百时，彻底心灰意冷了。于是逃避厌世，"躲进小楼成一统，管他冬夏与春秋。"好在有了互联网，我便在网上寻找属于自己的世界，寻找自己的灵魂上的慰藉。上帝给你关闭一扇门，也会为你打开一扇窗，失之东隅，收之桑榆。我在网上开辟了自己的精神世界，自己的精神家园。我童心不泯，自幼喜欢科学，喜欢自然，这回是终归所愿了。未泯的好奇心使我选择了心底深处感到神奇而疑窦重重的相对论。先徜徉于新华网科技论坛，后转到西陆网—挑战相对论、百度帖吧—反相吧等。先看别人高谈阔论，了解到相对论是怎么回事。啊！原来相对论并不是真理，有那么多人反对它，问题是我认为反对的很有道理。后来自己加入进去，胡言乱语发表自己对相对论大不敬的见解。我这个人一根筋，认死理，不谙世事，不知变通，在社会上已碰得头破血流，失败了就应好好的接受教训，安于本份，乖乖地舔舐伤口，度过余下灰暗人生。可我就是不能接受教训，仍由着性子来，喜欢与权威和强权作对，这或许映证了那句老话：江山易改，秉性难移。

维护相对论的人说：你没学过相对论，不懂相对论，凭什么反对相对论？有的甚至还说，你学了，学懂了，就不会反对了。这真是让人瞠目结舌的悖论，你反对是因为你不懂，你懂了你就不会反对了！人向着光走与背着光走，人与光的相对速度怎么可能会一样呢？这是谁家的逻辑？违反基本常识嘛！打死我也不会相信。凭这一点我就知道相对论是错的，知道它是错的还去学习它吗？所以判断相对论是不是错的？根本不需要高深的知识，只要懂得点逻辑和常识就可以了。维相者说，相对论虽然有点违反常识，但实验证明它是对的！我知道维相者主要说的是迈克尔孙-莫雷实验，起初我对这个实验的实验结果也是百思不得其解，一度无奈认可在那种实验条件下光速不变。虽如此，但这个问题如鲠在喉，我没有停止对它的探索与思考，终于有一天醍醐灌顶，茅塞顿开，发现这个实验实际上是一个无效实验。在实验设计思想中，始终有一个臂与地球公转方向平行，另一个臂与之垂直，这是实验的核心思想和必要条件，然而做实验时考虑这个问题了吗？没有，完全没有，好像实验无需考虑设想中的必要条件了，仪器一放，一个臂自然会与地球公转方向平行，另一个臂也自然会与地球公转方向垂直，真是天遂人愿！实际上考虑也没用，在地面上根本无法得知地球的公转方向，更不用说做到一个臂与之平行，一个臂与之垂直了。

深入分析那些所谓证实了相对论正确的实验，实际上没有一个是站得住脚的，不是有这方面的问题，就是有那方面的问题，有的是实验本身就有问题，有的是对实验结果的解释有偏差，总而言之都是有问题的。有问题并不全是坏事，只要有科学的质疑精神，坏事就可能变成好事，变成机遇。现代物理学，特别是相对论和量子力学问题重重，也就机遇多多，这使我这个能力和学识都不够的人也能够有所斩获，有所建树。

可悲的是，在这个充满机遇的时代，官科在理论创新方面却毫无建树，不仅如此，对民科的打压却是无所不用其极，极尽挖苦嘲讽之能事，使民科举步维艰，成了过街老鼠，欲除之而后快。一说到民科，给人的印象是神经病，一群神经不正常的科妄，投来的是鄙夷的眼神。整个社会对民科形成了一种鄙夷的氛围，直压得人喘不过气来。我是民科，我深有体会。

我也不是说民科都是对的，我是说，社会对民科没必要那么苛刻，应该宽容点。客观公正地说，民科的东西的确很多是伪科学，叫人恶心！这又有什么呢？谁能保证官科就没有伪科学呢？说不定不远将来的某一天，有可能将相对论和量子力学都归为伪科学！宇宙是由一个很小很小的一点爆炸成的；宇宙还在膨胀；从 A 点到 C 点，可以不经过中间的 B 点；6 点到 8 点，可以不经过 7 点；人顺着光走与逆着光走，人与光的相对速度一样……，哪一条看起来不像是伪科学？依我早就把它归之为伪科学了！

我的思想很朴素，信奉辩证唯物主义，在科学上，我认为经典物理理论和观点是基本正确的，错误和不足是局部和枝节上的，经过修正和发展，都是可以修正和完善的。我的理论基础是经典物理学的，是对经典物理学的发展与完善，不是像相对论和量子力学那样空中楼阁似的另搞一套。我相信我的理论不但不是伪科学，而是科学真理。民科有一个通病，语言论证多，数学计算少。我写的东西基本没有这个毛病，很多是大篇幅的计算。不仅如此，计算结果与资料上公布的数据也相当吻合。如我用光速可变理论计算 GPS 卫星处的钟慢效应，我的计算结果是每天 38.6 微秒，与资料公布的数据相吻合。

在理论创新方面，官科并不占有很大的优势，有时甚至还不如民科，因为如果一直信奉为真理的理论一旦是错的，那这个理论不但不能起好的作用，反而要起不好的作用，成为羁绊。寸有所长，尺有所短，我很平庸，没什么才能，但在理论创新方面或许算是有那么点长处。研究有苦有乐，当有新的思路，特别是计算结果与资料上公布的数据相吻合的时候，自然很是高兴，认为是很大很大的成果，有几个成果我甚至认为：如果我不搞出来，可能 200 年甚至 500 年都没有人能够搞出来。这个社会是一个以貌取人的社会，尴尬人难免尴尬事，局外人的成绩再大，也很难得到局中人的认可，因为在局中人看来，你一个局外人能取得成绩，在一定意义上等于宣告他这个局中人的无能，打他的脸。后来我越是取得成绩，越是感到痛苦，成果不但得不到承认，反而要承受挖苦与讽刺，身边连一个倾诉的人都没有，这时只有自我安慰，自古英雄皆寂寞，世人皆醉唯我独醒。没有一点阿 Q 精神，日子还真不好过。

觉得明明是伟大成果，却得不到承认，真的很难过很沮丧，有时真的不想继续了，可过了一段时间，又感到百无聊赖，自觉不自觉又看起了相关资料，以消磨时光。看了又要想，说不定又产生了新思路。对于已确证的知识，如牛顿力学知识，我不想去看了，一是我已有了一些基础，二是我认为单纯学知识对我来说已没多大意义。在研究方面，我专看觉得有问题的理论，如相对论和量子力学，这等于我是带着问题来研究的。有了不畏权威敢于质疑的精神，加上锲而不舍追根问底的研究，自然容易出成果的。我认为一个真正的科学家，不是看你掌握了多少知识，而应该是看你创新了多少知识。要取得创新成果，首先要发现问题，怎样发现问题呢？有条捷径是从资料中去寻找，不是凭空想象，凡认为不合逻辑的、与自己的思想有抵触的都认为有问题，我才不会顾及什么权威作的定性结论。我看资料有一个特点，浮在上面泛泛地看，走马观花，观其大略，不作深入细致的学习，一般只看科普文章，从中寻找有问题的目标，就象雄鹰遨翔于高空，视野开阔，只要视力敏锐，就很容易发现和搜寻到猎物。

我的成果是实打实的，不是空口说白话，最起码，我的理论计算值与实验观测值对得上，吻合得比较好，这是任何人不得不承认的，明摆在那里，是不能否认的，也是否认不了的。因而我的成果还是得到了一些"肉食者"的赏识，拉我合影者有之，请我吃饭者有之，但基本上算是零散的个例，后来也不了了之，没有下文。总的来说，我的自认为"伟大"的成果尚处于养在深闺无人识、自生自灭的状态。

来到这个世界上，总想为这个世界留下点什么，这是每个人求之不得的事。我相信我的东西是有价值的，并且有巨大的价值，我把我写的东西发给专家教授们看，他们一般是不看的，回应者寥寥，上门去找，一般连门都进不了，找上了，也一般吱吱唔唔打发。光荣与梦想，屈辱与辛酸，个中滋味欲说还罢！

好不容易有了成果却推不出去，得不到承认，却又无可奈何，苦闷的心情可想而知。岁月催人老，沈腰潘鬓消磨，这些成果是我人生价值的体现，否则我这一生毫无意义毫无价值！我不甘心成果就这样被埋没下去，自生自灭，大约从 2009 年开始，我把一些成果和感到有价值的想法写成文本，有立此存照的意思。有些成果想写成论文的形式发表，因为是民科，登不了大雅之堂，再者，我也不耐烦那些条条框框，什么写作范式，譬如说，我的东西都是原创性的，要按杂志的要求列出参考文献都很难的。2013 年，我只在对民科比较宽容的《前沿科学》杂志上发表了一篇论文《钟慢效应计算新方法》，后来试着投了几篇，都拒稿了，以后就不投了，投了也没用。

2009年，我把十几篇文稿汇编成一个小册子，取名为《新物理》，2009—2018年，几经增删修改，搞了一个18篇文章的小册子，改名为《新编自然哲学的数学原理》，小册子送打印社打印装订出来，陆续打印了几次，每次十几廿十册，送人。

大概2018年的时候，我觉得对相对论的挖掘翻找基本到底了，没什么油水了，便转向了量子力学。本来没什么目的性的，只是看看而已，读读科普，以消磨时间。我喜欢读曹天元的《量子力学简史—上帝不掷骰子》，读着读着就有了一些想法，于是又勉为其难地写了一篇《用经典物理学改造和完善玻尔原子模型》的论文，该论文耗费了我两叁年的心血，主要是计算，想通过列方程的方法求出基态氢原子的相关数据，起先总是着眼于静电力常数 K 的修正，结果总也算不出，后来顿悟到如果单位时间一致的话，则任一参考系下的静电力常数 K 都是一样的，重列方程，继而很快算出了基态氢原子的相关数据。

我又把具有创新性且有重大突破意义的观点和思想捋了捋，汇成一篇，取名为"物理思想火花"，就此全书完结。

全书虽已完结，但本书写作时间比较长，有些观点前后可能不一致，有的甚至有冲突，若作修改，工作量比较大，就我目前的状况，可能难以完成。我想不作大幅修改了，将原生态的心路历程呈现于读者面前，让读者自己思考和评判。

自古英雄出少年，这句话是不错的，人一老，身体机能和各方面的能力都会不可抗拒地下降，一般难有大的作为了。我已过花甲之年，精力和能力都下降的厉害，还能活多久我不知道，但我的状况不允许我继续搞什么研究了，过去很自信引以为傲的能力，如文字表述能力、计算能力也变成了痛苦的折磨，有了想法却不能很好地表达出来。对计算有点怕了，迟迟不敢动笔，即使动笔计算了，也是常常出错，过去一天轻松做的事，现在十天半月做不完。出师未捷身先死，长使英雄泪满襟。我知道还有很多事情没有做，还很多问题没有解决，但我确实无能为力了。别了我的蟋蟀，别了我的百草园！

我一生坎坷，在旁人看来是一个地地道道的失败者，然而到老来干了自己喜欢干的事，或许算是干成了，虽然没有得到承认，但我自己仍信心满满。我是对的！现在不被承认，总有一天会被承认，历史将证明我是对的。我这一生也值了，没有枉来世上一遭。敝帚自珍，这都是我的心血，承载着我的梦想与希望。为确保倾注了一腔热血的成果不被埋没，不付之东流，我想汇集起来出本书。因为不是文学作品，用不着讲究文采与章法，只求思想和想表达的意思能被人理解就可以了。筹划该书分为三篇，第一篇把有开创性的各种见解思路及成果分门别类提纲絜领、简明扼要作个介绍，本篇取名为"物理思想火花"；第二篇沿用先前的小册子—《新篇自然哲学的数学原理》；第三篇把论文作一个汇编。全书取名为"点亮物理学天空"。

不知这个最后的愿望能否实现？！也不知怎么的，此时我忽然心头涌起了一股伤感，念天地之悠悠，独怆然而涕下！我想起了太史公司马迁，在完成千古巨著《史记》之后，无声无息地消失和融化在浩瀚而深邃的太空之中。

www.ingramcontent.com/pod-product-compliance
Lightning Source LLC
Chambersburg PA
CBHW082109220326
41598CB00066BA/5937